职业院校教学用书（电子类专业）

SMT 技术基础与设备
（第 2 版）

何丽梅　黄永定　主　编

电子工业出版社
Publishing House of Electronics Industry
北京·BEIJING

内 容 简 介

本书系统阐述了表面组装元器件、表面组装材料、表面组装工艺、表面组装设备原理及应用等 SMT 基础内容。在第 2 版的修订中特别强调了生产现场的技能性指导。针对 SMT 产品制造业的技术发展及岗位需求，详细介绍了表面组装技术的 SMB 设计与制造、焊锡膏印刷、点胶、贴片、波峰与再流焊接、检验、清洗等基本技能。

为解决学校实训条件不足和增加学生感性认识的需要，书中配置了较大数量的实物图片。本书可作为中等职业技术学校电子技术应用专业、电子材料与元器件制造专业的教材，也可作为其他相关专业的辅助教材或 SMT 产业工程技术人员的自学参考资料。

未经许可，不得以任何方式复制或抄袭本书的部分或全部内容。
版权所有，侵权必究。

图书在版编目（CIP）数据

SMT 技术基础与设备 / 何丽梅，黄永定主编．—2 版．—北京：电子工业出版社，2011.7
职业院校教学用书．电子类专业
ISBN 978-7-121-13786-0

Ⅰ．①S… Ⅱ．①何… ②黄… Ⅲ．①印刷电路—组装—中等专业学校—教材 Ⅳ．①TN410.5

中国版本图书馆 CIP 数据核字（2011）第 106121 号

策划编辑：杨宏利
责任编辑：刘真平
印　　刷：北京虎彩文化传播有限公司
装　　订：北京虎彩文化传播有限公司
出版发行：电子工业出版社
　　　　　北京市海淀区万寿路 173 信箱　邮编　100036
开　　本：787×1 092　1/16　印张：17　字数：435.2 千字
版　　次：2007 年 2 月第 1 版
　　　　　2011 年 7 月第 2 版
印　　次：2022 年 8 月第 17 次印刷
定　　价：32.00 元

凡所购买电子工业出版社图书有缺损问题，请向购买书店调换。若书店售缺，请与本社发行部联系，联系及邮购电话：（010）88254888，88258888。

质量投诉请发邮件至 zlts@phei.com.cn，盗版侵权举报请发邮件至 dbqq@phei.com.cn。
本书咨询联系方式：（010）88254592，bain@phei.com.cn。

前 言

SMT 是一门包括元器件、材料、设备、工艺以及表面组装电路基板设计与制造的系统性综合技术，是突破了传统的印制电路板通孔插装元器件方式而发展起来的第四代组装方法，也是电子产品能有效地实现"短、小、轻、薄"，多功能、高可靠、优质量、低成本的主要手段之一。而且，随着半导体元器件技术、材料技术、电子与信息技术等相关技术的飞速进步，SMT 的应用面还在不断扩大，其技术也在不断完善和深化发展之中。用 SMT 组装的电子产品具有体积小、性能好、功能全、价位低的综合优势，故 SMT 作为新一代电子装联技术已广泛地应用于各个领域的电子产品组装中，成为世界电子整机组装技术的主流。近年来，与 SMT 的发展现状和趋势相应，与信息产业和电子产品制造飞速发展带来的对 SMT 的技术需求相应，我国电子制造业急需大量掌握 SMT 知识的专业技术人才。

为更好地满足 SMT 专业人才培养的系统性教学、培训所需，我们在第 1 版的基础上对《SMT 技术基础与设备》一书进行了改写与修订。本次修订听取了部分院校师生的意见与建议，考察了 SMT 电子产品生产企业，并对相关电子行业的用工需求进行了调研，编写中注意了教材的实用参考价值。与本书第 1 版相比较，充实了 SMT 工艺中的印刷、贴片、焊接、检测等关键工序的应用指导。

本教材针对 SMT 产品制造业的技术发展及岗位需求，详细阐述了 SMT 中的 PCB 设计与制造、焊锡膏印刷、贴片、焊接、清洗等技能型人才应该掌握的基本知识，特别强调了生产现场的工艺指导，同时也介绍了 SMT 设备的性能、操作方法及日常维护。为解决学校实训条件不足和增加学生的感性认识，书中配置了较大数量的实物图片。

本教材可作为中等职业技术学校电子技术应用、电子材料与元器件制造等专业的电子工艺课程教材，也可供从事 SMT 产业的工程技术人员自学和参考。

本教材在编写过程中参考了大量有关 SMT 技术方面的资料和杂志，同时也得到了电子产品制造企业工程技术人员在生产制程方面的具体指导，在此一并向各位作者和专家表示感谢。

本教材由吉林信息工程学校何丽梅、黄永定主编，何丽梅编写第 10 章、第 13 章，黄永定统稿。参与编写的还有侯洪波（第 1 章、第 9 章）、李晶（第 2 章）、苏伟明（第 4 章、第 5 章）、黄金颖（第 3 章、第 6 章）、马威（第 11 章、第 12 章），以及吉林机电工程学校的孟德华（第 7 章）、张先丽（第 8 章）等。本书由吉林信息工程学校施德江主审。

由于编者水平、经验有限，不足之处在所难免，真诚希望读者提出宝贵意见。

编　者

目 录

第1章 SMT 与 SMT 工艺 ... 1
1.1 SMT 的发展 ... 1
1.2 表面组装技术的优越性 ... 5
1.2.1 SMT 的优点 ... 5
1.2.2 SMT 和通孔插装技术的比较 ... 6
1.3 SMT 的组成与 SMT 工艺的主要内容 ... 7
1.3.1 SMT 的组成 ... 7
1.3.2 SMT 工艺的主要内容 ... 8
1.4 SMT 生产系统 ... 8
1.4.1 SMT 的两类基本工艺流程 ... 8
1.4.2 SMT 的元器件安装方式 ... 9
1.4.3 SMT 生产系统的基本组成 ... 11
1.5 思考与练习题 ... 13

第2章 表面组装元器件 ... 14
2.1 表面组装元器件的特点和种类 ... 14
2.1.1 特点 ... 14
2.1.2 种类 ... 15
2.2 表面组装电阻器 ... 15
2.2.1 SMC 固定电阻器 ... 15
2.2.2 SMC 电阻排（电阻网络）... 18
2.2.3 SMC 电位器 ... 19
2.3 表面组装电容器 ... 20
2.3.1 SMC 多层陶瓷电容器 ... 21
2.3.2 SMC 电解电容器 ... 22
2.3.3 SMC 云母电容器 ... 24
2.4 表面组装电感器 ... 25
2.4.1 绕线型 SMC 电感器 ... 26
2.4.2 多层型 SMC 电感器 ... 27
2.4.3 SMC 滤波器 ... 27
2.5 表面组装分立器件 ... 29
2.5.1 SMD 二极管 ... 29
2.5.2 SMD 晶体管 ... 30
2.6 表面组装集成电路 ... 31
2.6.1 SMD 封装综述 ... 31

  2.6.2　集成电路的封装形式 33
 2.7　表面组装元器件的包装 37
 2.8　表面组装元器件的选择与使用 39
  2.8.1　对SMT元器件的基本要求 39
  2.8.2　表面组装元器件的选择 40
  2.8.3　使用SMT元器件的注意事项 40
  2.8.4　SMT器件封装形式的发展 41
 2.9　思考与练习题 44

第3章　表面组装印制板的设计与制造 45
 3.1　SMB的特点与基板材料 45
  3.1.1　SMB的特点 45
  3.1.2　基板材料 46
  3.1.3　PCB基材质量参数 48
  3.1.4　铜箔种类与厚度 50
 3.2　表面组装印制板的设计 51
  3.2.1　设计的基本原则 51
  3.2.2　常见的PCB设计错误及原因 53
 3.3　SMB的具体设计要求 54
  3.3.1　整体设计 54
  3.3.2　SMC/SMD焊盘设计 59
  3.3.3　元器件排列方向的设计 63
  3.3.4　焊盘与导线连接的设计 64
 3.4　印制电路板的制造 66
  3.4.1　单面印制板的制造 66
  3.4.2　双面印制板的制造 67
  3.4.3　多层印制板的制造 70
  3.4.4　PCB质量验收 75
 3.5　思考与练习题 75

第4章　焊锡膏及其印刷技术 77
 4.1　焊锡膏 77
  4.1.1　焊锡膏的化学组成 77
  4.1.2　焊锡膏的分类 79
  4.1.3　表面组装对焊锡膏的要求 79
  4.1.4　焊锡膏的选用与使用注意事项 80
 4.2　焊锡膏印刷的漏印模板 81
  4.2.1　焊锡膏的印刷方法 81
  4.2.2　漏印模板的结构与制造 82
  4.2.3　模板窗口形状和尺寸设计 84
 4.3　焊锡膏印刷机 86
  4.3.1　焊锡膏印刷机的种类 86

    4.3.2 自动印刷机的基本结构 ····· 88
    4.3.3 主流印刷机的特征 ····· 91
  4.4 焊锡膏印刷工艺 ····· 91
    4.4.1 漏印模板印刷法的基本原理 ····· 91
    4.4.2 印刷工艺流程 ····· 92
    4.4.3 工艺参数的调节 ····· 95
    4.4.4 焊锡膏印刷的缺陷、产生原因及对策 ····· 97
  4.5 思考与练习题 ····· 99

第5章 贴片胶及其涂敷技术 ····· 100
  5.1 贴片胶的分类 ····· 100
    5.1.1 贴片胶的类型与组分 ····· 100
    5.1.2 贴片胶的选用及SMT对贴片胶的要求 ····· 103
    5.1.3 包装 ····· 104
  5.2 贴片胶涂敷工艺 ····· 104
    5.2.1 贴片胶的涂敷方法 ····· 104
    5.2.2 分配器点涂工艺过程与参数设置 ····· 106
    5.2.3 使用贴片胶的注意事项 ····· 109
    5.2.4 点胶工艺中常见的缺陷与解决方法 ····· 110
  5.3 贴片胶涂布设备简介 ····· 111
  5.4 思考与练习题 ····· 113

第6章 SMT贴片工艺及贴片机 ····· 114
  6.1 自动贴片机的结构与技术指标 ····· 114
    6.1.1 自动贴片机的分类 ····· 114
    6.1.2 自动贴片机的主要结构 ····· 117
    6.1.3 贴片机的主要技术指标 ····· 122
  6.2 贴片质量控制与要求 ····· 124
    6.2.1 对贴片质量的要求 ····· 124
    6.2.2 贴片过程质量控制 ····· 125
    6.2.3 全自动贴片机操作指导 ····· 128
    6.2.4 贴片缺陷分析 ····· 130
  6.3 手工贴装SMT元器件 ····· 131
  6.4 思考与练习题 ····· 133

第7章 波峰焊与波峰焊设备 ····· 134
  7.1 电子产品焊接工艺原理和特点 ····· 134
    7.1.1 锡焊原理 ····· 134
    7.1.2 焊接材料 ····· 136
    7.1.3 表面组装焊接特点 ····· 138
  7.2 波峰焊工艺 ····· 139
    7.2.1 波峰焊工艺过程 ····· 140
    7.2.2 波峰焊工作原理 ····· 141

7.3 波峰焊机的类型及基本操作规程 144
　　　　7.3.1 波峰焊机的类型 144
　　　　7.3.2 基本操作规程 146
　　7.4 波峰焊质量缺陷及解决办法 148
　　7.5 思考与练习题 152

第8章 再流焊与再流焊设备 153
　　8.1 再流焊工作原理 153
　　8.2 再流焊炉的结构和技术指标 155
　　　　8.2.1 再流焊炉的主要结构 155
　　　　8.2.2 再流焊炉的主要技术指标 157
　　8.3 再流焊种类及加热方式 157
　　　　8.3.1 红外线辐射再流焊 157
　　　　8.3.2 红外热风再流焊 158
　　　　8.3.3 气相再流焊 159
　　　　8.3.4 激光再流焊 162
　　　　8.3.5 通孔红外再流焊工艺 162
　　　　8.3.6 各种再流焊设备及工艺性能比较 165
　　8.4 再流焊炉操作指导与焊接缺陷分析 167
　　　　8.4.1 全自动热风再流焊炉操作指导 167
　　　　8.4.2 再流焊常见质量缺陷及解决方法 169
　　　　8.4.3 再流焊与波峰焊均会出现的焊接缺陷 173
　　8.5 思考与练习题 175

第9章 SMT手工焊接与实训 177
　　9.1 SMT的手工焊接与拆焊 177
　　　　9.1.1 手工焊接SMT元器件的要求与条件 177
　　　　9.1.2 SMT元器件手工焊接与拆焊工艺 180
　　9.2 实训——SMT电调谐调频收音机组装 184
　　　　9.2.1 实训目的 184
　　　　9.2.2 实训场地要求与实训器材 184
　　　　9.2.3 实训步骤及要求 186
　　　　9.2.4 调试及总装 189
　　　　9.2.5 实训报告 190
　　　　附：实训产品工作原理简介 190
　　9.3 思考与练习题 191

第10章 检测与返修工艺 193
　　10.1 来料检测 193
　　10.2 工艺过程检测 194
　　　　10.2.1 人工目视检验 194
　　　　10.2.2 自动光学检测（AOI） 198
　　　　10.2.3 自动X射线（X-Ray）检测（AXI） 202

  10.3 ICT 在线测试 ········· 204
    10.3.1 针床式在线测试仪 ········· 204
    10.3.2 飞针式在线测试仪 ········· 206
  10.4 功能测试（FCT） ········· 208
  10.5 SMA 返修技术 ········· 208
    10.5.1 SMT 电路板维修工作站 ········· 209
    10.5.2 返修的基本过程 ········· 209
    10.5.3 BGA、CSP 芯片的返修 ········· 211
  10.6 思考与练习题 ········· 214

第 11 章　清洗剂与清洗工艺 ········· 215
  11.1 清洗的作用与分类 ········· 215
  11.2 清洗剂 ········· 216
    11.2.1 清洗剂的化学组成 ········· 216
    11.2.2 清洗剂的选择 ········· 217
  11.3 清洗技术 ········· 217
    11.3.1 批量式溶剂清洗技术 ········· 217
    11.3.2 连续式溶剂清洗技术 ········· 219
    11.3.3 水清洗工艺技术 ········· 220
    11.3.4 超声波清洗 ········· 222
  11.4 免清洗焊接技术 ········· 225
  11.5 思考与练习题 ········· 226

第 12 章　SMT 的静电防护技术 ········· 227
  12.1 静电及其危害 ········· 227
    12.1.1 静电的产生 ········· 227
    12.1.2 静电放电（ESD）对电子工业的危害 ········· 228
  12.2 静电防护 ········· 229
    12.2.1 静电防护方法 ········· 229
    12.2.2 常用静电防护器材 ········· 231
  12.3 SMT 制程中的静电防护 ········· 233
    12.3.1 生产线内的防静电设施 ········· 233
    12.3.2 管理与维护 ········· 235
  12.4 思考与练习题 ········· 236

第 13 章　SMT 的无铅工艺制程 ········· 237
  13.1 无铅焊料 ········· 237
    13.1.1 铅的危害及"铅禁"的提出 ········· 237
    13.1.2 无铅焊料应具备的条件及其定义 ········· 239
  13.2 无铅焊料的研发 ········· 241
    13.2.1 几种实用的无铅焊料 ········· 241
    13.2.2 无铅焊料引发的新课题 ········· 243

13.3 无铅波峰焊 ······ 244
13.3.1 无铅焊料的选择 ······ 245
13.3.2 无铅波峰焊工艺对波峰焊机的要求 ······ 245
13.3.3 无铅波峰焊工艺对生产要素的影响 ······ 246
13.4 无铅再流焊 ······ 248
13.4.1 无铅再流焊工艺要素 ······ 248
13.4.2 无铅再流焊工艺中的常见问题 ······ 251
13.5 无铅手工焊接 ······ 253
13.6 思考与练习题 ······ 256

附录　本书部分专业英语词汇 ······ 257
参考文献 ······ 261

第1章 SMT 与 SMT 工艺

SMT 是英文"Surface Mount Technology"的简称,在我国电子行业标准中称为表面组装技术。20 世纪 70 年代,以发展消费类产品著称的日本电子行业首先将 SMT 在电子制造业推广开来,并很快推出 SMT 专用焊料、专用设备(如贴片机、再流焊炉、印刷机等)和各种片式元器件,极大地丰富了 SMT 的内涵,也为 SMT 的发展奠定了坚实的基础。用 SMT 组装的电子产品具有体积小、性能好、功能全、价位低的综合优势。因此,SMT 作为新一代电子工艺技术已广泛地应用于各个领域的电子产品装联中,目前已成为世界电子整机组装技术的主流。

SMT 是一门包括元器件、材料、设备、工艺以及表面组装电路基板设计与制造的系统性综合技术;是突破了传统的印制电路板通孔插装元器件方式而发展起来的第四代组装方法;是现在最热门的电子产品组装换代新观念,也是电子产品能有效地实现"短、小、轻、薄",多功能、高可靠、优质量、低成本的主要手段之一。

1.1 SMT 的发展

1. 表面组装技术的发展简史

20 世纪 60 年代,在电子表行业及军用通信中,为了实现电子表和军用通信产品的微型化,人们开发出无引线电子元器件,并被直接焊接到印制板的表面,从而达到了电子表微型化的目的,这就是今天称为"表面组装技术"的雏形。

从 20 世纪 60 年代到现在,SMT 的发展历经了三个阶段:

第一阶段的主要技术目标是把小型化的片式元器件应用在混合电路(我国称为厚膜电路)的生产制造之中,从这个角度来说,SMT 对集成电路的制造工艺和技术发展做出了重大的贡献。同时,SMT 开始大量使用在民用的石英电子表和电子计算器等产品中。

1975 年以后,SMT 的发展进入第二阶段,为促使电子产品迅速小型化、多功能化,SMT 技术开始广泛用于摄像机、耳机式收音机和电子照相机等产品中。同时,用于表面组装的自动化设备被大量研制开发出来,片状元器件的安装工艺和支撑材料也已经成熟,为 SMT 的高速发展打下了基础。

1986 年进入第三阶段,主要目标是降低成本,进一步改善电子产品的性能价格比。随着 SMT 技术的成熟,工艺可靠性的提高,应用在军事和投资类(汽车、计算机、通信设备、工业设备)领域的电子产品迅速发展,同时大量涌现的自动化表面装配设备及工艺手段,使片式元器件在 PCB 上的使用量高速增长,加速了电子产品总成本的下降。

目前，SMT 技术正在沿着以下趋势发展：

① 如今 IC 光刻技术已进入纳米时代，伴随着 I/O 端子数的增多，器件的封装形式也将由 QFP 快速地向球栅阵列式封装形式过渡，BGA、CSP 将成为封装技术的主流，随着 F·C 底层填料的开发成功，FC 器件也将进入实用化阶段。这意味着球栅阵列技术将开始取代周围引脚表面贴装器件，就像表面贴装元器件取代通孔元器件一样，叠层芯片 SOC、SIP 器件将会被广泛使用。

② 与球栅阵列式器件相配套的是 PCB 技术，包括基材的制造技术也将出现更新，如今高 T_g、低 CTE 的基材不断推出，特别是积成法制造（BUM）的 PCB 技术每年以 17%的速度在增长，用 BUM 制造的 PCB，其 CTE 可达到 6×10^{-6}℃，这意味着与片式元器件的 CTE 同等级别，BUM 法制造的 PCB 将有力支撑着 FC 的实际应用。

③ 随着人们环保意识的提高，绿色化生产已成为大生产技术的新理念。这种新理念体现在如下几个方面：无铅焊料开发成功，日本企业已经在部分消费类产品中使用；无铅化进程有加速化趋势，特别是欧洲联盟有关电气与电子设备中废料的法令（WEED Directive）包括含铅焊料的禁止在 2006 年 7 月 1 日生效，这意味着全世界电子产品组装进入无铅化时代；PCB 制造的过程中不再使用数种因焚化而产生致癌物质的阻燃剂，在焊剂使用中，无 VOC 焊剂的应用也提到议事日程上来。

④ 0201 元器件的使用将对印刷机、贴片机、再流焊炉技术及检测技术提出更高要求。模块化、高速、高精度贴片机，以及能连线使用的 AOI 和 AXI 将成为设备制造方向。

⑤ 如今导电胶的电阻已做到小于 0.001Ω，综合性能明显提高，冷连接工艺已初露端倪。

⑥ SMT 生产线的管理已实现计算机和无线网络管理，做到实时工艺参数采集和传送。不仅在质量上支持 6S 标准，而且向无人化管理迈进。

SMT 技术作为新一代的装联技术，仅有 40 多年的历史，但这项技术刚问世就充分显示出其强大的生命力，它以非凡的速度走完了从诞生、完善直至成熟的路程，迈入了大范围工业应用的旺盛期。如今无论是投资类电子产品还是民用类电子产品，均有它的身影。

2. 表面组装元器件的发展过程

表面组装技术的重要基础之一是表面组装元器件，其发展需求和发展程度也主要受表面组装元器件 SMC/SMD 发展水平的制约。为此，SMT 的发展史与 SMC/SMD 的发展史基本是同步的。

20 世纪 60 年代，欧洲飞利浦公司研制出可表面组装的纽扣状微型器件供手表工业使用的小外形集成电路（SOIC）。它的引线分布在器件两侧，呈鸥翼形，引线的中心距为 1.27mm（50mil，1mil=0.001in=0.025 4mm），引线数可多达 28 针以上。20 世纪 70 年代初期，日本开始使用方形扁平封装的集成电路（QFP）来制造计算器。QFP 的引线分布在器件的四边，呈鸥翼形，引线的中心距最小仅为 0.65mm（25mil）或更小，而引线数可达几百针。

20 世纪 70 年代研制出无引线陶瓷芯片载体（LCCC）全密封器件，它以分布在器件四边的金属化焊盘代替引线。进入 20 世纪 90 年代后，0.3mm 细引线间距 SMC/SMD 的组装技术和组装设备趋向成熟。

美国所研制的塑封有引线芯片载体（PLCC）器件，引线分布在器件的四边，引线中心距一般为 1.27mm（50mil）。

20 世纪 90 年代初期，CSP 以其芯片面积与封装面积接近相等，可进行与常规封装 IC 相同的处理和试验，可进行老化筛选，制造成本低等特点脱颖而出。

为适应 IC 集成度的增大使得同一 SMD 的输入/输出数，也即引线数大增的需求，将引线有规则分布在 SMD 整个贴装表面而成栅格阵列型的 SMD，它也从 20 世纪 90 年代开始发展并很快得以普及应用，其典型产品为球形栅格阵列（BGA）器件。

由此可见，表面安装元器件的不断缩小和变化，促进了组装技术的不断发展，而组装技术在提高组装密度的同时又向元器件提出了新的技术要求和齐套性要求。可以说二者是相互依存，相互促进而发展的。

作为第四代电子装联技术的 SMT，已经在现代电子产品，特别是在尖端科技电子设备、军用电子设备的微小型化、轻量化、高性能、高可靠性发展中发挥了极其重要的作用。为了适应更高密度、多层互连和立体组装的要求，目前 SMT 已处于微组装技术（MPT）新阶段。

MCM 是 20 世纪 90 年代以来发展较快的一种先进的混合集成电路，它把几块 IC 芯片组装在一块电路板上，构成功能电路块，称为多芯片模块（Multi Chip Module，MCM）。由于 MCM 技术将多个裸芯片不加封装，直接装于同一基板并封装于同一壳体内，因此，面积只为 SMT 的 1/6～1/3，重量只有 SMT 的 1/3。

以 MCM、3D 为核心的 MPT 是在高密度、多层互连的 PCB 上，用微型焊接和封装工艺将微型元器件（主要是高集成度 IC）通过高密度组装、立体组装等组装方法进行组装，形成的高密度、高速度和高可靠性的主体结构微电子产品（组件、部件、子系统或系统）。这种技术是当今微电子技术的重要组成部分，特别是在尖端高科技领域更具有十分重要的意义，在航天、航空、雷达、导航、电子干扰系统、抗干扰系统、通信、巨型计算机、敌我识别电子装备等方面都具有非常重要的应用前景。

可以看出，无论片式元器件的封装形式，还是 SMT 设备与工艺，都在支持 PCB 向实现高密度互连方向发展，并适应信息技术发展的需求。网络、卫星通信将更为广泛地应用；各种工业控制系统和设备将会做得更小，并且有功耗低和维修简单的优点；计算机和办公外设将更快发展和更加可靠；医疗仪器将具有更高的精密性。因此，SMT 是信息产业迅速壮大和突飞猛进的主要支柱，在 21 世纪内以至更长的一个历史时期中，SMT 仍是电子产品组装的主流和基础技术。

3．SMT 技术发展的意义

从狭义上讲，SMT 是将表面元器件贴装到 PCB 上，经过整体加热实现电子元器件的互连；但从广义上讲，它包含片式元器件、表面组装设备、表面组装工艺，通常人们把表面组装设备称为"硬件"，将表面组装工艺称为"软件"，而电子元器件既是 SMT 的基础，又是 SMT 发展的动力，它推动 SMT 专用设备和装联工艺不断更新和深化。支持信息产业的关键技术正是芯片技术和组装技术。芯片技术决定其电子产品的性能，是信息产业的核心。

组装技术即大生产技术，它把先进的信息技术转化为实际的可供人们使用的电子产品，其过程既给社会带来巨大的物质财富，又给人们带来物质生活的享受，如今各种数字化的电子产品琳琅满目，使人应接不暇。因此从广义上来讲，SMT 技术和信息产业是相互依存、相互发展的，SMT 已成为信息产业强有力的基础。

近几年来，美国、欧洲、日本等都纷纷建立了涉及技术开发、生产制造的国家级研究机构，以从事 SMT 方面的研究与开发。例如，美国半导体协会（SIA）每年发布的规格书已在世界电子组装技术发展中起到重要的指导作用。近期它在发布的规划书中，十分引人注目地提出了三维立体安装技术形态将成为今后安装技术发展趋势的预测，这意味着 SIP（System In Package）及 SOC（System-On-Chip）等系统模块技术将有更快的发展。在欧洲，以瑞典的生产技术研究所（IVF）和德国 IEM 研究所牵头的研究机构，从事组装技术绿色化的研究，包括无铅焊料，无 VOC 焊剂，PCB 制造中限用阻燃剂的绿色化制造技术，并制定明确的使用时间表以体现其决心和信心。同时，日本电子信息技术产业协会（JEITA）等多个学术团体，将"组装技术"提升到"从电路设计到电子部件、安装设备及关联工艺技术最优化的综合结果"，并在这个基础上成立"电子系统集成联络协议会"，不同专业协会相互沟通、相互协调，以战略眼光制订本国的发展计划。

4．我国 SMT 技术的发展与现状

中国的电子科技人员从 20 世纪 70 年代末和 80 年代初就开始跟踪国外 SMT 技术的发展，并在小范围内应用 SMT 技术。中国最早规模化引进 SMT 生产线起于 20 世纪 80 年代初期。其背景是中国彩色电视机工业技术开始引进。为其配套的彩电调谐器，如松下彩电调谐器由 A 型转向 B 型电子调谐器，而新型调谐器大量采用片式元器件。在当时的计划经济指导下，国内彩电调谐器厂开始引进 SMT 生产线，引进的机型有松下、三洋、TESCON、TDK 等。

20 世纪 90 年代初期，中国录像机生产线的引进掀起了另一次 SMT 引进高潮。以松下录像机为例，从 L15 开始大量采用片式元器件。这一期间大连华录、北京电视设备厂、上海录音器材厂、南京 714 厂、夏新等一批录像机生产厂家开始引进 SMT 生产线。据国外某调查机构统计，至 1997 年年底为止，中国贴片机的保有量为 3 700 台，SMT 生产线总数在 1 500～2 000 条之间。

进入 21 世纪以来，中国电子信息产品制造业加快了发展步伐，每年都以 20%以上的速度高速增长，成为国民经济的支柱产业，整体规模连续三年居全球第 2 位。随着中国电子制造业的高速发展，中国的 SMT 技术及产业也同步迅猛发展，整体规模也居世界前列。

中国 SMT/EMS 产业主要集中在东部沿海地区，其中广东、福建、浙江、上海、江苏、山东、天津、北京及辽宁等省市 SMT/EMS 的总量占全国 80%以上。按地区分，以珠三角及其周边地区最强，长三角地区次之，环渤海地区第三。环渤海地区 SMT/EMS 总量虽与珠三角和长三角相比有较大差距，但增长潜力巨大，发展势头更强。例如，位于北京地区的某外资公司工厂 2005 年购买贴片机总额达 1 500 万美元。国家有关部门公布，位于天津的滨海新区继深圳、上海浦东之后将成为我国经济增长的第三极。不久的将来，我国 SMT/EMS 产业必然形成珠三角、长三角、环渤海地区三足鼎立之势。

中国 SMT/EMS 产业之所以出现如此大好形势，主要是中国政府有关部门高度重视电子信息产品制造业的发展，制定了良好的发展政策、引进政策。世界电子信息产品制造业发达的国家和地区，如美、日、韩、欧洲和我国台湾地区，把电子制造业往中国内地转移是其重要因素。以在 SMT/EMS 领域排名世界前 10 名的企业为例，像 FOXCONN、

FLEXTRONICS、SOLECTRON 等一批企业均进入中国内地设厂。

2004—2005 年中国共引进贴片机 35 400 余台，年引进量占全球同期贴片机产量的 40% 以上。全国现有贴片机保有量应在 10 万台左右。作为 SMT 生产线的龙头设备，印刷机年采购量应在 4 500～5 000 台之间，其中 80% 是采购进口产品。作为 SMT 生产线后道设备的再流焊机，年采购量在 6 000～7 000 台。由于 2006 年 7 月 1 日起欧盟开始实施 RoHS 指令，2007 年 3 月 1 日起国家七部委颁布的《电子信息产品污染控制管理办法》施行，在再流炉增购总量中，很大一部分是采购无铅再流焊炉以取代旧式再流焊炉。目前中国 SMT 生产线已达几万条。

在 SMT 大生产方面，得益于我国东南沿海地区电子工业的高速发展，我国电信产业巨子华为、中兴、东方、大唐和巨龙等公司称雄当地，大大促进了 SMT 事业的迅速发展。目前国内自行设计的电子产品，片式化率达到 80%以上，在大型 PCB 贴片、COB 技术、双面再流焊、通孔再流焊、激光焊及 MCM 方面都能达到国外同类水平。中国已成为全球最大、最重要的 SMT 市场。

1.2 表面组装技术的优越性

1.2.1 SMT 的优点

1．组装密度高

片式元器件比传统穿孔元器件所占面积和质量大为减小。采用 SMT 可使电子产品体积缩小 60%，质量减轻 75%。通孔插装元器件按 2.54mm 网格安装元器件，而 SMT 组装元器件网格从 1.27mm 发展到目前的 0.63mm 网格，个别达 0.5mm 网格安装元器件，密度更高。例如，一个 64 引脚的 DIP 集成电路，它的组装面积为 25mm×75mm；而采用引线间距为 0.63mm 的 QFP，同样引线数量的组装面积为 12mm×12mm，仅为通孔技术的 1/12。

2．可靠性高

片式元器件的可靠性高；器件小而轻，故抗振能力强；采用自动化生产，贴装与焊接可靠性高，一般不良焊点率小于百万分之十，比通孔插装元器件波峰焊接技术低一个数量级；用 SMT 组装的电子产品 MTBF（平均无故障时间）为 25 万小时，目前几乎有 90%的电子产品采用 SMT 工艺。

3．高频特性好

由于片式元器件贴装牢固，器件通常为无引线或短引线，降低了寄生电感和寄生电容的影响，提高了电路的高频特性，采用片式元器件设计的电路最高频率达 3GHz，而采用通孔元器件的仅为 500MHz。采用 SMT 也可缩短传输延迟时间，可用于时钟频率为 16MHz 以上的电路。若使用 MCM 技术，计算机工作站的高端时钟频率可达 100MHz，由寄生电抗引起的附加功耗可降至 1/3～1/2。

4．降低成本

印制板使用面积减小，面积为通孔技术的 1/12，若采用 CSP 安装则其面积还要大幅度下降。片式元器件发展很快，促使成本迅速下降，一个片式电阻已同通孔电阻的价格相当，约合人民币几分钱。SMT 技术简化了电子整机产品的生产工序，降低了生产成本。在印制板上安装时，元器件的引线不用整形、打弯、剪短，因而使整个生产过程缩短，生产效率得到提高。同样功能电路的加工成本低于通孔插装方式，一般可使生产总成本降低 30%～50%。以下几点也是促使 SMT 生产成本下降的因素。

① 印制板上钻孔数量减少，节约返修费用；
② 由于频率特性提高，减少了电路调试费用；
③ 由于片式元器件体积小、质量小，减少了包装、运输和储存费用。

5．便于自动化生产

目前通孔安装印制板要实现完全自动化，还需扩大 40%原印制板面积，这样才能使自动插件的插装头将元器件插入，否则没有足够的空间间隙，将碰坏零件。自动贴片机采用真空吸嘴吸放元器件，真空吸嘴小于元器件外形，有利于提高安装密度，便于自动化生产。

当然，SMT 大生产中也存在一些问题，如元器件上的标称数值看不清，维修工作困难；维修调换器件需要专用工具；元器件与印制板之间热膨胀系数一致性差。但这些问题均是发展中的问题，随着专用拆装设备的出现，以及新型低膨胀系数印制板的出现，均已不再成为阻碍 SMT 深入发展的障碍。

1.2.2 SMT 和通孔插装技术的比较

SMT 工艺技术的特点可以通过其与传统通孔插装技术（THT）的差别比较体现。从组装工艺技术的角度分析，SMT 和 THT 的根本区别是"贴"和"插"。二者的差别还体现在基板、元器件、组件形态、焊接方法和组装工艺各个方面。

电子电路装联技术的发展主要受元器件类型的支配，之所以出现"插"和"贴"这两种截然不同的电路模块组装技术，是由于采用了外形结构和引脚形式完全不同的两种类型的电子元器件。由于 SMT 生产中采用"无引线或短引线"的元器件，故从组装工艺角度分析，表面组装和通孔插装技术的根本区别一是所用元器件、PCB 的外形不完全相同；二是前者是"贴装"，即将元器件贴装在 PCB 焊盘表面，而后者则是"插装"，即将长引脚元器件插入 PCB 焊盘孔内。前者是预先将焊料（焊锡膏）涂放在焊盘上，贴装元器件后一次加热完成焊接过程，而后者是通过波峰焊机利用熔融的焊料流，实现升温与焊接。THT 与 SMT 的区别如表 1-1 所示。

表 1-1 THT 与 SMT 的区别

类　　型	THT	SMT
元器件	双列直插或 DIP； 针阵列 PGA； 有引线电阻、电容	SOIC、SOT、LCCC、PLCC、QFP、BGA、CSR 尺寸比 DIP 要小许多倍； 片式电阻、电容
基板	印制电路板采用 2.54mm 网格设计，通孔孔径为 $\phi 0.8\sim 0.9$mm	印制电路板采用 1.27mm 网格或更细设计，通孔孔径为 $\phi 0.3\sim 0.5$mm，布线密度要高 2 倍以上

续表

类型	THT	SMT
焊接方法	波峰焊	再流焊
PCB 面积	大	小，缩小比约为 1:3～1:10
组装方法	穿孔插入	表面安装（贴装）
自动化程度	自动插装机	自动贴片机，生产效率高于自动插装机

1.3 SMT 的组成与 SMT 工艺的主要内容

1.3.1 SMT 的组成

表面组装技术（SMT）通常包括表面组装元器件、表面组装电路板及图形设计、表面组装工艺材料——焊锡膏及贴片胶、表面组装设备、表面组装焊接技术（包括双波峰焊、再流焊、气相焊、激光焊）、表面组装测试技术、清洗技术及表面组装大生产管理等多方面内容，如图 1-1 所示。这些内容可以归纳为三个方面：一是设备，人们称它为 SMT 的硬件；二是装联工艺，人们称它为 SMT 的软件；三是电子元器件，它既是 SMT 的基础，又是 SMT 发展的动力，它推动着 SMT 专用设备和装联工艺不断更新和深化。

图 1-1 SMT 的组成

表面组装技术是一组技术密集、知识密集的技术群，涉及元器件封装、电路基板制造、印制板设计、印刷技术、自动控制技术、软钎焊技术、物理、化工、新型材料等多种专业和学科。在设备方面，许多机器都采用计算机控制，由微处理器、图像识别系统、传感器、伺服系统组成控制系统。以贴片机为例，一般贴片机采用焊接结构为基础件，采用大量灵敏元器件如滚动丝杆、滑动直线导轨、磁性流体阻尼器件等，巧妙地组装上气动系统、真空系统、电气控制与机械式凸轮分配轴系统。它涉及机械学的各个领域，中高速贴片机运行设备速度快，振动频率高，一旦紧固松动，传感器移位，结构件错位，任何一个电接触浮动都会导致设备不能正常运行。事故原因需从机、光、电几个方面寻找，故要求 SMT 人员机电并通，具有丰富的机电一体化学科知识。在新型材料方面，焊锡膏和贴片胶都是触变性质流体，它们引起的缺陷占 SMT 总缺陷的 60%，只有熟练掌握这些材料的知识才能保证 SMT 质量。SMT 还涉及多种装联工艺，如印刷工艺、点胶工艺、贴放工艺、固化工艺，只要其中任一环节工艺参数漂移，都会导致出现不良产品。SMT 工艺人员必须具有丰富的工艺知识，随时监视工艺状况，预测发展动向。

特别值得一提的是，表面组装大生产中早期投入大。因此若要组织 SMT 大生产，应首先做好 SMT 技术的培训工作，这是一条事半功倍的捷径，通过培训，增强对 SMT 的理性认识，逐步培训出一支具有专业知识的专业队伍；其次是通过对设备性能的了解，合理地组建 SMT 生产线；最后通过严格科学的生产管理，成功地实现表面组装技术大生产。

1.3.2　SMT 工艺的主要内容

SMT 工艺技术的主要内容可分为组装材料选择、组装工艺设计、组装技术和组装设备应用四大部分，如图 1-2 所示。

```
                  ┌─ 涂敷材料——黏结剂、焊料、焊锡膏等
      ┌ 组装材料选择 ┤
      │           └─ 工艺材料——焊剂、清洗剂、热转换介质等
      │
      │           ┌─ 组装方式、组装工艺流程设计等
      ├ 组装工艺设计 ┤
      │           └─ 工艺、工序优化设计等
      │
      │           ┌─ 涂敷技术——点涂、针转印、印刷
      │           ├─ 贴装技术——顺序式、在线式、同时式
      │           │                  ┌─ 焊接方法——单波峰、双波峰等
      │           │        ┌ 流动焊接 ┼─ 黏结剂涂敷——点涂、针转印
表面               │        │         └─ 黏结剂固化——紫外、红外、电加热
组装   ├ 组装技术   ┤ 焊接技术┤
工艺               │        │         ┌─ 焊接方法——焊膏法、预置焊料法
技术               │        └ 再流焊接 ┼─ 焊膏涂敷——印刷
      │           │                  └─ 加热方法——气相、红外、激光等
      │           ├─ 清洗技术——溶剂清洗、水清洗
      │           ├─ 检测技术——接触式检测、非接触式检测
      │           └─ 返修技术——热空气对流、传导加热方式
      │
      │           ┌─ 涂敷设备——点胶机、印刷机、针式转印机
      │           ├─ 贴装设备——顺序式贴装机、同时式贴装机、在线式贴装系统
      └ 组装设备应用┤ 焊接设备——双波峰焊接设备、喷射式波峰焊接设备、再流焊设备
                  ├─ 清洗设备——溶剂清洗机、水清洗机
                  ├─ 测试设备——光学外观检测设备、在线检测设备、功能测试仪
                  └─ 返修设备——热空气对流返修工具和设备、传导加热返修工具和设备
```

图 1-2　SMT 工艺的主要内容

SMT 工艺技术涉及化工与材料技术（如各种焊锡膏、焊剂、清洗剂）、涂敷技术（如焊锡膏印刷）、精密机械加工技术（如丝网制作）、自动控制技术（如设备及生产线控制）、焊接技术和测试、检验技术、组装设备应用技术等诸多方面。它具有 SMT 的综合性工程技术特征，是 SMT 的核心技术。

1.4　SMT 生产系统

1.4.1　SMT 的两类基本工艺流程

SMT 工艺有两类最基本的工艺流程，一类是焊锡膏—再流焊工艺；另一类是贴片—波峰焊工艺。在实际生产中，应根据所用元器件和生产装备的类型及产品的需求，选择单独进行或重复、混合使用，以满足不同产品生产的需要。

1. 焊锡膏—再流焊工艺

焊锡膏—再流焊的工艺流程是：焊锡膏印刷→贴片→再流焊→检验、清洗，如图1-3所示。该工艺流程的特点是简单、快捷，有利于产品体积的减小。该工艺流程在无铅焊接工艺中更显示出优越性。

图1-3 焊锡膏—再流焊工艺流程

2. 贴片—波峰焊工艺

贴片—波峰焊的工艺流程是：贴片胶涂敷→贴片→固化→翻转电路板、插装通孔元器件→波峰焊→检验、清洗，如图1-4所示。该工艺流程的特点是利用双面板空间，电子产品的体积可以进一步做小，并部分使用通孔元器件，价格低廉。但设备要求增多，波峰焊过程中易出现焊接缺陷，难以实现高密度组装。

图1-4 贴片—波峰焊工艺流程

若将上述两种工艺流程混合与重复使用，则可以演变成多种工艺流程。

1.4.2 SMT的元器件安装方式

SMT的组装方式及其工艺流程主要取决于表面组装组件（SMA）的类型、使用的元器件种类和组装设备条件。大体上可分为单面混合组装、双面混合组装和全表面组装三种类型共六种组装方式，如表1-2所示。

表 1-2 表面组装组件的组装方式

序号	组装方式		组件结构	电路基板	元器件	特征
1	单面混合组装	先贴法		单面 PCB	表面组装元器件及通孔插装元器件	先贴后插，工艺简单，组装密度低
2		后贴法		单面 PCB	同上	先插后贴，工艺较复杂，组装密度高
3	双面混合组装	SMD 和 THC 都在 A 面		双面 PCB	同上	先贴后插，工艺较复杂，组装密度高
4		THC 在 A 面，A、B 两面都有 SMD		双面 PCB	同上	THC 和 SMC/SMD 组装在 PCB 同一侧
5	全表面组装	单面表面组装		单面：PCB、陶瓷基板	表面组装元器件	工艺简单，适用于小型、薄型化的电路组装
6		双面表面组装		双面：PCB、陶瓷基板	同上	高密度组装，薄型化

根据组装产品的具体要求和组装设备的条件选择合适的组装方式，是高效、低成本组装生产的基础，也是 SMT 工艺设计的主要内容。

1．单面混合组装

第一类是单面混合组装，即 SMC/SMD 与通孔插装元器件（THC）分布在 PCB 不同的两个面上混装，但其焊接面仅为单面。这一类组装方式均采用单面 PCB 和波峰焊接工艺，具体有两种组装方式。

（1）先贴法。第一种组装方式称为先贴法，即在 PCB 的 B 面（焊接面）先贴装 SMC/SMD，然后在 A 面插装 THC。

（2）后贴法。第二种组装方式称为后贴法，是先在 PCB 的 A 面插装 THC，后在 B 面贴装 SMC/SMD。

2．双面混合组装

第二类是双面混合组装，SMC/SMD 和 THC 可混合分布在 PCB 的同一面，同时，SMC/SMD 也可分布在 PCB 的双面。双面混合组装采用双面 PCB、双波峰焊接或再流焊接。在这一类组装方式中也有先贴还是后贴 SMC/SMD 的区别，一般根据 SMC/SMD 的类型和 PCB 的大小合理选择，通常采用先贴法较多。该类组装常用两种组装方式。

（1）SMC/SMD 和 THC 同侧方式。表 1-2 中所列的第三种，SMC/SMD 和 THC 同在 PCB 的一侧。

（2）SMC/SMD 和 THC 不同侧方式。表 1-2 中所列的第四种，把表面组装集成芯片（SMIC）和 THC 放在 PCB 的 A 面，而把 SMC 和小外形晶体管（SOT）放在 B 面。

这类组装方式由于在 PCB 的单面或双面贴装 SMC/SMD，而又把难以表面组装化的有引线元器件插入组装，因此组装密度相当高，如图 1-5 所示。

图 1-5 混合组装工艺流程

3. 全表面组装

第三类是全表面组装，在 PCB 上只有 SMC/SMD 而无 THC。由于目前元器件还未完全实现 SMT 化，实际应用中这种组装形式不多。这一类组装方式一般在细线图形的 PCB 或陶瓷基板上，采用细间距器件和再流焊接工艺进行组装。它也有两种组装方式。

（1）单面表面组装方式。表 1-2 所列的第五种方式，采用单面 PCB 在单面组装 SMC/SMD。

（2）双面表面组装方式。表 1-2 所列的第六种方式，采用双面 PCB 在两面组装 SMC/SMD，组装密度更高，如图 1-6 所示。

1.4.3 SMT 生产系统的基本组成

由表面涂敷设备、贴装机、焊接机、清洗机、测试设备等表面组装设备形成的 SMT 生产系统习惯上称为 SMT 生产线。

目前，表面组装元器件的品种规格尚不齐全，因此在表面组装组件（SMA）中有时仍需要采用部分通孔插装元器件。所以，一般所说的表面组装组件中往往是插装件和贴装件兼有的，全部采用 SMC/SMD 的只是一部分。根据组装对象、组装工艺和组装方式不同，SMT 的生产线有多种组线方式。

图 1-6 双面均采用焊锡膏—再流焊工艺流程

图 1-7 所示为采用再流焊技术 SMT 生产线的最基本组成，一般用于 PCB 单面组装 SMC/SMD 的表面组装场合，也称为单线形式。如果在 PCB 双面组装 SMC/SMD，则需要双线组线形式的生产线。当插装件和贴装件兼有时，还需在图 1-7 所示生产线的基础上附加插装件组装线和相应设备。当采用的是非免清洗组装工艺时，还需附加焊后清洗设备。目前，一些大型企业设置了配有送料小车，以计算机进行控制和管理的 SMT 产品集成组装系统，它是 SMT 产品自动组装生产的高级组织形式。

图 1-7 SMT 生产线基本组成示例

下面是 SMT 生产线的一般工艺过程，其中的焊锡膏涂敷方式、焊接方式及点胶工序的有无根据不同的组线方式而有所不同。

（1）印刷。其作用是将焊锡膏或贴片胶漏印到 PCB 的焊盘上，为元器件的焊接做准备。所用设备为自动印刷机，位于 SMT 生产线的最前端。

（2）点胶。它将胶水滴到 PCB 的固定位置上，其主要作用是在采用波峰焊时，将元器件固定到 PCB 上。所用设备为点胶机，位于 SMT 生产线的最前端或检测设备的后面。

(3) 贴装。其作用是将表面组装元器件准确安装到 PCB 的固定位置上。所用设备为贴片机，位于 SMT 生产线中印刷机的后面。

(4) 固化。其作用是将贴片胶固化，从而使表面组装元器件与 PCB 牢固粘接在一起。所用设备为固化炉，位于 SMT 生产线中点胶机的后面。

(5) 再流焊。其作用是将焊锡膏熔化，使表面组装元器件与 PCB 牢固粘接在一起。所用设备为再流焊炉，位于 SMT 生产线中贴片机的后面。

(6) 清洗。其作用是将组装好的 PCB 上面对人体有害的焊接残留物，如助焊剂等除去。所用设备为清洗机，位置可以不固定，可以在线，也可以不在线。

(7) 检测。其作用是对组装好的 SMA（表面组装组件）进行焊接质量和装配质量的检测。所用设备有放大镜、显微镜、在线测试仪（ICT）、飞针测试仪、自动光学检测仪（AOI）、X-Ray 检测系统（AXI）、功能测试仪等。位置根据检测的需要，可以配置在生产线合适的地方。

(8) 返修。其作用是对检测出故障的 SMA 进行返工。所用工具为烙铁、返修工作站等。配置在生产线中的任意位置。

1.5 思考与练习题

1. 简述表面组装技术的含义及其产生背景。
2. SMT 和 THT 的根本区别是什么？二者在哪些方面具有差别？
3. 简述 SMT 工艺的主要内容。
4. 简述 SMT 的两类基本工艺流程。
5. 简述 SMT 元器件在电路基板上的六种组装方式。
6. 写出 SMT 生产系统的基本组成，说明每一工序的作用和主要设备。

第 2 章 表面组装元器件

2.1 表面组装元器件的特点和种类

2.1.1 特点

表面组装元器件俗称无引脚元器件或片式元器件。习惯上人们把表面组装无源元器件，如片式电阻、电容、电感称为 SMC（Surface Mounted Components），而将有源器件，如小外形晶体管 SOT 及四方扁平组件（QFP）等称为 SMD（Surface Mounted Devices）。无论 SMC 还是 SMD，在功能上都与传统的通孔安装元器件相同。起初是为了减小体积而制造，然而，一经问世，它们就表现出强大的生命力，其体积明显减小，高频特性提高，耐振动，安装紧凑等优点是传统通孔元器件所无法比拟的，从而极大地刺激了电子产品向多功能、高性能、微型化、低成本的方向发展。同时，这些微型电子产品又促进了 SMC 和 SMD 继续向微型化发展。片式电阻、电容已由早期的 3.2mm×1.6mm 缩小到 0.4mm×0.2mm，IC 的引脚中心距已由 1.27mm 减小到 0.3mm，且随着裸芯片技术的发展，BGA 和 CSP 类多引脚器件已广泛应用到生产中。此外，一些机电元器件，如开关、继电器、滤波器、延迟线等，也都实现了片式化。

1. 表面组装元器件的特点

① 在表面组装元器件的电极上，有些焊端完全没有引线，有些只有非常短小的引线；相邻电极之间的距离比传统的 THT 集成电路的标准引线间距（2.54mm）小很多，目前引脚中心间距已经达到 0.3mm。在集成度相同的情况下，表面组装元器件的体积比 THT 元器件小很多；或者说，与同样体积的传统电路芯片比较，表面组装元器件的集成度提高了很多倍。

② 表面组装元器件直接贴装在 PCB 的表面，将电极焊接在与元器件同一面的焊盘上。这样，PCB 上通孔的直径仅由制作印制电路板时金属化孔的工艺水平决定，通孔的周围没有焊盘，使 PCB 的布线密度和组装密度大大提高。

2. 表面组装元器件的不足之处

① 器件的片式化发展不平衡，阻容器件、晶体管、IC 发展较快，异形器件、插座、振荡器等发展迟缓。

② 已片式化的元器件，尚未能完全标准化，不同国家乃至不同厂家的产品存在较大差异。因此，在设计、选用元器件时，一定要弄清楚元器件的型号、厂家及性能等，以避免出现因互换性差而造成的缺陷。

③ 元器件与 PCB 表面非常贴近，与基板间隙小，给清洗造成困难；元器件体积小，电

阻、电容一般不设标记，一旦弄乱就不易搞清楚；特别是元器件与 PCB 之间热膨胀系数的差异性等也是 SMT 产品中影响质量的因素。

本章主要介绍目前 SMT 生产中常用 SMC 与 SMD 的结构特点、主要性能指标、外形尺寸、识别标志及包装形式。

2.1.2 种类

表面组装元器件基本上都是片状结构。但片状是个广义的概念，从结构形状说，表面组装元器件包括薄片矩形、圆柱形、扁平异形等；表面组装元器件同传统元器件一样，也可以从功能上分为无源元器件 SMC、有源器件 SMD 和机电元器件三大类。

表面组装元器件的详细分类见表 2-1。

表 2-1 表面组装元器件的详细分类

类 别	封装形式	种 类
无源元器件 SMC	矩形片式	厚膜和薄膜电阻器、热敏电阻、压敏电阻、单层或多层陶瓷电容器、钽电解电容器、片式电感器、磁珠、石英晶体等
	圆柱形	碳膜电阻器、金属膜电阻器、陶瓷电容器、热敏电容器等
	异形	电位器、微调电位器、铝电解电容器、微调电容器、线绕电感器、晶体振荡器、变压器等
	复合片式	电阻网络、电容网络、滤波器等
有源器件 SMD	圆柱形	二极管
	陶瓷组件（扁平）	无引脚陶瓷芯片载体 LCCC、有引脚陶瓷芯片载体 CBGA
	塑料组件（扁平）	SOT、SOP、SOJ、PLCC、QFP、BGA、CSP 等
机电元器件	异形	继电器、开关、连接器、延迟器、薄型微电机等

表面组装元器件按照使用环境分类，可分为非气密性封装器件和气密性封装器件。非气密性封装器件对工作温度的要求一般为 0~70℃。气密性封装器件的工作温度范围可达 −55~+125℃。气密性器件价格昂贵，一般在高可靠性产品中使用。

2.2 表面组装电阻器

2.2.1 SMC 固定电阻器

1．表面组装电阻器的封装外形

表面组装电阻器按封装外形，可分为片状和圆柱状两种，外形与结构如图 2-1 所示。表面组装电阻器按制造工艺，可分为厚膜型（RN 型）和薄膜型（RK 型）两大类。片状表面组装电阻器一般是用厚膜工艺制作的：在一个高纯度氧化铝（Al_2O_3，96%）基底平面上网印二氧化钌（RuO_2）电阻浆来制作电阻膜；改变电阻浆料成分或配比，就能得到不同的电阻值，也可以用激光在电阻膜上刻槽微调电阻值；然后再印刷玻璃浆覆盖电阻膜，并烧结成釉保护层，最后把基片两端做成焊端。

电阻膜 保护膜 电极焊端　　电阻膜 耐热漆
　　　　　　　　　　螺纹槽　　　端电极
　　　　　　　　　　陶瓷基体
　　　　　　　　　　　　　　　标志色环
　　　　　　　外部电极
氧化铝基底

（a）矩形　　　　　　（b）圆柱形

图 2-1 片状电阻器的外形与结构

圆柱形表面组装电阻器（MELF）可以用薄膜工艺来制作：在高铝陶瓷基柱表面溅射镍铬合金膜或碳膜，在膜上刻槽调整电阻值，两端压上金属焊端，再涂覆耐热漆形成保护层并印上色环标志。圆柱形表面组装电阻器主要有碳膜 ERD 型、金属膜 ERO 型及跨接用的 0Ω 电阻器三种。

2．外形尺寸

片状表面组装电阻器是根据其外形尺寸的大小划分成几个系列型号的，现有两种表示方法，欧美产品大多采用英制系列，日本产品大多采用公制系列，我国这两种系列都可以使用。无论哪种系列，系列型号的前两位数字都表示元器件的长度，后两位数字表示元器件的宽度。例如，公制系列 3216（英制 1206）的矩形片状电阻，长 L=3.2mm（0.12in），宽 W=1.6mm（0.06in）。并且，系列型号的发展变化也反映了 SMC 元器件的小型化进程：5750（2220）→4532（1812）→3225（1210）→3216（1206）→2520（1008）→2012（0805）→1608（0603）→1005（0402）→0603（0201）→0402（01005）。典型 SMC 系列的外形尺寸见表 2-2。

表 2-2 典型 SMC 系列的外形尺寸（单位：mm/in）

公制/英制型号	L	W	a	b	T
3216/1206	3.2/0.12	1.6/0.06	0.5/0.02	0.5/0.02	0.6/0.024
2012/0805	2.0/0.08	1.25/0.05	0.4/0.016	0.4/0.016	0.6/0.016
1608/0603	1.6/0.06	0.8/0.03	0.3/0.012	0.3/0.012	0.45/0.018
1005/0402	1.0/0.04	0.5/0.02	0.2/0.008	0.25/0.01	0.35/0.014
0603/0201	0.6/0.02	0.3/0.01	0.2/0.005	0.2/0.006	0.25/0.01

图 2-2 所示是一个矩形表面组装电阻器的外形尺寸示意图。

图 2-3 所示是 MELF 电阻器的外形尺寸示意图，以 ERD-21TL 为例，L=2.0（+0.1,–0.05）mm，D=1.25（±0.05）mm，T=0.3（+0.1）mm，H=1.4mm。

通常电阻封装尺寸与功率的关系为：0201—1/20W，0402—1/16W，0603—1/10W，0805—1/8W，1206—1/4W。

图 2-2　矩形表面组装电阻器的外形尺寸示意图　　　　图 2-3　MELF 电阻器的外形尺寸示意图

3．标称数值的标注

从电子元器件的功能特性来说，表面组装电阻器的参数数值系列与传统插装元器件的差别不大，标准的标称数值系列有 E6（电阻值允许偏差±20%）、E12（电阻值允许偏差±12%）、E24（电阻值允许偏差±5%），精密元器件还有 E48（电阻值允许偏差±2%）、E96（电阻值允许偏差±1%）等几个系列。

1005、0603 系列片状电阻器的表面积太小，难以用手工装配焊接，所以元器件表面不印刷它的标称数值（参数印在编带的带盘上）；3216、2012、1608 系列片状表面组装电阻器的标称数值一般用印在元器件表面上的三位数字表示（E24 系列）：前两位数字是有效数字，第三位是倍率乘数（有效数字后所加"0"的个数）。例如，电阻器上印有 114，表示阻值 110kΩ；表面印有 5R6，表示阻值 5.6Ω；表面印有 R39，表示阻值 0.39Ω；跨接电阻采用 000 表示。

当片状电阻器阻值允许偏差为±1%时，阻值采用四位数字表示：若电阻值≥100Ω，则前三位数字是有效数字，第四位表示有效数字后所加"0"的个数，如 2002 表示 20kΩ；阻值介于 10~100Ω时，在小数点处加"R"，如 15.5Ω记为 15R5；阻值小于 10Ω时，在小数点处加"R"，不足四位的在末尾加"0"，如 4.8Ω记为 4R80。

圆柱形电阻器用三位、四位或五位色环表示阻值的大小，每位色环所代表的意义与通孔插装色环电阻完全一样。例如，五位色环电阻器色环从左至右第一位色环是绿色，其有效值为 5；第二位色环为棕色，其有效值为 1；第三位色环是黑色，其有效值为 0；第四位色环为红色，其乘数为 10^2；第五位色环为棕色，其允许偏差为±1%，则该电阻的阻值为 51 000Ω（51.00kΩ），允许偏差为±1%。

表面组装电阻器在料盘等包装上的标注目前尚无统一的标准，不同生产厂家的标注不尽相同。图 2-4 所示是某国产片状电阻器标识的含义，图中的标识"RC05K103JT"表示该电阻器是 0805 系列 10kΩ±5%片状电阻器，温度系数为±250ppm/℃。

图 2-4　片状电阻器标识的含义

4．表面组装电阻器的主要技术参数

虽然表面组装电阻器的体积很小，但它的数值范围和精度并不差，见表 2-3。3216 系列的阻值范围是 0.39Ω～10MΩ，额定功率可达到 1/4W，允许偏差有±1%、±2%，±5%和±10%四个系列，额定工作温度上限是 70℃。

表 2-3 常用典型 SMC 电阻器的主要技术参数

系 列 型 号	3216	2012	1608	1005
阻 值 范 围	0.39Ω～10MΩ	2.2Ω～10MΩ	1Ω～10MΩ	10Ω～10MΩ
允许偏差/%	±1，±2，±5，±10	±1，±2，±5	±2，±5	±2，±5
额定功率/W	1/4，1/8	1/10	1/16	1/16
最大工作电压/V	200	150	50	50
工作温度范围/额定温度/℃	−55～+125/70	−55～+125/70	−55～+125/70	−55～+125/70

5．表面组装电阻器的焊端结构

片状表面组装电阻器的电极焊端一般由三层金属构成，如图 2-5 所示。焊端的内部电极通常是采用厚膜技术制作的钯银（Pd-Ag）合金电极，中间电极是镀在内部电极上的镍（Ni）阻挡层，外部电极是铅锡（Pb-Sn）合金。中间电极的作用是避免在高温焊接时焊料中的铅和银发生置换反应，从而导致厚膜电极"脱帽"，造成虚焊或脱焊。镍的耐热性和稳定性好，对钯银内部电极起到了阻挡层的作用；但镍的可焊接性较差，镀铅锡合金的外部电极可以提高可焊接性。随着无铅焊接技术的推广，焊端表面的合金镀层也将改变成无铅焊料。

图 2-5 片状表面组装电阻器的电极焊端

2.2.2 SMC 电阻排（电阻网络）

电阻排也称电阻网络或集成电阻，它是将多个参数与性能一致的电阻，按预定的配置要求连接后置于一个组装体内的电阻网络。图 2-6 所示为 8P4R（8 引脚 4 电阻）3216 系列表面组装电阻网络的外形与尺寸。

电阻网络按结构可分为 SOP 型、芯片功率型、芯片载体型和芯片阵列型四种。根据用途的不同，电阻网络有多种电路形式，芯片阵列型电阻网络的常见电路形式如图 2-7 所示。小型固定电阻网络一般采用标准矩形封装，主要有 0603、0805、1206 等几种尺寸。电阻网络内部的电阻值用数字标注在外壳上，意义与普通固定贴片电阻相同，其精度一般为 J（5%）、G（2%）和 F（1%）。

图 2-6　8P4R（8 引脚 4 电阻）3216 系列表面组装电阻网络的外形与尺寸

图 2-7　芯片阵列型电阻网络的常见电路形式

2.2.3　SMC 电位器

表面组装电位器又称为片式电位器。它包括片状、圆柱状、扁平矩形结构各种类型。标称阻值范围在 100Ω～1MΩ之间，阻值允许偏差±25%，额定功耗系列为 0.05W、0.1W、0.125W、0.2W、0.25W、0.5W，阻值变化规律为线性。

（1）敞开式结构。敞开式电位器的结构如图 2-8 所示。它又分为直接驱动簧片结构和绝缘轴驱动簧片结构。这种电位器无外壳保护，灰尘和潮气易进入产品，对性能有一定影响，但价格低廉，因此，常用于消费类电子产品中。敞开式的平状电位器仅适用于焊锡膏—再流焊工艺，不适用于贴片—波峰焊工艺。

（a）直接驱动簧片结构　　　　（b）绝缘轴驱动簧片结构

图 2-8　敞开式电位器的结构

（2）防尘式结构。防尘式电位器的结构如图 2-9 所示，有外壳或护罩，灰尘和潮气不易进入产品，性能好，多用于投资类电子整机和高档消费类电子产品中。

图 2-9 防尘式电位器的结构

（3）微调式结构。微调式电位器的结构如图 2-10 所示，属精细调节型，性能好，但价格昂贵，多用于投资类电子整机中。

图 2-10 微调式电位器的结构

（4）全密封式结构。全密封式结构的电位器有圆柱形和扁平矩形两种形式，具有调节方便、可靠、寿命长的特点。圆柱形电位器的结构如图 2-11 所示，它又分为顶调和侧调两种。

（a）圆柱形顶调电位器的结构　　（b）圆柱形侧调电位器的结构

图 2-11 圆柱形电位器的结构

2.3　表面组装电容器

表面组装电容器目前使用较多的主要有两种：陶瓷系列（瓷介）的电容器和钽电解电容器，其中瓷介电容器约占 80%，其次是钽和铝电解电容器。有机薄膜和云母电容器使用较少。

2.3.1 SMC 多层陶瓷电容器

表面组装陶瓷电容器多以陶瓷材料为电容介质，多层陶瓷电容器是在单层盘状电容器的基础上构成的，电极深入电容器内部，并与陶瓷介质相互交错。多层陶瓷电容器简称 MLC。MLC 通常是无引脚矩形结构，其外形标准与片状电阻大致相同，仍然采用长×宽表示。

MLC 所用介质有 COG、X_7R、Z_5V 等多种类型，它们有不同的容量范围及温度稳定性，以 COG 为介质的电容温度特性较好。不同介质材料 MLC 的电容量范围见表2-4。

表2-4 不同介质材料 MLC 的电容量范围

型号	COG	X_7R	Z_5V
0805C	10～560pF	120pF～0.012μF	
1206C	680～1 500pF	0.016～0.033μF	0.033～0.10μF
1812C	1 800～5 600pF	0.039～0.12μF	0.12～0.47μF

多层陶瓷电容器内部电极以低电阻率的导体银连接而成，提高了 Q 值和共振频率特性，采用整体结构，具有高可靠性、高品质、高电感值等特性；已经大量用于汽车工业、手机、PHS、WLNA 及军事和航天产品等高频电路、中频增幅电路中。

对于元器件上的标注，早期采用英文字母及数字表示其电容，它们均代表特定的数值，只要查表就可以估算出电容的容量，字母数值对照表见表2-5、表2-6。

例如，标注为 F_5，从系数表中查知字母 F 代表系数为 1.6，从倍率表中查知下标 5 表示容量倍率 10^5，由此可知该电容容量为 $1.6×10^5$pF。

表2-5 片式电容容量系数表

字母	A	B	C	D	E	F	G	H	J	K	L
容量系数	1.0	1.1	1.2	1.3	1.5	1.6	1.8	2.0	2.2	2.4	2.7
字母	M	N	P	Q	R	S	T	U	V	W	X
容量系数	3.0	3.3	3.6	3.9	4.3	4.7	5.1	5.6	6.2	6.8	7.5
字母	Y	Z	a	b	c	d	e	f	m	n	t
容量系数	8.2	9.1	2.5	3.5	4.0	4.5	5.0	6.0	7.0	8.0	9.0

表2-6 片式电容容量倍率表/pF

下标数字	0	1	2	3	4	5	6	7	8	9
容量倍率	1	10^1	10^2	10^3	10^4	10^5	10^6	10^7	10^8	10^9

现在，片式瓷介电容器上通常不做标注，相关参数标记在料盘上。对于片式电容外包装上的标注，到目前为止仍无统一的标准，不同厂家标注略有不同。

MLC 外层电极与片式电阻相同，也是三层结构，即 Ag-Ni/Cd-Sn/Pb，其外形和结构如图2-12所示。

图 2-12 MLC 的结构与外形

2.3.2 SMC 电解电容器

常见的 SMC 电解电容器有铝电解电容器和钽电解电容器两种。

1. 铝电解电容器

铝电解电容器的容量和额定工作电压的范围比较大，因此做成贴片形式比较困难，一般是异形。它主要应用于各种消费类电子产品中，价格低廉。按照外形和封装材料的不同，铝电解电容器可分为矩形（树脂封装）和圆柱形（金属封装）两类。

铝电解电容器的制作方法为：将高纯度的铝箔（含铝 99.9%～99.99%）电解腐蚀成高倍率的附着面，然后在硼酸、磷酸等弱酸性的溶液中进行阳极氧化，形成电介质薄膜，作为阳极箔；将低纯度的铝箔（含铝 99.5%～99.8%）电解腐蚀成高倍率的附着面，作为阴极箔；用电解纸将阳极箔和阴极箔隔离后烧成电容器芯子，经电解液浸透，根据电解电容器的工作电压及电导率的差异，分成不同的规格，然后用密封橡胶铆接封口，最后用金属铝壳或耐热环氧树脂封装。

由于铝电解电容器采用非固体介质作为电解材料，因此在再流焊工艺中，应严格控制焊接温度，特别是再流焊接的峰值温度和预热区的升温速率。采用手工焊接时电烙铁与电容器的接触时间应尽量控制在 2s 以下。

铝电解电容器的电容值及耐压值在其外壳上均有标注，外壳上的深色标记表示负极，如图 2-13 所示。图 2-13（a）所示是铝电解电容器的形状和结构，图 2-13（b）所示是它的标注和极性表示方式。

贴片式的组装工艺中电容本身也是直立于 PCB 的，与插件式铝电解电容器的区别是 SMT 贴片电容有黑色的橡胶底座。

图 2-13 SMC 铝电解电容器

2．钽电解电容

固体钽电解电容器的性能优异，是所有电容器中体积小而又能达到较大电容量的产品。因此容易制成适于表面贴装的小型和片式元器件。虽然钽原料稀缺，钽电容价格较昂贵，但由于大量采用高比容钽粉，加上对电容器制造工艺的改进和完善，钽电解电容器得到了迅速的发展，使用范围日益广泛。

目前生产的钽电解电容器主要有烧结型固体、箔形卷绕固体、烧结型液体三种，其中烧结型固体约占目前生产总量的 95%以上，而又以非金属密封型的树脂封装式为主体。图 2-14 所示是烧结型固体电解质片状钽电容器的内部结构图。

图 2-14　烧结型固体电解质片状钽电容器的内部结构图

钽电解电容器的工作介质是在钽金属表面生成的一层极薄的五氧化二钽膜。此层氧化膜介质与组成电容器的一个端极结合成整体，不能单独存在。因此单位体积内所具有的电容量特别大，即比容量非常高，所以特别适宜于小型化。在钽电解电容器工作过程中，具有自动修补或隔绝氧化膜中疵点的性能，使氧化膜介质随时得到加固和恢复其应有的绝缘能力，而不致遭到连续的累积性破坏。这种独特的自愈性能，保证了其长寿命和可靠性的优势。

按照其外形，钽电解电容器可以分为片状矩形和圆柱形两种；按封装形式的不同，分为裸片型、模塑封装型和端帽型三种，如图 2-15 所示。

图 2-15　SMC 钽电解电容器的类型

（1）裸片型。即无封装外壳，吸嘴无法吸取，故贴片机无法贴装，一般用于手工贴装。其尺寸小，成本低，但对恶劣环境的适应性差。对于裸片型钽电解电容器来说，有引线的一端为正极。

（2）模塑封装型。即常见的矩形钽电解电容器，多数为浅黄色塑料封装。其单位体积电容低，成本高，尺寸较大，可用于自动化生产中。该类型电容器的阴极和阳极与框架引脚的连接会导致热应力过大，对机械强度影响较大，广泛应用于通信类电子产品中。对于模塑封装型钽电解电容来说，靠近深色标记线的一端为正极。

（3）端帽型。也称树脂封装型，主体为黑色树脂封装，两端有金属帽电极。它的体积中等，成本较高，高频性能好，机械强度高，适合自动贴装，常用于投资类电子产品中。对于端帽型钽电解电容器来说，靠近白色标记线的一端为正极。

端帽型钽电解电容器尺寸范围为：宽度 1.27～3.81mm，长度 2.54～7.239mm，高度 1.27～2.794mm。电容量范围是 0.1～100μF，直流工作电压范围为 4～25V。

（4）圆柱形钽电解电容器。圆柱形钽电解电容器由阳极、固体半导体阴极组成，采用环氧树脂封装。该电容器的制作方法为：将作为阳极引脚的钽金属线放入钽金属粉末中，加压成形，然后在 1 650～2 000℃的高温真空炉中烧结成阳极芯片，将芯片放入磷酸等电解质中进行阳极氧化，形成介质膜，通过钽金属线与非磁性阳极端子连接后作为阳极；然后浸入硝酸锰等溶液中，在 200～400℃的气浴炉中进行热分解，形成二氧化锰固体电介质膜并作为阴极；成膜后，在二氧化锰层上沉积一层石墨，再涂银浆，用环氧树脂封装，最后打上标志。从圆柱形钽电解电容器的结构可以看出，该电容器有极性。阳极采用非磁性金属，阴极采用磁性金属，所以，通常可根据磁性来判断正、负电极。其电容值采用色环标定，具体颜色对应的数值见表 2-7。

表 2-7 圆柱形钽电解电容器的色环标志

额定电压/V	本底涂色	标称容量/μF	第1环	第2环	第3环	第4环
35	橙色	0.1	茶色	黑	黄	粉红
		0.15		绿		
		0.22	红	红		
		0.33	橘红	橘红		
		0.47	黄	紫		
		0.68	蓝	灰		
10	粉红色	1.00	茶色	黑	绿	绿
		1.50		绿		
		2.20	红	红		
6.3		3.30	橘红	橘红		黄
		4.70	黄	紫		

2.3.3 SMC 云母电容器

云母电容器采用天然云母作为电解质，做成矩形片状，如图 2-16 所示。由于它具有耐热性好，损耗低，Q 值和精度高，易做成小电容等特点，特别适合在高频电路中使用，近年来已在无线通信、硬盘系统中大量使用。

图 2-16 片状云母电容器的结构

以日本双倍公司产品为例，片状云母电容器的外形尺寸见表 2-8。

表 2-8 片状云母电容器的外形尺寸

型 号	尺寸/mm		
	长	宽	高
UC12	2.0	1.25	1.4
UC23	3.2	2.5	1.5
UC34	3.2	3.2	2.0
UC55	5.5	5.0	2.0

2.4 表面组装电感器

表面组装电感器是继表面组装电阻器、表面组装电容器之后迅速发展起来的一种新型无源元器件。

表面组装电感器除了与传统的插装电感器有相同的扼流、退耦、滤波、调谐、延迟、补偿等功能外，还特别在 LC 调谐器、LC 滤波器、LC 延迟线等多功能器件中体现了独到的优越性。

由于电感器受线圈制约，片式化比较困难，故其片式化晚于电阻器和电容器，其片式化率也低。尽管如此，电感器的片式化仍取得了很大的进展。不仅种类繁多，而且相当多的产品已经系列化、标准化，并已批量生产。SMC 电感器的常见类型见表 2-9。目前用量较大的主要有绕线型、多层型和卷绕型。

表 2-9 SMC 电感器的常见类型

类 型	形 状	种 类
固定电感器	矩形	绕线型、多层型、固态型
	圆柱形	绕线型、卷绕印刷型、多层卷绕型
可调电感器	矩形	绕线型（可调线圈、中频变压器）
LC 复合元器件	矩形	LC 滤波器、LC 调谐器、中频变压器、LC 延迟线
	圆柱形	LC 滤波器、陷波器
特殊产品		LC、LRC、LR 网络

2.4.1 绕线型 SMC 电感器

绕线型 SMC 电感器实际上是把传统的卧式绕线电感器稍加改进而成。制造时将导线（线圈）缠绕在磁心上。低电感时用陶瓷作为磁心，大电感时用铁氧体作为磁心，绕组可以垂直也可水平。一般垂直绕组的尺寸最小，水平绕组的电性能要稍好一些，绕线后再加上端电极。端电极也称外部端子，它取代了传统的插装式电感器的引线，以便表面组装。绕线型 SMC 电感器的实物外观如图 2-17 所示。

图 2-17 绕线型 SMC 电感器的实物外观

对绕线型 SMC 电感器来说，由于所用磁心不同，故结构上也有多种形式。

（1）工字形结构。这种电感器是在工字形磁心上绕线制成的，如图 2-18（a），（b）所示。

图 2-18 绕线型 SMC 电感器的结构

（2）槽形结构。槽形结构是在磁性体的沟槽上绕上线圈而制成的，如图 2-18（c）所示。

（3）棒形结构。这种结构的电感器与传统的卧式棒形电感器基本相同，它是在棒形磁心上绕线而成的。只是它用适合表面组装用的端电极代替了插装用的引线。

（4）腔体结构。这种结构把绕好的线圈放在磁性腔体内，加上磁性盖板和端电极而成，如图 2-18（d）所示。

2.4.2 多层型 SMC 电感器

多层型 SMC 电感器也称多层型片式电感器（MLCI），它的结构和多层型陶瓷电容器相似，制造时由铁氧体浆料和导电浆料交替印刷叠层后，经高温烧结形成具有闭合磁路的整体。导电浆料经烧结后形成的螺旋式导电带，相当于传统电感器的线圈，被导电带包围的铁氧体相当于磁心，导电带外围的铁氧体使磁路闭合。其外形与结构如图 2-19 所示。

图 2-19 多层型 SMC 电感器的外形与结构

MLCI 的制造关键是其结构中起电感线圈作用的螺旋式导电带。目前导电带常用的加工方法有交替（分部）印刷法和叠片通孔过渡法。此外，低温烧结铁氧体材料的选择，适当的黏合剂种类与含量，对 MLCI 的性能也是非常重要的。

MLCI 具有如下特点：

① 线圈密封在铁氧体中并作为整体结构，可靠性高。

② 磁路闭合，磁通量泄漏很少，不干扰周围的元器件，也不易受邻近元器件的干扰，适宜高密度安装。

③ 无引线，可做到薄型、小型化。但电感量和 Q 值较低。多层型片式电感器广泛应用在 VTR、TV、音响、汽车电子、通信及混合电路中。

2.4.3 SMC 滤波器

1. SMC 抗电磁干扰滤波器（片式 EMI 滤波器）

抗电磁干扰滤波器可滤除信号中的电磁干扰（EMI）。它主要用于抑制同步信号中的高次谐波噪声，防止数字电路信号失真。

EMI 滤波器主要由矩形铁氧体磁珠和片式电容器组合而成，经与内、外金属端子的连接，做成 T 型耦合，外表用环氧树脂封装，其结构与等效电路如图 2-20 所示。

图 2-20 EMI 滤波器的结构与等效电路

片式 EMI 滤波器的厚度只有 1.8mm，适合高密度组装，其外形尺寸如图 2-21 所示。

图 2-21　EMI 滤波器的外形尺寸

2．片式 LC 滤波器

LC 滤波器有闭磁路型和金属壳型两种，前者采用翼型引线，后者采用 J 型引线。图 2-22 所示是多联同轴式 LC 滤波器。线圈的端部接在线架凸肩上部预置的端子上。将片式电容器装在凸肩的端子间，经焊接完成线圈与电容器的连接后，用罩壳封装成 LC 滤波器。

图 2-22　多联同轴式 LC 滤波器

滤波器线圈用的铜线是耐热的聚氨酯铜线，为了达到小型、轻量和较高的耐热性，同轴线圈架用掺入适量铁氧体粉末的聚苯醚硫树脂（PPS）做成。预插入同轴线圈架的端子以电连接的方式与线圈端子和电容端子结合在一起。为保护 LC 滤波器的线圈和电容器，采用上、下罩壳进行封装。为了防止在焊接中受热影响而降低滤波器性能，一般在罩壳表面涂敷白色的耐热性聚酰胺树脂，以减轻高温中的光热辐射。片式 LC 滤波器按内含线圈 L 与电容器 C 的多少，分为五种型号，其外形尺寸如图 2-23 所示。

型号	尺寸/mm			
	A	B	C	D
4A	6.9	2.1	2.1	0.0
4B	9.0	2.1	2.1	2.1
4C	13.2	4.2	4.2	2.1
4D	17.4	6.3	4.2	4.2
4E	19.5	6.3	6.3	4.2

图 2-23 片式 LC 滤波器的外形尺寸

2.5 表面组装分立器件

SMD 分立器件包括各种分立半导体器件，有二极管、晶体管、场效应管，也有由两三只晶体管、二极管组成的简单复合电路。典型 SMD 分立器件的外形如图 2-24 所示，电极引脚数为 2～6 个。

(a) 2 脚　　(b) 3 脚　　(c) 4 脚　　(d) 5 脚　　(e) 6 脚

图 2-24 典型 SMD 分立器件的外形

二极管类器件一般采用 2 端或 3 端 SMD 封装，小功率晶体管类器件一般采用 3 端或 4 端 SMD 封装，4～6 端 SMD 器件内大多封装了两只晶体管或场效应管。

2.5.1 SMD 二极管

SMD 二极管有无引线柱形玻璃封装和片状塑料封装两种。无引线柱形玻璃封装二极管是将管芯封装在细玻璃管内，两端以金属帽为电极。常见的有稳压、开关和通用二极管，功耗为 0.5～1W。外形尺寸有 $\phi 1.5mm \times 3.5mm$ 和 $\phi 2.7mm \times 5.2mm$ 等几种，如图 2-25 所示。

塑料封装二极管一般做成矩形片状，额定电流 150mA～1A，耐压 50～400V。根据所承受的电流限度，封装形式大致分为两类：小电流型（如 1N4148）封装为 1206，大电流型（如 1N4007）暂没有具体封装形式，一般尺寸为 5.5mm×3mm×0.5mm。塑料矩形片状多用于整流、检波等通用型二极管和发光二极管的封装。

图 2-25　无引线柱形玻璃封装 SMD 二极管

还有一种 SOT-23 封装的片状二极管，其尺寸如图 2-26 所示。这种封装形式多用于封装复合二极管，也用于封装高速开关二极管和高压二极管。

图 2-26　SOT-23 封装的二极管

2.5.2　SMD 晶体管

晶体管（三极管）采用带有翼形短引线的塑料封装，即 SOT 封装。可分为 SOT-23、SOT-89、SOT-l43、SOT-252 几种尺寸结构，产品有小功率管、大功率管、场效应管和高频管几个系列；其中 SOT-23 晶体管是通用的表面组装晶体管，有三条翼形引脚，外形与内部结构如图 2-27 所示。

SOT-89 适用于较高功率的场合，它的 e、b、c 三个电极从管子的同一侧引出，管子底面有金属散热片与集电极相连，晶体管芯片粘接在较大的铜片上，以利于散热。

SOT-l43 有四条翼形短引脚，对称分布在长边的两侧，引脚中宽度偏大一点的是集电极，这类封装常用于双栅场效应管及高频晶体管。

小功率管额定功率为 100～300mW，电流为 10～700mA。

大功率管额定功率为 300mW～2W，SOT-252 封装的功耗可达 2～50W，两条连在一起的引脚或与散热片连接的引脚是集电极。

图 2-27　SOT-23 晶体管外形与内部结构

　　SMD 分立器件封装类型及产品，到目前为止已有 3 000 多种，各厂商产品的电极引出方式略有差别，在选用时必须查阅手册资料。但产品的极性排列和引脚距基本相同，具有互换性。图 2-28 所示是几种 SOT 晶体管的外观。

（a）SOT-23　　（b）SOT-89　　（c）SOT-143　　（d）SOT-252

图 2-28　几种 SOT 晶体管的外观

　　SMD 分立器件的包装方式要便于自动化安装设备拾取，电极引脚数目较少的 SMD 分立器件一般采用盘状纸编带包装。

2.6　表面组装集成电路

　　表面组装集成电路包括各种数字电路和模拟电路的 SSI～ULSI 集成器件。由于工艺技术的进步，SMT 集成电路的电气性能指标比 THT 集成电路的更好一些。

2.6.1　SMD 封装综述

　　衡量集成电路制造技术的先进性，除了集成度（门数、最大 I/O 数量）、电路技术、特征尺寸、电气性能（时钟频率、工作电压、功耗）外，还有集成电路的封装。
　　所谓集成电路的封装，是指安装半导体集成电路芯片用的外壳，它不仅起着安放、固定、密封、保护芯片和增强电热性能的作用，而且还是沟通芯片内部与外部电路的桥梁——芯片上的接点用导线连接到封装外壳的引脚上，这些引脚又通过印制电路板上的导线与其他元器件建立连接。因此，封装对于集成电路起着重要的作用，新一代大规模集成电路的出现，常常伴随着新的封装形式的应用。

1. 电极形式

表面组装器件 SMD 的 I/O 电极有两种形式：无引脚和有引脚。无引脚形式有 LCCC、PQFN 等，这类器件贴装后，芯片底面上的电极焊端与印制电路板上的焊盘直接连接，可靠性较高。有引脚器件贴装后的可靠性与引脚的形状有关，所以，引脚的形状比较重要。占主导地位的引脚形状有翼形、钩形（J 形）和球形三种。翼形引脚用于 SOT/SOP/QFP 封装，钩形（J 形）引脚用于 SOJ/PLCC 封装，球形引脚用于 BGA/CSP/Flip Chip 封装。

翼形引脚的主要特点是：符合引脚薄而窄及小间距的发展趋势，特点是焊接容易，可采用包括热阻焊在内的各种焊接工艺来进行焊接，工艺检测方便，但占用面积较大，在运输和装卸过程中容易损坏引脚。

钩形引脚的主要特点是：引线呈 J 形，空间利用率比翼形引脚高，它可以用除热阻焊外的大部分再流焊进行焊接，比翼形引脚坚固。由于引脚具有一定的弹性，可缓解安装和焊接的应力，防止焊点断裂。

2. 封装材料

按芯片的封装材料分，有金属封装、陶瓷封装、金属－陶瓷封装和塑料封装。

金属封装：金属材料可以冲压，因此有封装精度高，尺寸严格，便于大量生产，价格低廉等优点。

陶瓷封装：陶瓷材料的电气性能优良，适用于高密度封装。

金属－陶瓷封装：兼有金属封装和陶瓷封装的优点。

塑料封装：塑料的可塑性强，成本低廉，工艺简单，适合大批量生产。

3. 芯片的装载方式

裸芯片在装载时，它的有电极的一面可以朝上也可以朝下，因此，芯片就有正装片和倒装片之分，布线面朝上为正装片，反之为倒装片。

另外，裸芯片在装载时，它们的电气连接方式也有所不同，有的采用有引线键合方式，有的则采用无引线键合方式。

4. 芯片的基板类型

基板的作用是搭载和固定裸芯片，同时兼有绝缘、导热、隔离及保护作用，它是芯片内、外电路连接的桥梁。从材料上看，基板有有机和无机之分；从结构上看，基板有单层的、双层的、多层的和复合的。

5. 封装比

评价集成电路封装技术的优劣，一个重要指标是封装比。

$$封装比=芯片面积/封装面积$$

这个比值越接近于 1 越好。在如图 2-29 所示的集成电路封装示意图中，芯片面积一般很小，而封装面积则受到引脚间距的限制，难以进一步缩小。

图 2-29 集成电路封装示意图

集成电路的封装技术已经历经了好几代变迁，从 DIP、QFP、PGA、BGA 到 CSP 再到 MCM，芯片的封装比越来越接近于 1，引脚数目增多，引脚间距减小，芯片质量减小，功耗降低，技术指标、工作频率、耐温性能、可靠性和适用性都取得了巨大的进步。

图 2-30 所示是常用半导体器件的封装形式及特点。

图 2-30 常用半导体器件的封装形式及特点

2.6.2 集成电路的封装形式

1. SO 封装

引线比较少的小规模集成电路大多采用这种小型封装。SO 封装又分为几种，芯片宽度小于 0.15in，电极引脚数目比较少的（一般在 8~40 脚之间），叫做 SOP 封装；芯片宽度在 0.25in 以上，电极引脚数目在 44 以上的，叫做 SOL 封装，这种芯片常见于随机存储器（RAM）；芯片宽度在 0.6in 以上，电极引脚数目在 44 以上的，叫做 SOW 封装，这种芯片常见于可编程存储器（E^2PROM）。有些 SOP 封装采用小型化或薄型化封装，分别叫做 SSOP 封装和 TSOP 封装。大多数 SO 封装的引脚采用翼形电极，也有一些存储器采用 J 形电极（称为 SOJ），有利于在插座上扩展存储容量。图 2-31（a），（b）所示分别是具有翼形引脚和 J 形引脚的 SOP 封装结构。SO 封装的引脚间距有 1.27mm、1.0mm、0.8mm、0.65mm 和 0.5mm 几种。

图 2-31　SOP 的翼形引脚和 J 形引脚封装结构

2. QFP 封装

QFP（Quad Flat Package）为四侧引脚扁平封装，是表面组装集成电路主要封装形式之一，引脚从四个侧面引出呈翼（L）形。基材有陶瓷、金属和塑料三种。从数量上看，塑料封装占绝大部分。当没有特别表示出材料时，多数情况为塑料 QFP。塑料 QFP 是最普及的多引脚 LSI 封装，不仅用于微处理器、门阵列等数字逻辑 LSI 电路，而且也用于 VTR 信号处理、音响信号处理等模拟 LSI 电路。引脚中心距有 1.0mm、0.8mm、0.65mm、0.5mm、0.4mm、0.3mm 等多种规格，引脚间距最小极限是 0.3mm，最大是 1.27mm。0.65mm 中心距规格中最多引脚数为 304。

为了防止引脚变形，现已出现了几种改进的 QFP 品种。如封装的四个角带有树脂缓冲垫（角耳）的 BQFP，它在封装本体的四个角设置突起，以防止在运送或操作过程中引脚发生弯曲变形。图 2-32 所示是常见的 QFP 封装集成电路的外观。

（a）QFP 封装集成电路实物　　（b）QFP 封装的一般形式　　（c）BQFP 封装

图 2-32　常见的 QFP 封装集成电路的外观

3. PLCC 封装

PLCC 是集成电路的有引脚塑封芯片载体封装，它的引脚向内钩回，叫做钩形（J 形）电极，电极引脚数目为 16～84 个，间距为 1.27mm，其外观与封装结构如图 2-33 所示。PLCC 封装的集成电路大多是可编程的存储器。芯片可以安装在专用的插座上，容易取下来对其中的数据进行改写；为了减少插座的成本，PLCC 芯片也可以直接焊接在电路板上，但用手工焊接比较困难。

（a）实物外观　　　（b）插座　　　（c）封装结构

图 2-33　PLCC 的外观与封装结构

PLCC 的外形有方形和矩形两种，方形的称为 JEDEC MO-047，引脚有 20～124 条；矩形的称为 JEDEC MO-052，引脚有 18～32 条。PLCC 的外形尺寸如图 2-34 所示。

（a）方形 PLCC　　　　　　　　（b）矩形 PLCC

图 2-34　PLCC 的外形尺寸

4．LCCC 封装

LCCC 是陶瓷芯片载体封装的 SMD 集成电路中没有引脚的一种封装；芯片被封装在陶瓷载体上，外形有正方形和矩形两种，无引线的电极焊端排列在封装底面上的四边，电极数目正方形分别为 16、20、24、28、44、52、68、84、100、124 和 156 个，矩形分别为 18、22、28 和 32 个。引脚间距有 1.0mm 和 1.27mm 两种，其结构与外形如图 2-35 所示。

LCCC 引出端子的特点是在陶瓷外壳侧面有类似城堡状的金属化凹槽和外壳底面镀金电极相连，提供了较短的信号通路，电感和电容损耗较低，可用于高频工作状态，如微处理器单元、门阵列和存储器。

LCCC 集成电路的芯片是全密封的，可靠性高，但价格高，主要用于军用产品中，并且必须考虑器件与电路板之间的热膨胀系数是否一致的问题。

（a）结构　　　　　　　　　　　　　（b）外形

图 2-35　LCCC 封装的集成电路结构与外形

5. PQFN 封装

PQFN 是一种无引脚封装，呈正方形或矩形，封装底部中央位置有一个大面积裸露焊盘，提高了散热性能。围绕大焊盘的封装外围四周有实现电气连接的导电焊盘。由于 PQFN 封装不像 SOP、QFP 等具有翼形引脚，其内部引脚与焊盘之间的导电路径短，自感系数及封装体内的布线电阻很低，所以它能提供良好的电性能。其外形如图 2-36 所示。

由于 PQFN 具有良好的电性能和热性能，体积小、质量小，因此已经成为许多新应用的理想选择。PQFN 非常适合应用在手机、数码相机、PDA、DV、智能卡及其他便携式电子设备等高密度产品中。

图 2-36　方形扁平无引脚塑料封装（PQFN）的外形

6. BGA 封装

BGA 封装即球栅阵列封装，它将原来器件 PLCC/QFP 封装的 J 形或翼形电极引脚改成球形引脚，把从器件本体四周"单线性"顺序引出的电极变成本体底面之下"全平面"式的格栅阵排列。这样，既可以疏散引脚间距，又能够增加引脚数目。焊球阵列在器件底面可以呈完全分布或部分分布，如图 2-37 所示。

图 2-37　BGA 封装的集成电路

① BGA 方式能够显著地缩小芯片的封装表面积：假设某个大规模集成电路有 400 个 I/O 电极引脚，同样取引脚的间距为 1.27mm，则正方形 QFP 芯片每边 100 条引脚，边长至少达到 127mm，芯片的表面积要在 160cm^2 以上；而正方形 BGA 芯片的电极引脚按 20×20

的行列均匀排布在芯片的下面，边长只需 25.4mm，芯片的表面积还不到 7cm²。可见，相同功能的大规模集成电路，BGA 封装的尺寸比 QFP 的要小得多，有利于在 PCB 上提高装配的密度。

② 从装配焊接的角度看，BGA 芯片的贴装公差为 0.3mm，比 QFP 芯片的贴装精度要求 0.08mm 低得多。这就使 BGA 芯片的贴装可靠性显著提高，工艺失误率大幅度下降，用普通多功能贴片机和回流焊设备就能基本满足组装要求。

③ 采用 BGA 芯片使产品的平均线路长度缩短，改善了电路的频率响应和其他电气性能。

④ 用再流焊设备焊接时，锡球的高度表面张力导致芯片的自校准效应（也叫"自对中"或"自定位"效应），提高了装配焊接的质量。

正因为 BGA 封装有比较明显的优越性，所以大规模集成电路的 BGA 品种也在迅速多样化。现在已经出现很多种形式，如陶瓷 BGA（CBGA）、塑料 BGA（PBGA）及微型 BGA（Micro-BGA、μBGA 或 CSP）等，前两者的主要区分在于封装的基底材料，如 CBGA 采用陶瓷，PBGA 采用 BT 树脂；而后者是指那些封装尺寸与芯片尺寸比较接近的微型集成电路。

目前可以见到的一般 BGA 芯片，焊球间距有 1.5mm、1.27mm 和 1.0mm 三种；而 μBGA 芯片的焊球间距有 0.8mm、0.65mm、0.5mm、0.4mm 和 0.3mm 多种。

7．CSP 封装

CSP 的全称为 Chip Scale Package，为芯片尺寸级封装的意思。它是 BGA 进一步微型化的产物，做到裸芯片尺寸有多大，封装尺寸就有多大。即封装后的 IC 尺寸边长不大于芯片长度的 1.2 倍，IC 面积只比晶粒（Die）大不超过 1.4 倍。CSP 封装可以让芯片面积与封装面积之比超过 1∶1.14，已经非常接近于 1∶1 的理想情况。

在相同的芯片面积下，CSP 所能达到的引脚数明显地要比 TSOP、BGA 引脚数多得多。TSOP 最多为 304 根引脚，BGA 的引脚极限能达到 600 根，而 CSP 理论上可以达到 1 000 根。由于如此高度集成的特性，芯片到引脚的距离大大缩短了，线路的阻抗显著减小，信号的衰减和干扰大幅降低。CSP 封装也非常薄，金属基板到散热体的最有效散热路径仅有 0.2mm，提升了芯片的散热能力。

目前的 CSP 还主要用于少 I/O 端数集成电路的封装，如计算机内存条和便携电子产品。未来则将大量应用在信息家电（IA）、数字电视（DTV）、电子书（E-Book）、无线网络 WLAN/GigabitEthernet、ADSL 等新兴产品中。

2.7 表面组装元器件的包装

表面组装元器件的包装有散装、盘状编带包装、管式包装和托盘包装四种类型。

1．散装

无引线且无极性的 SMC 元器件可以散装，如一般矩形、圆柱形电容器和电阻器。散装的元器件成本低，但不利于自动化设备拾取和贴装。

2. 盘状编带包装

编带包装适用于除大尺寸 QFP、PLCC、LCCC 芯片以外的其他元器件，其具体形式有纸质编带、塑料编带和粘接式编带三种。

（1）纸质编带。纸质编带由底带、载带、盖带及绕纸盘（带盘）组成，如图 2-38 所示。载带上圆形小孔为定位孔，以供供料器上齿轮驱动；矩形孔为承料腔，用来放置元器件。

用纸质编带进行元器件包装的时候，要求元器件厚度与纸带厚度差不多，纸质编带不可太厚，否则供料器无法驱动，因此，纸质编带主要用于包装 0805 规格（含）以下的片状电阻、片状电容（有少数例外）。纸带一般宽 8 mm，包装元器件以后盘绕在塑料绕纸盘上。

图 2-38　纸质编带

（2）塑料编带。塑料编带与纸质编带的结构尺寸大致相同，所不同的是料盒呈凸形，如图 2-39 所示。塑料编带包装的元器件种类很多，有各种无引线元器件、复合元器件、异形元器件、SOT 晶体管、引线少的 SOP/QFP 集成电路等。贴片时，供料器上的上剥膜装置除去薄膜盖带后再取料。

图 2-39　塑料编带结构与尺寸

纸编带和塑料编带的一边有一排定位孔，用于贴片机在拾取元器件时引导纸带前进并定位。定位孔的孔距为 4mm（小于 0402 系列的元器件的编带孔距为 2mm）。在编带上的元器件间距依元器件的长度而定，一般为 4mm 的倍数。编带的尺寸标准见表 2-10。

表 2-10　SMT 元器件包装编带的尺寸标准

编带宽度/mm	8	12	16	24	32	44	56
元器件间距/mm（4 的倍数）	2，4	4，8	4，8，12	12，16，20，24	16，20，24，28，32	24，28，32，36，40，44	40，44，48，52，56

编带包装的料盘由聚苯乙烯（Polystyrene，PS）材料制成，由 1～3 个部件组成，其颜色为蓝色、黑色、白色或透明，通常是可以回收使用的。

（3）粘接式编带。粘接式编带的底面为胶带，IC 贴在胶带上，且为双排驱动。贴片时，供料器上有下剥料装置。粘接式编带主要用来包装尺寸较大的片式元器件，如 SOP、片式电阻网络、延迟线等。

3．管式包装

管式包装主要用于 SOP、SOJ、PLCC 集成电路、PLCC 插座和异形元器件等，从整机产品的生产类型看，管式包装适合于品种多、批量小的产品。

包装管（也称料条）由透明或半透明的聚氯乙烯（PVC）材料构成，挤压成满足要求的标准外形，如图 2-40 所示。管式包装的每管零件数从数十个到近百个不等，管中组件方向具有一致性，不可装反。

4．托盘包装

托盘由碳粉或纤维材料制成，通常要求暴露在高温下的元器件托盘具有 150℃或更高的耐温。托盘铸塑成矩形标准外形，包含统一相间的凹穴矩阵，如图 2-41 所示。凹穴托住元器件，提供运输和处理期间对元器件的保护。间隔为在电路板装配过程中用于贴装的标准工业自动化设备提供准确的元器件位置。元器件安排在托盘内，标准的方向是将第一引脚放在托盘斜切角落。

图 2-40 管式包装　　　　图 2-41 托盘

托盘包装主要用于 QFP、窄间距 SOP、PLCC、BCA 集成电路等器件。

2.8 表面组装元器件的选择与使用

2.8.1 对 SMT 元器件的基本要求

表面组装元器件应该满足以下基本要求：

1．装配适应性——要适应各种装配设备操作和工艺流程

① SMT 元器件在焊接前要用贴片机贴放到电路板上，所以，元器件的上表面应该适于贴片机真空吸嘴的拾取。
② 表面组装元器件的下表面（不包括焊端）应保留使用胶粘剂的空间。
③ 尺寸、形状应该标准化，并具有良好的尺寸精度和互换性。

④ 包装形式适应贴片机的自动贴装，并能够保护器件在搬运过程中免受外力，保持引脚的平整。

⑤ 具有一定的机械强度，能承受贴装应力和电路基板的弯曲应力。

2．焊接适应性——要适应各种焊接设备及相关工艺流程

① 元器件的焊端或引脚的共面性好，满足贴装、焊接要求。

② 元器件的材料、封装耐高温性能好，适应焊接条件：

再流焊（235±5）℃，焊接时间（5±0.2）s；

波峰焊（250±5）℃，焊接时间（4±0.5）s。

③ 可以承受焊接后采用有机溶剂进行清洗，封装材料及表面标识不得被溶解。

2.8.2 表面组装元器件的选择

选择表面组装元器件，应该根据系统和电路的要求，综合考虑市场供应商所能提供的规格、性能和价格等因素。

① 选择元器件时要注意贴片机的贴装精度水平。

② 钽和铝电解电容器主要用于电容量大的场合。铝电解电容器的容量大、耐压高且价格比较便宜，但引脚在底座下面，焊接的可靠性不如矩形封装的钽电解电容器。

③ 集成电路的引脚形式与焊接设备及工作条件有关，是必须考虑的问题。虽然 SMT 的典型焊接方法是再流焊，但翼形引脚数量不多的芯片也可以放在电路板的焊接面上，用波峰焊设备进行焊接，有经验的技术工人用热风台甚至普通电烙铁也可以熟练地焊接。J 形引脚不易变形，对于单片机或可编程存储器等需要多次拆卸以便擦写其内部程序的集成电路，采用 PLCC 封装的芯片与专用插座配合，使拆卸或更换变得容易。球形引脚是大规模集成电路的发展方向，但 BGA 集成电路肯定不能采用波峰焊或手工焊接。

④ 机电元器件大多由塑料构成骨架，塑料骨架容易在焊接时受热变形，最好选用有引脚露在外面的机电元器件。

2.8.3 使用 SMT 元器件的注意事项

（1）表面组装元器件存放的环境条件。

① 环境温度：库存温度<40℃。

② 生产现场温度<30℃。

③ 环境湿度：＜RH60%。

④ 环境气氛：库存及使用环境中不得有影响焊接性能的硫、氯、酸等有毒气体。

⑤ 防静电措施：要满足 SMT 元器件对防静电的要求。

⑥ 元器件的存放周期：从元器件厂家的生产日期算起，库存时间不超过 2 年；整机厂用户购买后的库存时间一般不超过 1 年；假如是自然环境比较潮湿的整机厂，购入 SMT 元器件以后应在 3 个月内使用，并在存放地及元器件包装中采取适当的防潮措施。

（2）有防潮要求的 SMD 器件。开封后 72h 内必须使用完毕，最长也不要超过一周。如果不能用完，应存放在 RH20%的干燥箱内，已受潮的 SMD 器件要按规定进行烘干去潮处理。

① 凡采用塑料管包装的 SMD（SOP、SOJ、PLCC 和 QFP 等），其包装管不耐高温，

不能直接放进烘箱烘烤，应另行放在金属管或金属盘内才能烘烤。

② QFP 的包装塑料盘有不耐高温和耐高温两种。耐高温的（注有 T_{max}=135℃、150℃或 180℃等几种）可直接放入烘箱中进行烘烤；不耐高温的不可直接放入烘箱烘烤，以防发生意外，应另放在金属盘内进行烘烤。转放时应防止损伤引脚，以免破坏其共面性。

（3）运输、分料、检验或手工贴装。假如工作人员需要拿取 SMD 器件，应该佩戴防静电腕带，尽量使用吸笔操作，并特别注意避免碰伤 SOP、QFP 等器件的引脚，预防引脚翘曲变形。

（4）剩余 SMD 的保存方法。

① 配备专用低温低湿储存箱。将开封后暂时不用的 SMD 或连同送料器一起存放在箱内。但配备大型专用低温低湿储存箱费用较高。

② 利用原有完好的包装袋。只要袋子不破损且内装干燥剂良好（湿度指示卡上所有的黑圈都呈蓝色，无粉红色），就仍可将未用完的 SMD 重新装回袋内，然后用胶带封口。

2.8.4　SMT 器件封装形式的发展

SMT 技术自 20 世纪 60 年代问世以来，经 50 年的发展，已进入完全成熟的阶段，不仅成为当代电路组装技术的主流，而且正继续向纵深发展。就封装器件组装工艺来说，SMT 正在积极开展多芯片模块和三维组装技术的研究。

1．芯片级组装技术

随着 SMT 技术的成熟，裸芯片直接贴装到 PCB 上已提到议事日程，特别是低膨胀系数的 PCB 及焊接和填充材料这些制约裸芯片发展的瓶颈技术的解决，使裸芯片技术进入一个高速发展的新时代。自 1997 年以来，裸芯片的年增长率已达到 30%以上，发展较为迅速的裸芯片应用包括计算机的相关部件，如微处理器、高速内存和硬盘驱动器等，除此之外，还有一些便携式设备，如手机、数码相机等。最终所有的消费电子产品，由于对高性能和小型化发展趋势的要求，也将大量使用裸芯片技术，因此裸芯片技术必将成为 21 世纪芯片应用的发展主流。

裸芯片焊接技术有两种主要形式：一种是 COB 技术，另一种是倒装片技术 FC（Flip Chip）。

（1）COB 法。COB 法是采用引线键合的方法将裸芯片直接组装在 PCB 上，焊区与芯片体在同一平面上，焊区周边均匀分布，焊区最小面积为 90μm×90μm，最小间距为 100μm，PCB 焊盘有相应的焊盘数，也是周边排列。

在焊接时先将裸芯片用导电/导热胶粘在 PCB 上，凝固后，用线焊机（绑定机）将金属丝（Al 或 Au）在超声、热压的作用下，分别连接在芯片上的 I/O 端子焊区和 PCB 相对应的焊盘上，之后采用环氧树脂进行封装以保护键合引线，如图 2-42 所示。COB 技术具有价格低廉、节约空间及工艺成熟的优点。但 COB 法不适合大批量自动贴装，并且用于 COB 法的 PCB 制造工艺难度也相对较大；此外，由于 COB 的散热有一定困难，通常只适用于低功耗（0.5～1W）的 IC 芯片。

图 2-42 COB 法

（2）FC 法。FC 又称为倒装片，与 COB 相比，其 I/O 端子以面阵列式排列在芯片之上，并在 I/O 端子表面制造成焊料凸点。焊接时，只要将芯片反置于 PCB 上，使凸点对准 PCB 上的焊盘，加热后就能实现 FC 与 PCB 的互连，因此 FC 可以采用类似于 SMT 的技术手段来加工。FC 工艺如图 2-43 所示。

图 2-43 FC 工艺

早在 20 世纪 60 年代末，IBM 公司就把 FC 技术大量应用于计算机中，即在陶瓷印制板上贴装高密度的 FC；到了 20 世纪 90 年代，该技术已在多种行业的电子产品中加以应用，特别是便携式的通信设备中。IBM 公司将 FC 连接到 PCB 的过程称为 Controlled Collapse Chip Connection，即受控的塌陷芯片连接，简称 C4。裸芯片在焊接过程中一方面受到熔化焊料表面张力的影响，可以自行校正位置；另一方面又受到重力的影响，芯片高度有限度地下降。因此，FC 无论是封装还是焊接，其工艺都是可靠和可行的。当前该技术已受到电子装配行业的广泛重视。

2. 多芯片模块（MCM）技术

MCM 是 20 世纪 90 年代以来发展较快的一种先进的混合集成电路，它把几块 IC 芯片组装在一块电路板上，构成功能电路块，称为多芯片模块（Multi Chip Module，MCM）。

可以说 MCM 技术是 SMT 的延伸，一组 MCM 的功能相当于一个分系统的功能。通常 MCM 基板的布线多于 4 层，且有 100 个以上的 I/O 引出端，并将 CSP、FC、ASIC 器件与之互连。它代表 20 世纪 90 年代电子组装技术的精华，是半导体集成电路技术、厚膜/薄膜混合微电子技术、印制板电路技术的结晶，国际上称为微组装技术（Microelectronic Packaging Technology）。MCM 技术主要用于超高速计算机、外层空间电子技术中。

MCM 技术通常分为三大类，即 MCM-L、MCM-C、MCM-D。MCM-L 是在印制电路上制作多层高密度组装和互连，是 COB 芯片——PCB 组装技术的延伸与发展。MCM-C 是在陶瓷多层基板上用厚膜和薄膜多层方法制作高密度组装和互连。MCM-D 是在硅基板或其他新型基板上采用沉积方法制作薄膜多层高密度组装和互连的技术，在 MCM 制作中它的技术含量最高。

把几块 MCM 组装在普通电路板上就实现了电子设备或系统级的功能，从而使军事和工业用电路组件实现了模块化。21 世纪的前 20 年是 MCM 推广应用和使电子设备变革的时期。

3. 三维立体组装技术

三维立体组装技术（简称 3D 组装技术）的指导思想是把 IC 芯片（MCM 片、WSI 大圆片规模集成片）一片片叠起来，利用芯片的侧面边缘和垂直方向进行互连，将水平组装向垂直方向发展为立体组装。实现三维组装不但使电子产品的密度更高，而且也使其功能更多，信号传输更快，性能更好，可靠性更高，而电子系统的相对成本却会更低，它是目前硅芯片技术的最高水平。

当前实现 3D 组装的途径大致有三种：一是在多层基板内或多层布线介质中埋置 R（电阻）、C（电容）及 IC，基板顶端再贴装各类片式元器件，故称为埋置型 3D 结构，如图 2-44 所示；二是在 Si 大圆片规模集成（WSI）后作为基板，在其上进行多层布线，最上层再贴装 SMD 构成 3D，此方法称为有源基板型 3D，结构如图 2-45 所示；三是将 MCM 上下层双叠互连起来成为 3D，故称为叠装型 3D 结构，如图 2-46 所示。

图 2-44 埋置型 3D 结构

图 2-45 有源基板型 3D 结构

图 2-46 叠装型 3D 结构

2.9 思考与练习题

1．分析表面组装元器件有哪些显著特点。
2．简述 SMC 元器件的小型化进程。
3．试写出下列 SMC 元器件的长和宽（mm）：
   3216，2012，1608，1005。
4．说明下列 SMC 元器件的含义：
   3216C，3216R。
5．简述表面组装电阻器的焊端结构。
6．常用的 SMC 电容器有哪些类型？叙述它们的结构与特点。
7．SMT 元器件有哪些包装形式？
8．什么是集成电路的封装比？
9．总结归纳 SOP、PLCC、QFP、BGA、CSP 等封装方式各自的特点。
10．表面组装元器件应该满足哪些基本要求？
11．使用 SMT 元器件时应该注意哪些问题？
12．选择 SMT 元器件时应注意哪些方面？

第3章 表面组装印制板的设计与制造

通常把在绝缘基材上按预定设计，制成印制线路、印制元器件或两者组合而成的导电图形称为印制电路。印制电路的成品板称为印制电路板，一般英文简称为 PCB（Printed Circuit Board）。一块完整的印制电路板主要包括以下几个部分：绝缘基板、铜箔、过孔、阻焊层和印字面。

由于 SMT 用的 PCB 与通孔插装（THT）用的 PCB 在设计、材料等方面都有很多差异，为了区别，通常将专用于 SMT 的 PCB 称为 SMB（Surface Mount Board）。

3.1 SMB 的特点与基板材料

3.1.1 SMB 的特点

SMB 在功能上与通孔插装 PCB 相同，但对用于制造 SMB 的基板来说，其性能要求比插装 PCB 基板性能要求高得多；其次，SMB 的设计、制造工艺也要复杂得多，许多制造插装 PCB 根本不用的高新技术，如多层板、金属化孔、盲孔和埋孔等技术，在 SMB 制造中却几乎全部使用，SMB 的主要特点如下。

1．高密度

由于有些 SMD 器件引脚数高达 100～500 条之多，引脚中心距已由 1.27mm 过渡到 0.5mm，甚至 0.3mm，因此 SMB 要求细线、窄间距，线宽从 0.2～0.3mm 缩小到 0.15mm、0.1mm 甚至 0.05mm；2.54mm 网格之间已由过双线发展到过 3 根导线，最新技术已达到过 6 根导线，细线、窄间距极大地提高了 SMB 的安装密度。

2．小孔径

单面 PCB 中的过孔主要用来插装元器件，而在 SMB 中大多数金属化孔不再用来插装元器件，而是用来实现层与层导线之间的互连。目前 SMB 上的孔径为 $\phi 0.46$～0.3mm，并向 $\phi 0.2$～0.1mm 方向发展，与此同时，出现了以盲孔和埋孔技术为特征的内层中继孔。

3．热膨胀系数（CTE）低

由于 SMD 器件引脚多且短，器件本体与印制电路板之间的 CTE 不一致。由于热应力而造成器件损坏的事情经常会发生，因此要求 SMB 基材的 CTE 应尽可能低，以适应与器件的匹配性，如今，CSP、FC 等芯片级的器件已用来直接贴装在 SMB 上，这就对 SMB 的 CTE 提出了更高的要求。

4. 耐高温性能好

SMT 焊接过程中,经常需要双面贴装元器件,因此要求 SMB 能耐两次再流焊温度,并要求 SMB 变形小、不起泡,首次再流焊之后焊盘仍有优良的可焊性,SMB 表面仍有较高的光洁度。

5. 平整度高

SMB 要求很高的平整度,以便 SMD 引脚与 SMB 焊盘密切配合,SMB 焊盘表面涂覆层不再使用 Sn/Pb 合金热风整平工艺,而是采用镀金工艺或预热助焊剂涂覆工艺。

3.1.2 基板材料

用于 PCB 的基材品种很多,但大体上分为两大类,即无机类基板材料和有机类基板材料。

1. 无机类基板材料

无机类基板主要是陶瓷板,陶瓷电路基板材料是 96%的氧化铝,在要求基板强度很高的情况下,可采用 99%的纯氧化铝材料。但高纯氧化铝的加工困难,成品率低,所以使用纯氧化铝的价格高。氧化铍也是陶瓷基板的材料,它是金属氧化物,具有良好的电绝缘性能和优异的热导性,可用做高功率密度电路的基板。

陶瓷电路基板主要用于厚、薄膜混合集成电路,多芯片微组装电路中,它具有有机材料电路基板无法比拟的优点。例如,陶瓷电路基板的 CTE 可以和 LCCC 外壳的 CTE 相匹配,故组装 LCCC 器件时将获得良好的焊点可靠性。另外,陶瓷基板即使在加热的情况下,也不会放出大量吸附的气体造成真空度的下降,故适用于芯片制造过程中的真空蒸发工艺。此外,陶瓷基板还具有耐高温,表面光洁度好,化学稳定性高的特点,是厚、薄膜混合电路和多芯片微组装电路的优选电路基板。但它难以加工成大而平的基板,且无法制作成多块组合在一起的邮票板结构来适应自动化生产的需要。另外,由于陶瓷材料介电常数大,所以也不适合作为高速电路基板,而且价格也相对较高。

2. 有机类基板材料

有机类基板材料是指用增强材料如玻璃纤维布(纤维纸、玻璃毡等),浸以树脂黏合剂,通过烘干成为坯料,然后覆上铜箔,经高温高压而制成。这类基板称为覆铜箔层压板(CCL),俗称覆铜板,是制造 PCB 的主要材料。

CCL 的品种很多,若按所用增强材料品种来分,可分为纸基、玻璃纤维布基、复合基(CEM)和金属基四大类;按所采用的有机树脂黏合剂来分,又可分为酚醛树脂(PE)、环氧树脂(EP)、聚酰亚胺树脂(PI)、聚四氟乙烯树脂(TF)及聚苯醚树脂(PPO)等;若按基材的刚柔来分,又可分为刚性 CCL 和挠性 CCL。

目前广泛用于制作双面 PCB 的是环氧玻璃纤维电路基板,它结合了玻璃纤维强度好和环氧树脂韧性好的优点,具有良好的强度和延展性。

环氧玻璃纤维电路基板在制作时,先将环氧树脂渗透到玻璃纤维布中制成层板。同时,还加入其他化学物品,如固化剂、稳定剂、防燃剂、黏合剂等。然后在层板的单面或双面粘压铜箔制成覆铜的环氧玻璃纤维层板。用它可以制作各种单面、双面和多层 PCB。

3．目前常用的层板类型

（1）G-10 和 G-11 层板。它们是环氧玻璃纤维层板，不含有阻燃剂，可以用钻床钻孔，但不允许用冲床冲孔。G-10 的性能和 FR-4 层板极其相似，而 G-11 则可耐更高的工作温度。

（2）FR-2、FR-3、FR-4、FR-5 和 FR-6 层板。它们都含有阻燃剂，因而被命名为"FR"。

① FR-2 层板。它的性能类似于 XXXPC，是纸基酚醛树脂层板，只能用冲床冲孔，而不可以用钻床钻孔。

② FR-3 层板。它是纸基环氧树脂层板，可在室温下冲孔。

③ FR-4 层板。它是环氧玻璃纤维层板，和 G-10 层板的性能极其相似，具有良好的电性能和加工特性，并具有可取的性能价格比，可制作多层。它被广泛地应用于工业产品中。

④ FR-5 层板。它和 FR-4 的性能相似，但可在更高的温度下保持良好的强度和电性能。

⑤ FR-6 层板。它是聚酯树脂玻璃纤维层板。

上述层板中，常用的 G-10 和 FR-4 适用于多层印制电路板，价格相对便宜，并可采用钻床钻孔工艺，容易实现自动化生产。

（3）非环氧树脂的层板。常用的非环氧树脂层板有以下几种：

① 聚酰亚胺树脂玻璃纤维层板。它可作为刚性或柔性电路基板材料，在高温下它的强度和稳定性都优于 FR-4 层板，常用于高可靠的军用产品中。

② GX 和 GT 层板。它们是聚四氟乙烯玻璃纤维层板，这些材料的介电性能是可以控制的，可用于介电常数要求严格的产品中，而 GX 的介电性能优于 GT，可用于高频电路中。

③ XXXP 和 XXXPC 层板。它们是酚醛树脂纸基层板，只能冲孔不能钻孔，这些层板仅用于单面和双面印制电路板，而不能作为多层印制电路板的原材料。因为它的价格便宜，所以在民用电子产品中广泛将它们作为电路基板材料。表 3-1 列出了各种电路基板材料的性能。

表 3-1 电路基板材料的性能

性能 基板材料	玻璃化 转变温度 T_g/℃	X，Y 轴的 CTE/ （10^{-6}/℃）	Z 轴的 CTE/ （10^{-6}/℃）	热导率/ （W/m·℃） 25℃下	抗挠强度 /kpsi 25℃下	介电常数 （在 1MHz， 25℃下）	表面电阻 /Ω
环氧玻璃纤维	125	13～18	48	0.16	45～50	4.8	10^{13}
聚酰亚胺玻璃纤维	250	12～16	57.9	0.35	97	4.4	10^{12}
聚酰亚胺石英	250	6～8	50	0.3	95	4.0	10^{13}
环氧石墨	125	7	～49	0.16			10^{13}
聚酰亚胺石墨	250	6.5	～50	1.5		6.0	10^{12}
聚四氟乙烯玻璃纤维	75	55				2.2	10^{14}
环氧石英	125	6.5	48	～0.16		3.4	10^{13}
氧化铝陶瓷		6.5	6.5	2.1	44	8	10^{14}
瓷釉覆盖钢板		10	13.3	0.001	+	6.3～6.6	10^{13}
聚酰亚胺 CIC 芯板	250	6.5	+	0.35/57	+		0.35

注：（1）表中数值仅作比较用，不能作精确的工程计算用。
（2）抗挠强度单位为 1kpsi，指千磅/英寸 ^{2}，1kpsi=688.94N/cm^2。
（3）表中"+"由芯板和表面层的比例决定。

3.1.3 PCB 基材质量参数

由于 PCB 是电子组件的结构支撑件，因此，对 PCB 基材的电气、耐热等多种性能都有严格的要求，现将有关主要参数介绍如下。

1. 玻璃化转变温度（T_g）

玻璃化转变温度（T_g）是指 PCB 材质在一定温度条件下，基材结构发生变化的临界温度。在这个温度之下基材是硬而脆的，即类似玻璃的形态，通常称为玻璃态；若在这个温度之上，材料会变软，呈橡胶样形态，称为橡胶态或皮革态，这时它的机械强度将明显变低。这种决定材料性能的临界温度称为玻璃化转变温度（Glass Transition Temperature），用 T_g 表示。

作为结构材料来说，人们都希望它的玻璃化转变温度越高越好。除了陶瓷基板外，几乎所有的层压板都含有聚合物，玻璃化转变温度是聚合物特有的性能。它是选择基板的一个关键参数，这是因为在 SMT 焊接过程中，焊接温度通常在 220℃左右，远远高于 PCB 基板的 T_g，故 PCB 受高温后会出现明显的热变形，而片式元器件是直接焊在 SMB 表面的，当焊接温度降低后，焊点通常在 180℃就首先冷却凝固，而此时 PCB 温度仍高于 T_g，PCB 仍处于热变形状态直至完全冷却，这个过程中必然会产生很大的热应力，该应力作用在元器件引脚上，严重时会使元器件损坏，如图 3-1 所示。

图 3-1 PCB 热应力使元器件损坏

因此，在选择电路基板材料时，其玻璃化转变温度 T_g 要尽可能接近工艺中出现的最高温度，以减小或避免 PCB 热变形产生的应力对元器件造成的损坏。

T_g 高的 SMB 还具有下列优点：SMB 钻孔加工过程中，有利于钻制微小孔，低 T_g 的板材钻孔时会因高速钻孔时产生的热能而引起板材中树脂软化，导致加工困难。T_g 高的 SMB 在较高温度环境中仍具有相对较小的热膨胀系数，与片式元器件的热膨胀系数相接近，故能保证产品可靠地工作。

2. 热膨胀系数（CTE）

热膨胀系数（Coefficient of Thermal Expansion，CTE）是指每单位温度变化所引发的材料尺寸的线性变化量。

任何材料受热后都会膨胀，高分子材料的 CTE 通常高于无机材料，当膨胀应力超过材料承受限度时，会对材料产生损坏。用于 SMB 的多层板是由几片单层"半固化树脂片"热压制成的，冷却后再在需要的位置上钻孔并进行电镀处理，最后生成电镀通孔——金属化孔，金属化孔制成后，也就实现了 SMB 层与层之间的互连。一般金属化孔的孔壁仅在 25μm 厚左右，且铜层致密性不会很高。

对于多层板结构的 SMB 来说，其长、宽方向的 CTE 与厚度方向的 CTE 存在差异性。因此当多层板焊接受热时，层压材料、玻璃纤维和铜层之间在厚度方向的热膨胀系数（CTE）不一致，其热应力就会作用在金属化孔的孔壁上，从而引发金属化孔中的铜层开裂，发生故障，如图 3-2 所示。

(a) 多层板室温下无应力，金属化孔完好　　(b) 高温下热应力作用在金属化孔上

图 3-2　热应力对金属化孔壁的作用

铜层开裂故障是一个相当复杂的问题，因为它是由许多变量决定的，如 PCB 层数和厚度、层压材料、铜层布局和导通孔的几何形状（如孔径比）等。尤其是热膨胀系数大的基板材料在经受热冲击时，厚度方向上的膨胀与铜的膨胀差异较大，因而极易造成金属化孔的断裂，通常 T_g 低的材料其热膨胀系数也较大。

在 SMT 产品中，SMB 布线密度在不断增高，金属化孔数量增多且孔径变小，多层板的层数也在增加。为了克服或消除上述隐患，通常采取以下一些措施：

① 凹蚀工艺，以增强金属化孔壁与多层板的结合力。

② 适当控制多层板的层数，目前主张使用 8～10 层，使金属孔的径深比控制在 1:3 左右，这是最保险的径深比，目前最常见的径深比是 1:6 左右。

③ 使用 CTE 相对小的材料或用 CTE 性能相反的材料叠加使用，使 SMB 整体的 CTE 减小。

④ 在 SMB 制造工艺上，采用盲孔和埋孔技术，如图 3-3 所示，以达到减小径深比的目的。盲孔的表层和内部某些分层互连，无须贯穿整个基板，减小了孔的深度；埋孔则仅是内部分层之间的互连，可使孔的深度进一步减小。尽管盲孔和埋孔在制作时难度大，但却大大提高了 SMB 的可靠性。

(a) 盲孔　　(b) 埋孔

图 3-3　盲孔和埋孔技术示意图

采取以上措施后，可以大大降低使用过程中因外界不可知因素而导致金属化孔断裂的概率。

3. 耐热性

某些工艺过程中 SMB 需经两次再流焊，因而经过一次高温后，仍然要求保持板间的平整度，方能保证二次贴片的可靠性；而 SMB 焊盘越来越小，焊盘的黏结强度相对较小，若 SMB 使用的基材耐热性高，则焊盘的抗剥强度也较高，一般要求 SMB 能具有 250℃/50s 的耐热性。

4. 电气性能

由于无线通信技术向高频化方向发展，对 SMB 的高频特性要求更加提高，评估 SMB 基材电气性能的重要参数是介电常数（ε）和介质损耗角正切（$\tan\delta$）。当电路的工作频率大于 1GHz 时，通常要求基材的 ε<3.5，$\tan\delta$<0.02。此外，评估基材电气性能指标的还有抗电强度、绝缘电阻及抗电弧性能等。

5. 平整度

SMB 要求很高的平整度，以使 SMD 引脚与 SMB 焊盘密切配合。SMB 焊盘表面涂覆层不仅使用 Sn/Pb 合金热风整平工艺，而且大量采用镀金工艺或预热助焊剂涂覆工艺。

6. 特性阻抗 Z_0

当脉动电流通过导体时，除了受到电阻的阻碍作用外，还受到感抗（X_L）和容抗（X_C）的阻力，电路或元器件对通过其中的交流电流所产生的阻碍作用称为阻抗，简称 Z_0。

早期 PCB 的印制线，仅起到 PCB 层次之间的元器件和部件之间的互连功能，但随着数字电子产品的高速化，作为电子元器件支撑的 PCB 已不再是一个简单的电气互连装置，PCB 印制线应作为一种传输线路，需要有理想的传输特性。

根据电磁波的传送原理，印制导线的特性阻抗与搭载其上的集成电路的输入/输出阻抗必须互相匹配，即传输线的负载阻抗等于传输线的特性阻抗，此时信号在传输途中所产生的能量反射和损失为最小，换言之，信号能量得到完整的传输。

因此，在高频或高速数字信号传输技术不断发展的今天，PCB 组件传输线的特性阻抗应保持恒定和稳定，即 PCB 的 Z_0 应控制在某一精度范围内。

3.1.4 铜箔种类与厚度

铜箔对产品的电气性能有一定的影响，铜箔一般按制造方法分为压延铜箔和电解铜箔两大类。压延法制造的铜箔要求铜纯度高（一般≥99.9%），弹性好，适用于挠性板、高频信号板等高性能 PCB 的制造，在产品说明书中用字母"W"表示。电解铜箔则用于普通 PCB 的制造，铜的纯度稍低于压延法所用的铜纯度（一般为 99.8%），并用字母"E"表示。

常用的铜箔厚度有 9μm、12μm、18μm、35μm、70μm 等，其中 35μm 的使用较多。铜箔越薄，耐温性越差，且浸析会使铜箔穿透；铜箔太厚，则容易脱落。

3.2 表面组装印制板的设计

保证 SMT 产品的质量，除有赖于生产管理、生产设备、生产工艺之外，SMB 的设计也是一个十分重要的问题。

3.2.1 设计的基本原则

1. 元器件布局

布局是按照电原理图的要求和元器件的外形尺寸，将元器件均匀整齐地布置在 PCB 上，并能满足整机的机械和电气性能要求。布局合理与否不仅影响 PCB 组装件和整机的性能及可靠性，而且也影响 PCB 及其组装件加工和维修的难易程度，所以布局时尽量做到以下几点：

① 元器件分布均匀，同一单元电路的元器件应相对集中排列，以便于调试和维修；
② 有相互连线的元器件应相对靠近排列，以利于提高布线密度和保证走线距离最短；
③ 对热敏感的元器件，布置时应远离发热量大的元器件；
④ 相互可能有电磁干扰的元器件，应采取屏蔽或隔离措施。

2. 布线规则

布线是按照电原理图、导线表以及需要的导线宽度与间距布设印制导线，布线一般应遵守如下规则：

① 在满足使用要求的前提下，布线可简时不繁。选择布线方式的顺序为单层→双层→多层。
② 两个连接盘之间的导线布设尽量短，敏感的信号、小信号先走，以减少小信号的延迟与干扰。模拟电路的输入线旁应布设接地线屏蔽；同一层导线的布设应分布均匀；各层上的导电面积要相对均衡，以防板子翘曲。
③ 信号线改变方向应走斜线或圆滑过渡，而且曲率半径大一些好，避免电场集中、信号反射和产生额外的阻抗。
④ 数字电路与模拟电路在布线上应分隔开，以免互相干扰，如在同一层则应将两种电路的地线系统和电源系统的导线分开布设，不同频率的信号线中间应布设接地线隔开，避免发生串扰。为了测试方便，设计上应设定必要的断点和测试点。
⑤ 电路元器件接地、接电源时走线要尽量短、尽量近，以减少内阻。
⑥ 上下层走线应互相垂直，以减少耦合，切忌上下层走线对齐或平行。
⑦ 高速电路的多根 I/O 线以及差分放大器、平衡放大器等电路的 I/O 线长度应相等，以避免产生不必要的延迟或相移。
⑧ 焊盘与较大面积导电区相连接时，应采用长度不小于 0.5mm 的细导线进行热隔离，细导线宽度不小于 0.13mm。
⑨ 最靠近板的边缘的导线，距离印制板边缘的距离应大于 5mm，需要时接地线可以靠近板的边缘。如果印制板加工过程中要插入导轨，则导线距板的边缘至少要大于导轨槽深的

距离。

⑩ 双面板上的公共电源线和接地线，尽量布设在靠近板的边缘，并且分布在板的两面。多层板可在内层设置电源层和地线层，通过金属化孔与各层的电源线和接地线连接，内层大面积的导线和电源线、地线应设计成网状，可提高多层板层间的结合力。

3．导线宽度

印制导线的宽度由导线的负载电流、允许的温升和铜箔的附着力决定。一般印制板的导线宽度不小于 0.2mm，厚度在 18μm 以上。导线越细其加工难度越大，所以在布线空间允许的条件下，应适当选择宽一些的导线，通常的设计原则如下：

① 信号线应粗细一致，这样有利于阻抗匹配，一般推荐线宽为 0.2～0.3mm（8～12mil），而对于电源地线，则走线面积越大越好，可以减少干扰。对高频信号最好用地线屏蔽，可以提高传输效果。

② 在高速电路与微波电路中，规定了传输线的特性阻抗，此时导线的宽度和厚度应满足特性阻抗要求。

③ 在大功率电路设计中，还应考虑到电源密度，此时应考虑到线宽、厚度及线间的绝缘性能。若是内层导体，允许的电流密度约为外层导体的一半。

4．印制导线间距

印制板表层导线间的绝缘电阻是由导线间距、相邻导线平行段的长度、绝缘介质（包括基材和空气）所决定的，在布线空间允许的条件下，应适当加大导线间距。

5．元器件的选择

元器件的选择应充分考虑到 PCB 实际面积的需要，尽可能选用常规元器件。不可盲目地追求小尺寸的元器件，以免增加成本，IC 器件应注意引脚形状与脚间距，对小于 0.5mm 脚间距的 QFP 应慎重考虑，不如直接选用 BGA 封装的器件。此外，对元器件的包装形式、端电极尺寸、可焊性、器件的可靠性、温度的承受能力（如能否适应无铅焊接的需要）都应考虑到。

在选择好元器件后，必须建立好元器件数据库，包括安装尺寸、引脚尺寸和生产厂家等的有关资料。

6．PCB 基材的选用

基材应根据 PCB 的使用条件和机械、电气性能要求来选择；根据印制板结构确定基材的覆铜箔面数（单面、双面或多层板）；根据印制板的尺寸、单位面积承载元器件质量，确定基材板的厚度。不同类型材料的成本相差很大，在选择 PCB 基材时应考虑下列因素：

① 电气性能的要求；
② T_g、CTE、平整度等因素及孔金属化的能力；
③ 价格因素。

7. 印制板的抗电磁干扰设计

对于外部的电磁干扰，可通过整机的屏蔽措施和改进电路的抗干扰设计来解决。对 PCB 组装件本身的电磁干扰，在进行 PCB 布局、布线设计时，应作以下考虑：

① 可能相互产生影响或干扰的元器件，在布局时应尽量远离或采取屏蔽措施。

② 不同频率的信号线，不要相互靠近平行布线；对高频信号线，应在其一侧或两侧布设接地线进行屏蔽。

③ 对于高频、高速电路，应尽量设计成双面和多层印制板。双面板的一面布设信号线，另一面可以设计成接地面；多层板中可把易受干扰的信号线布置在地线层或电源层之间；对于微波电路用的带状线，传输信号线必须布设在两接地层之间，并对其间的介质层厚度按需要进行计算。

④ 晶体管的基极印制线和高频信号线应尽量设计得短，减少信号传输时的电磁干扰或辐射。

⑤ 不同频率的元器件不共用同一条接地线，不同频率的地线和电源线应分开布设。

⑥ 数字电路与模拟电路不共用同一条地线，在与印制板对外地线连接处可以有一个公共接点。

⑦ 工作时电位差比较大的元器件或印制线，应加大相互之间的距离。

8. PCB 的散热设计

随着印制板上元器件组装密度的提高，若不能及时有效地散热，将会影响电路的工作参数，甚至热量过大会使元器件失效，所以对印制板的散热问题，设计时必须认真考虑，一般采取以下措施：

① 加大印制板上与大功率元器件接地面的铜箔面积；

② 发热量大的元器件不贴板安装，或外加散热器；

③ 对多层板的内层地线应设计成网状并靠近板的边缘；

④ 选择阻燃或耐热型的板材。

9. PCB 应做成圆弧角

直角的 PCB 在传送时容易产生卡板现象，因此在设计 PCB 时，要对板框做圆弧角处理，根据 PCB 尺寸的大小确定圆弧角的半径。拼板和加有辅助边的 PCB 在辅助边上做圆弧角。

3.2.2 常见的 PCB 设计错误及原因

① PCB 没有工艺边、工艺孔，不能满足 SMT 设备的装夹要求，也就意味着不能满足大生产的要求。

② PCB 外形异形或尺寸过大、过小，同样不能满足设备的装夹要求。

③ PCB、FQFP 焊盘四周没有光学定位标志（Mark）或 Mark 点不标准，如 Mark 点周围有阻焊膜，或过大、过小，造成 Mark 点图像反差过小，机器频繁报警不能正常工作。

④ 焊盘结构尺寸不正确，如片式元器件的焊盘间距过大、过小，焊盘不对称，以致造

成片式元器件焊接后，出现歪斜、立碑等多种缺陷。

⑤ 焊盘上有过孔会造成焊接时焊料熔化后通过过孔漏到底层，引起焊点焊料过少。

⑥ 片式元器件焊盘大小不对称，特别是用地线、过线的一部分作为焊盘使用，以致再流时片式元器件两端焊盘受热不均匀，焊锡膏先后熔化而造成立碑缺陷。

⑦ IC 焊盘设计不正确，FQFP 中焊盘太宽，引起焊接后桥连，或焊盘后沿过短引起焊后强度不足。

⑧ IC 焊盘之间的互连导线放在中央，不利于 SMA 焊后的检查。

⑨ 波峰焊时 IC 没有设计辅助焊盘，引起焊接后桥连。

⑩ PCB 厚度或 PCB 中 IC 分布不合理，出现焊后 PCB 变形。

⑪ 测试点设计不规范，以致 ICT 不能工作。

⑫ SMD 之间的间隙不正确，后期修理出现困难。

⑬ 阻焊层和字符图不规范，以及阻焊层和字符图落在焊盘上造成虚焊或电气断路。

⑭ 拼板设计不合理，如 V 形槽加工不好，造成 PCB 再流后变形。

上述错误会在不良设计的产品中出现一个或多个，导致不同程度地影响焊接质量。

设计人员对 SMT 工艺不够了解，尤其是对元器件在再流焊时有一个"动态"的过程不了解是产生不良设计的原因之一。另外，设计早期忽视工艺人员参加，缺乏本企业的可制造性设计规范，也是造成不良设计的原因。

3.3 SMB 的具体设计要求

3.3.1 整体设计

1. PCB 幅面

PCB 的外形一般为长宽比不太大的长方形。长宽比例较大或面积较大的板，容易产生翘曲变形，当幅面过小时还应考虑到拼板，PCB 的厚度应根据对板的机械强度要求及 PCB 上单位面积承受的元器件质量，选取合适厚度的基材。

考虑焊接工艺过程中的热变形及结构强度，如抗张、抗弯、机械脆性、热膨胀等因素，PCB 厚度、最大宽度与最大长宽比见表 3-2。

表 3-2 PCB 厚度、最大宽度与最大长宽比

厚度/mm	最大宽度/mm	最大长宽比
0.8	50	2.0
1.0	100	2.4
1.6	150	3.0
2.4	300	4.0

2. 电路块的划分

较复杂的电路常常需要划分为多块电路板，或在单块电路板上划分为不同的区域。划分可按如下原则进行：

① 按照电路各部分的功能划分。把电路的 I/O 端子尽量集中靠近电路板的边缘，以便和连接器相连接，并设置相应的测试点供功能调校用。

② 模拟和数字两部分电路分开。

③ 高频和中、低频电路分开，高频部分单独屏蔽起来，防止外界电磁场的干扰。

④ 大功率电路和其他电路隔开，以便采用散热措施等。

⑤ 减小电路中噪声干扰和串扰现象。易产生噪声的电路需和某些电路隔开。例如，为降低 ECL 器件的高速开关噪声干扰，必须把低电平、高增益的放大电路和它们隔开。

3. PCB 的尺寸与拼板工艺

要根据整机的总体结构来确定单块 PCB 的尺寸。PCB 的大小、形状应适合表面组装生产线生产，符合印刷机、贴片机适用的基板尺寸范围和再流焊炉的工作宽度。

由于 SMB 的尺寸较小，为了更适合于自动化生产，往往将多块板组合成一块板，有意识地将若干个相同或不相同单元 PCB 进行有规则的拼合，把它们拼合成长方形或正方形，称为拼板。尺寸小的 PCB 采用拼板可以提高生产效率，增强生产线的适用性，减少工装准备费用。

拼板之间可以采用 V 形槽直线分割、邮票孔、冲槽等工艺手段进行组合，要求刻槽精确，深度均匀，有较好的机械支撑强度，但又易于分割机分断或用手掰开。

对于不相同印制电路的 PCB 拼合也可按此原则进行，但应注意元器件位号的编写方法。拼合的印制电路板俗称"邮票板"，其结构示意图如图 3-4 所示。

① 邮票板可由多块同样的 PCB 组成或由多块不同的 PCB 组成。

② 根据表面组装设备的情况决定邮票板的最大外形尺寸，如贴片机的贴片面积、印刷机的最大印刷面积和再流焊炉传送带的工作宽度等。

③ 邮票板上各电路板间的连接筋起机械支撑作用。因此它既要有一定的强度，又要便于折断把电路分开。连接筋的尺寸一般为 1.8mm×2.4mm，如图 3-4（a）所示。

图 3-4 拼板结构示意图

4. 过孔（via）的设计

过孔是多层 PCB 的重要组成部分之一，钻孔的费用通常占 PCB 制板费用的 30%～

40%。PCB 上的每一个孔都可以称为过孔。从作用上看，过孔可以分成两类：一是用于各层间的电气连接；二是用于器件的固定或定位。

从设计的角度来看，一个过孔主要由两部分组成，一是中间的钻孔，二是钻孔周围的焊盘区。这两部分的尺寸大小决定了过孔的大小。在高速、高密度的 PCB 设计时，总是希望过孔越小越好，这样板上可以留有更多的布线空间。此外，过孔越小，其自身的寄生电容也越小，更适合用于高速电路。但过孔的尺寸不可能无限制地减小，它受到钻孔和电镀等工艺技术的限制：孔越小，钻孔需花费的时间越长，也越容易偏离中心位置；且当孔的深度超过钻孔直径的 6 倍时，就无法保证孔壁能均匀镀铜。现在正常的一块 6 层 PCB 的厚度（通孔深度）为 50mil 左右，所以 PCB 的钻孔直径最小只能达到 8mil。

5．定位孔、工艺边及光学识别标志

定位孔、工艺边及光学识别标志是保证印制板适应 SMT 大生产不可缺少的标志。

（1）定位孔。有些 SMT 设备（如贴片机）采用孔定位的方式，为保证 PCB 能精确地固定在设备夹具上，就要求 PCB 预留出定位孔。不同的设备对定位孔的要求不同，一般需要在 PCB 四个角上或至少在一个长边的两个角上设一对定位孔，孔径为 ϕ4mm 或 ϕ3.2mm，孔壁不允许金属化，其中一个定位孔也可以设计成椭圆孔，以便于定位迅速。一般要求主定位孔与 PCB 两边的距离为 5mm×5mm，调整孔距 PCB 下边距离为 5mm。定位孔周围 5mm 范围内不允许有贴片元器件。

定位孔的尺寸及位置如图 3-5 所示，孔壁要求光滑，粗糙度应小于 3.2μm；周围 2mm 处应无铜箔。

图 3-5 定位孔的尺寸及位置

（2）工艺边。PCB 上至少要有一对边留有足够的传送带位置空间，即工艺夹持边，简称工艺边。PCB 加工时，通常用较长的对边作为工艺边，留给设备的传送带用，在传送带的范围内不能有元器件和引线干涉，即工艺夹持边内不应有焊盘图形，否则会影响 PCB 的正常传送。工艺边的宽度不小于 5mm。如果 PCB 的布局无法满足，可以采用增加辅助边或拼板的方法。待加工工序结束后可以去掉工艺边。

第3章 表面组装印制板的设计与制造

（3）光学识别标志。在细间距、高密度、高精度贴装情况下，定位孔不能作为印制板和元器件的精确定位依据，PCB 内的精确定位定向应由光学基准校正标志点确定。

在印制板的贴装面（单面或双面）都要设置板级基准和校正光学识别标志，对于细间距器件（FQFP）和 44 脚以上 PLCC 器件，还应设两个器件校正标志。

板级标志是在印制板贴装面的三个角（距边缘 5mm）上设置的光学基准校正点，或最少在印制板对角两侧设立两圆点，两圆点的坐标值不应相等，以确保贴片时印制板进机方向的唯一性。

常用的光学识别标志符号有实心圆点"●"、边长为 2.0mm 的实心正方形"■"、边长为 2.0mm 的实心菱形"◆"、2.0mm 高的单十字线、2.0mm 高的双十字#线，如图 3-6（a）所示。推荐（优选）的光学基准校正标志符号为 $\phi 1 \sim 2mm$ 的实心圆，标志符号的外围有等于其直径 12 倍的无阻焊区，如图 3-6（b）所示。

器件校正标志设在该器件附近的两个对角上，如图 3-9（c）所示。

图 3-6 印制板光学识别标志与 FQFP 的器件校正标志

6. 测试点与测试孔的设计

在 SMT 的大生产中为了保证品质和降低成本，都离不开在线测试，为了保证测试工作的顺利进行，PCB 设计时应考虑到测试点与测试孔（用于 PCB 及 PCB 组件电气性能测试的电气连接孔）的设计。

（1）接触可靠性测试设计。测试点原则上应设在同一面上，并注意分散均匀。测试点的焊盘直径为 0.9～1.0mm，并与相关测试针相配套，测试点的中心应落在网格之上，并注意不应设计在板子的边缘 5mm 内，相邻的测试点之间的中心距不小于 1.46mm，如图 3-7 所示。

测试点之间不应设计其他元器件，测试点与元器件焊盘之间的距离应≥1mm，以防止元器件或测试点之间短路，并注意测试点不能涂覆任何绝缘层，如图 3-8 所示。

图 3-7 相邻测试点之间的中心距

· 57 ·

测试孔原则上可用工艺孔代替，但对拼板的单板测试时仍应在子板上设计测试孔。

图 3-8 测试点与元器件焊盘之间的距离

（2）电气可靠性测试设计。所有的电气节点都应提供测试点，即测试点应能覆盖所有的 I/O、电源地和返回信号。每一块 IC 都应有电源和地的测试点，如果器件的电源和地脚不止一个，则应分别加上测试点，一个集成块的电源和地应放在 2.54mm 之内。不能将 IC 控制线直接连接到电源、地或公用电阻上。对带有边界扫描器件的 VLSI 和 ASIC 器件，应增设为实现边界扫描功能的辅助测试点，如时钟、模式、数据串行 I/O 端、复位端，以达到能测试器件本身的内部功能逻辑的要求。

7. 插装元器件与表面安装元器件之间的间距

当同一块 PCB 上既有 THC/THD 又有 SMC/SMD 时，插装元器件与表面元器件之间的间距应不小于如图 3-9 所示的规定。

图 3-9 插装元器件与表面元器件之间的间距

3.3.2 SMC/SMD 焊盘设计

SMC/SMD 的焊盘设计要求严格，它不仅决定焊点的强度，也决定元器件连接的可靠性及焊接时的工艺性。由于国际上尚无统一的 SMC/SMD 的标准规范，新器件推出又快，公/英制单位换算误差、各供应厂商提供的 SMC/SMD 外形结构和安装尺寸也不尽相同，都给焊盘的设计带来一定困难。目前在有关 PCB 软件数据库中有不同标准的 SMC/SMD 焊盘图形可供选用。为了便于用好这些资料，现提供部分有关 SMD 焊盘设计的相关原则。

1. SMC 片式元器件的焊盘设计

片式元器件焊接后理想的焊接形态如图 3-10 所示。从图中可以看出它有两个焊点，分别在电极的外侧和内侧。外侧焊点又称主焊点，主焊点呈弯月面状，维持焊接强度；内焊点起到补强和焊接时自对中作用。由图 3-10 可知理想的焊盘长度为 $B=b_1+T+b_2$，式中 b_1 取值范围为 0.05～0.3mm，b_2 取值范围为 0.25～1.3mm。

图 3-10 理想的焊接形态

通常焊盘长度 B 的设计有下列三种情况：用于高可靠性场合时，焊盘尺寸偏大，焊接强度高；用于工业级产品时，焊盘尺寸适中，焊接强度高；用于消费类产品时，焊盘尺寸偏小，焊盘长度仅等于元器件的长度，但在良好的工艺条件下仍有足够的焊接强度，并且有利于整机外形小型化。

对于焊盘宽度 A 的设计也相应有下列三种情况：用于高可靠性场合时，焊盘宽度 $A=1.1×$元器件宽度；用于工业级产品时，焊盘宽度 $A=1.0×$元器件宽度；用于消费类产品时，焊盘宽度 $A=(0.9～1.0)×$元器件宽度。焊盘间距 G 应适当小于元器件两端焊头之间的距离，焊盘外侧距离 $D=L+2b_2$，如图 3-11 所示。

在 SMT 中，圆柱形无源元器件（MELF）的焊盘图形设计应根据采用的焊接工艺来确定。当采用贴片—波峰焊时，其焊盘图形可参照片状元器件的焊盘设计原则来设计；当采用再流焊时，为了防止圆柱形元器件滚动，焊盘上必须开一个缺口，以利于元器件的定位，如图 3-12 所示。

图 3-11 焊盘的内外侧距离

图 3-12 圆柱形无源元器件（MELF）的焊盘

焊盘尺寸计算公式如下。

$$A=L_{max}-2T_{max}-0.254$$
$$B=d_{max}+T_{min}+0.254$$
$$C=d_{max}-0.254$$
$$D=B-(2B+A-L_{max})/2$$
$$E=0.2mm$$

2．小外形封装晶体管焊盘的设计

在 SMT 中，小外形封装晶体管（SOT）的焊盘图形设计一般应遵循下述规则。

① 焊盘间的中心距与器件引线间的中心距相等。

② 焊盘的图形与器件引线的焊接面相似，但在长度方向上应扩展 0.3mm，在宽度方向上应减少 0.2mm；若是用于波峰焊，则长度方向及宽度方向均应扩展 0.3mm。

使用中应注意 SOT 的品种，如 SOT-23、SOT-89、SOT-143 和 DPAK 等，SOT 焊盘图形如图 3-13 所示。

3．PLCC 焊盘设计

PLCC 封装的器件至今仍大量使用，其焊盘图形如图 3-14 所示。

对于 1.27mm 引脚中心距的 PLCC 封装器件，焊盘宽度与焊盘间距的比例有 7∶3、6∶4 和 5∶5 三种。第一种焊盘间距最小，中间不能走线；第三种焊盘宽度最小，容易造成移位，影响焊点质量；第二种最合适。这种焊盘宽度为 0.76mm，焊盘间距为 0.51mm，焊盘间可以走一根 0.15mm 连线的设计已广泛应用于高性能产品中。焊盘长度标准为 1.9mm。

图 3-13 SOT 焊盘图形

图 3-14 PLCC 焊盘图形

通常 PLCC 引脚在焊接后也有两个焊接点，外侧焊点为主焊点，内侧焊点为次焊点，PLCC 引脚在焊盘上的位置有两种类型：

（1）引脚居中型。这种设计在计算时较为方便和简单，若焊盘的宽度为 0.63mm（25mil），长度为 2.03mm（80mil），只要计算出器件引脚落地中央尺寸，就可以方便地设计出焊盘内外侧的尺寸，如图 3-15（a）所示。

（2）引脚不居中型。这种设计有利于形成主焊接点，外侧有足够的锡量供给主焊缝，PLCC 引脚与焊盘的相切点在焊盘的内 1/3 处，如图 3-15（b）所示。

LCCC 封装的焊盘图形和 PLCC 焊盘图形相似，设计时可参考图 3-14。

(a) 引脚居中型　　　　　　　(b) 引脚不居中型

图 3-15　PLCC 引脚在焊盘上的位置

4．QFP 焊盘设计

这种焊盘其焊盘长度和引脚长度的最佳比为 $L_2:L_1=(2.5\sim3):1$，或者 $L_2=F+L_1+A$（F 为端部长，取 0.4mm；A 为趾部长，取 0.6mm；L_1 为器件引脚长度；L_2 为焊盘长度）。焊盘宽度通常取：$0.49P \leqslant b_2 \leqslant 0.54P$（$P$ 为引脚公称尺寸；b_2 为焊盘宽度）。

QFP 焊盘的设计尺寸如图 3-16 所示。

图 3-16　QFP 焊盘的设计尺寸

5．BGA 焊盘设计

BGA 焊点的形态如图 3-17 所示，图中 D_c、D_o 是器件基板的焊盘尺寸，D_b 是焊球的尺寸，D_p 是 PCB 焊盘尺寸，H 是焊球的高度。

图 3-17　BGA 焊点的形态

通常 BGA 焊盘结构有三种形式，分别是哑铃式焊盘、过孔分布在 BGA 外部式焊盘和混合式焊盘。

（1）哑铃式焊盘。哑铃式焊盘结构如图 3-18（a）所示。BGA 焊盘通过过孔把线路引入到其他层，实现同外围电路的沟通，过孔通常应用阻焊层全面覆盖。该方法简单实用，较为常见，并且占用 PCB 面较少，但由于过孔位于焊盘之间，万一过孔处的阻焊层脱落，就可能造成焊接时出现桥接故障。

(a) 哑铃式焊盘　　(b) 过孔分布在BGA外部式焊盘

图 3-18　BGA 焊盘

（2）过孔分布在 BGA 外部式焊盘。过孔分布在 BGA 外部式的焊盘特别适用于 I/O 数量较少的 BGA 焊盘设计，焊接时的一些不确定性因素有所减少，对保证焊接质量有利。但采用这样的设计形式对于多 I/O 端子的 BGA 是有困难的，此外，该结构焊盘占用 PCB 的面积相对过大。过孔分布在 BGA 外部式焊盘如图 3-18（b）所示。

（3）混合式焊盘。对于 I/O 较多的 BGA，其焊盘设计可以将上述两种焊盘结构设计混合在一起使用，即内部采用过孔结构，外围则采用过孔分布在 BGA 外部式的焊盘。

随着 PCB 制造技术的提高，特别是积层式 PCB 制造技术的出现，其过孔可以直接做在焊盘上，这一设计方式使 PCB 的结构变得简单，焊接缺陷也大大减少。

3.3.3　元器件排列方向的设计

1. 供热均匀原则

对于吸热大的器件和 FQFP 器件，在整板布局时要考虑到焊接时的热均衡，不要把吸热多的器件集中放在一处，造成局部供热不足而另一处过热的现象，如图 3-19 所示。

(a) 良好　　(b) 差

图 3-19　器件排列应均匀

2．元器件排列方向及其辅助焊盘的设计

在采用贴片—波峰焊工艺时，片式 SMC 元器件和 SOIC 的引脚焊盘应垂直于印制板波峰焊时的运动方向，QFP 器件（引脚中心距大于 0.8mm 以上）则应转 45°角，如图 3-20 所示。

图 3-20　波峰焊工艺中元器件的排列方向

在采用贴片—波峰焊工艺时，SOIC 和 QFP 除注意方向外，还应在焊盘间放一个辅助焊盘。辅助焊盘也称工艺焊盘，是 PCB 涂胶位置上有阻焊膜的空焊盘。在焊盘过高或 SMD 组件下面的间隙过大时，将贴片胶点在辅助焊盘上面，其作用是为了减小表面组装元器件贴装后的架空高度。

3.3.4　焊盘与导线连接的设计

1．SMC 的焊盘与线路连接

SMC 的焊盘与线路连接可以有多种方式，原则上连线可在焊盘任意点引出，如图 3-21 所示。但一般不得在两焊盘相对的间隙之间进行连接，最好从焊盘长边的中心引出，并避免呈一定的角度。

图 3-21　线路与焊盘的连接

2．SMD 的焊盘与线路连接

SMD 焊盘与线路的连接图形，将影响再流焊中元器件泳动的发生、焊接热量的控制及焊锡沿布线的迁移。

① 再流焊接时若元器件出现泳动现象，则元器件泳动的方向与元器件两端焊盘和连线的浸润面积有关。原则上集成电路焊盘的连线可以从焊盘任一端引出，但不应使焊锡的表面张力过分聚集在一根轴上。只要使器件各轴上保持所受的焊锡张力均衡，器件就不相对焊盘

发生偏转。

② 由于 SMD 的排列方位不合理、焊盘上焊膏量不等及焊盘的导热路径不同，在再流焊时很可能使焊盘再流焊开始时间不同，因而产生"立碑"现象或元器件在焊盘上偏转的现象。

为了使每个焊盘再流焊的时间一致，必须控制焊盘和连线间的热耦合，以确保与线路连接的焊盘保持足够的热量。一般规定不允许把宽度大于 0.25mm 的布线和再流焊焊盘连接。如果电源线或接地线要和焊盘连接，则在连接前需要将宽布线变窄至 0.25mm 宽，且不短于 0.635mm 的长度，再和焊盘相连，如图 3-22 所示。

图 3-22　宽布线变窄后再和焊盘相连

3．导通孔与焊盘的连接

表面组装电路板的导通孔设计应遵循以下要求：

① 一般导通孔直径不小于 0.75mm。

② 除 SOIC 或 PLCC 等器件之外，不能在其他元器件下面打导通孔。如果在 Chip 元器件底部打导通孔，必须做成埋（盲）孔并加阻焊膜。

③ 通常不将导通孔设置在焊盘上或焊盘的延长部分及焊盘角上。应尽量避免在距焊盘 0.635mm 以内设置导通孔和盲孔。

④ 导通孔和焊盘之间应有一段涂有阻焊膜的细线相连，细线的长度应不小于 0.635mm，宽度不大于 0.4mm。

图 3-23 所示是焊盘与通孔连接之间的设计比较示意图。

图 3-23　焊盘与通孔连接之间的设计比较示意图

3.4 印制电路板的制造

印制板有刚性、挠性和刚挠性结合的单面、双面和多层印制板等类型。其生产过程复杂，涉及的工艺范围较广，从 CAD/CAM 到简单及复杂的机械加工，生产过程中有普通的化学反应，还有光化学、电化学、热化学等工艺；而且在生产过程中发生的工艺问题常常具有很大的随机性；由于其生产过程是一种非连续的流水线形式，任何一个环节出现问题都会造成全线停产或大量报废的后果。印制电路板如果报废是无法再回收利用的，因此，在 SMT 技术中，SMB 的质量对整个 SMT 产品的质量和成本将起到关键的作用。

3.4.1 单面印制板的制造

单面印制板是指仅一面有导电图形的印制板，一般用酚醛树脂纸基覆铜板制作。其典型制造工艺流程如下：

单面覆铜板→下料（刷洗、干燥）→钻孔或冲孔→网印线路抗蚀刻图形或使用干膜→固化、检查修板→蚀刻铜→去抗蚀印料、干燥→刷洗、干燥→网印阻焊图形（常用绿油）、UV 固化→网印字符标记图形、UV 固化→预热、冲孔及外形→电气开路、短路测试→刷洗、干燥→预涂助焊防氧化剂（干燥）或喷锡热风整平→检验包装→成品出厂。

单面印制板制造的关键工艺简述如下。

1. 制备照相底版

制备照相底版是印制板生产中的关键步骤，其质量直接影响到最终产品的质量。现在一般都用计算机辅助设计直接在光绘仪上绘制出照相底版。

一块单面印制板一般要有三种照相底图：
① 导电图形底图；
② 阻焊图形底图；
③ 标记字符底图。

制备照相底版首先由光绘仪完成对银盐底片的曝光，随后在暗室中冲洗加工，最终得到照相底版。制备照相底版的另一种工艺技术是使用金属膜胶片直接成像制得照相底版，由于这种胶片对日光不敏感，不需暗室冲洗，因而尺寸稳定性很高，最小线宽可做到 0.05mm，精度误差小于 2μm。

2. 丝网印刷

丝网印刷是制作单面印制板的关键工艺。它使用专门的印料，在覆铜箔板上分别网印出线路图形、阻焊图形及字符标记图形，所使用的丝网印刷设备从最简单的手工操作的网印框架到高精度、上下料全自动化的网印生产线，有不同的档次、不同的规格，一般是根据工厂的自动化程度和生产量进行选择的。

3. 蚀刻

蚀刻是用化学或电化学方法去除基材上无用导电材料，形成印制图形的工艺。用于单面板蚀刻的蚀刻液必须能蚀刻铜箔而不损伤和破坏网印油墨。由于网印油墨通常能溶于碱性溶液，因此蚀刻时不能使用碱性蚀刻液。早期的蚀刻液大多使用三氯化铁，因为它价格低，蚀刻速率快，工艺稳定，操作简单。但由于再生和回收困难，冲洗稀释后易产生黄褐色沉淀，污染严重，因此已被酸性氯化铜蚀刻液所替代。

在自动化大生产条件下，蚀刻操作广泛使用传送带式自动喷淋蚀刻机。它可上下两面同时蚀刻，并有自动分析补加装置，使蚀刻液自动连续再生，保持蚀刻速率的恒定。

4．机械加工

单面印制板的机械加工包括覆铜板的下料、孔加工和外形加工。其加工方式有剪、冲、钻和铣。

5．预涂助焊剂

单面板制造的最后一道主要工序是预涂助焊剂。在存放中，单面板的铜导线表面受空气和湿气的影响，很容易氧化变色，使可焊性变差。为了保护洁净的铜表面不受大气的氧化腐蚀，使成品板在规定的储存期内保持优良的可焊性，故必须对单面板的铜表面涂覆保护性的助焊剂。它除了有助焊性外，还具有防护性，但要求锡焊后易清洗去除。

3.4.2 双面印制板的制造

双面印制板是指两面都有导电图形的印制板，它通常采用环氧玻璃布覆铜箔板制造。主要用在性能要求较高的通信电子设备、高级仪器仪表及电子计算机等设备中。制造双面镀覆孔印制板的典型工艺是SMOBC，其工艺过程如下：

双面覆铜板→下料→叠板→数控钻导通孔→检验、去毛刺刷洗→化学镀（导通孔金属化）→（全板电镀薄铜）→检验刷洗→网印负性电路图形、固化（干膜或湿膜、曝光、显影）→检验、修板→线路图形电镀→电镀锡（抗蚀镍/金）→去印料（感光膜）→蚀刻铜→（退锡）→清洁刷洗→用热固化绿油网印阻焊图形（贴感光干膜或湿膜、曝光、显影、热固化，常用感光热固化绿油）→清洗、干燥→网印标记字符图形、固化→（喷锡或有机保焊膜）→外形加工→清洗、干燥→电气通断检测→检验包装→成品出厂。

双面印制板制造的关键工艺简述如下。

1．数控钻孔

由于表面组装技术的发展，印制板上的镀覆孔不再插装电子元器件，仅作导通用。而为了提高组装密度，孔变得越来越小，故加工时常采用新一代的可以钻微小孔径的数控钻床。这种数控钻床的钻速达每分钟11～15万转，可钻ϕ0.1～0.5mm的孔。钻头断了会自动停机并报警，自动更换钻头和测量钻头直径，自动控制钻头与盖板间恒定的距离和钻孔深度，因而不但可以钻通孔，也可钻盲孔。

2．镀覆孔工艺

镀覆孔（PTH）习惯上也称为金属化孔。它将整个孔壁镀覆金属，使双面印制板的两面或多层印制板的内外层间的导电图形实现电气连通。镀覆孔工艺传统上采用化学镀铜使孔壁沉积一薄层铜，再电镀铜加厚到规定的厚度。现在已研究出一些新的镀覆孔工艺，如不用化学镀铜的直接电镀工艺等。

3．成像

丝网印刷法成像也可用于制作双面板，它成本低，适合于大批量生产，但难于制作0.2mm以下的精细导线和细间距的双面板。除了使用网印法外，在20世纪50～60年代广泛使用的是聚乙烯醇/重铬酸盐型液体光致抗蚀剂。1968年美国杜邦公司推出干膜光致抗蚀剂（简称干膜）后，在70～80年代，干膜成像工艺就成为双面板成像的主导工艺。近年来，由于新型液态光致抗蚀剂的发展，它比干膜的分辨率高，且液态光致抗蚀剂的涂覆设备已能实现连续大规模生产，成本又较干膜便宜，因此液态光致抗蚀剂又有重新大量使用的趋势。

干膜成像的工艺流程如下：贴膜前处理→贴膜→曝光→显影→修板→蚀刻或电镀→去膜。

前处理用磨料尼龙辊刷板机或浮石粉刷板机进行刷板，经前处理的板材用贴膜机进行双面连续贴膜。贴膜的主要工艺参数为：温度、压力和速度。

经电镀或蚀刻后，干膜需除去。去膜一般使用4%～5%氢氧化钠溶液，在40～60℃温度下在喷淋式去膜机中进行。去膜后用水彻底清洗后，进入下道工序。

4．电镀锡铅合金

目前，PCB加工的典型工艺是"图形电镀法"。即先在板子外层需保留铜箔的部分，也就是电路的图形部分上预镀一层铅锡抗蚀层，然后用化学方式将其余的铜箔腐蚀掉，称为蚀刻。锡或铅锡是最常用的抗蚀层，与氨性蚀刻剂不发生任何化学反应。

用图形电镀蚀刻法生产双面板时，电镀锡铅合金有两个作用：一是作为蚀刻时的抗蚀保护层；二是作为成品板的可焊性镀层。作为可焊性镀层对镀层中锡铅比例以及合金的组织结构状态都有要求。但在SMOBC工艺中，锡铅电镀层仅作为蚀刻保护层。在这种情况下，对锡铅比例的要求是不高的，所以锡含量在58%～68%的范围内都可以满足要求。电镀锡铅合金必须严格控制镀液和工艺条件，锡铅合金镀层厚度在板面上应在8μm以上，孔壁不小于2.5μm。

5．蚀刻

在用锡铅合金作为抗蚀层的图形电镀蚀刻法制造双面板时，不能使用酸性氯化铜蚀刻液，也不能使用三氯化铁蚀刻液，因为它们也腐蚀锡铅合金。可以使用的蚀刻液有：碱性氯化铜蚀刻液、硫酸双氧水蚀刻液、过硫酸铵蚀刻液等。其中使用最多的是碱性氯化铜蚀刻液。以硫酸盐为基的蚀刻药液，使用后其中的铜可以用电解的方法分离出来，因此能够重复使用。由于它的腐蚀速率较低，一般在实际生产中不多见。

在蚀刻工艺中，影响蚀刻质量的是"侧蚀"和镀层增宽现象。

（1）侧蚀。侧蚀是因蚀刻而产生的导线边缘凹进或挖空现象，侧蚀程度和蚀刻液、设备及工艺条件有关，侧蚀越小越好。采用薄铜箔可减小侧蚀值，有利于制造精细导线图形。

（2）镀层增宽。镀层增宽是由于电镀加厚使导线一侧宽度超过生产底板宽度的值。由于侧蚀和镀层增宽，使导线图形产生镀层突沿，如图3-24所示。镀层突沿量是镀层增宽和侧蚀之和，它不仅影响图形精度，而且极易断裂和掉落，造成电路短路。镀层突沿可以经热熔后消除。

图 3-24 镀层突沿的形成

蚀刻系数是蚀刻深度（导线厚度）与侧蚀量的比值。在制造细导线时，采用垂直喷射蚀刻方式或添加侧向保护剂，可提高蚀刻系数。

6．热熔和热风整平

（1）热熔。把镀覆锡铅合金的印制板加热到锡铅合金的熔点温度以上，使锡铅和基体金属铜形成金属化合物，同时使锡铅镀层变得致密、光亮，无针孔，以提高镀层的抗腐蚀性和可焊性。这就是印制板的热熔过程，常用的是甘油热熔和红外热熔。

（2）热风整平。热风整平焊料涂覆（俗称喷锡）是近几年线路板厂使用较为广泛的一种后工序处理工艺，它实际上是把浸焊和热风整平二者结合起来在印制板金属化孔内和印制导线上涂覆共晶焊料的工艺。其过程是先把印制板上浸上助焊剂，随后在熔融焊料里浸涂，然后从两片风刀之间通过，用风刀中的热压缩空气把印制板上的多余焊料吹掉，同时排除金属孔内的多余焊料，从而得到一个光亮、均匀、平滑的焊料涂层。

Sn/Pb 合金热风整平工艺是传统的焊盘保护方法，其典型工艺流程为：

裸铜板→镀金插头贴保护胶带→前处理→涂覆助熔剂→热风整平→清洗→去胶带→检验。

前处理包括去油、清洗、弱蚀、水洗和干燥等步骤，以得到一个无油污、无氧化层、洁净而微粗化的表面。

热风整平的主要工艺参数有：预热时间和温度，焊料温度和浸焊时间，风刀和印制板的夹角，风刀的间隙、热空气的温度、压力和流速，印制板提升速度等。

预热的目的是提高助焊剂的活性，减小热冲击。一般预热温度为 343℃。当预热 15s 时，印制板表面温度可达 80℃左右，有些热风整平没有预热工序；焊料槽温度一般控制在 230～250℃之间；风刀温度控制在 176℃以上，通常为了取得良好的锡面平整度，风刀温度可控制在 300～400℃之间；风刀压力为 0.3～0.5MPa；浸焊时间控制在 5～8s；涂覆层厚度控制在 6～10μm 之间。

7．镀金

金镀层有优良的导电性，接触电阻小且稳定，耐磨性优良，是印制板插头的最佳镀层材料。它还有优良的化学稳定性和可焊性，在表面组装印制板上，也用做抗蚀、可焊和保护镀层。由于金价格很贵，一般为节约成本，尽量镀得较薄，特别全板镀金印制板，其厚度不到 0.1μm，只有 0.05μm 左右。但插头部分的金镀层需较厚，按照不同的要求，厚度规定为 0.5～2.5μm。如果铜上直接镀金，则由于金镀层薄，镀层有较多的针孔，在长期使用或存放过程中，通过针孔铜会被锈蚀；此外，铜和金之间扩散生成金属化合物后容易使焊点变脆，造成焊接不可靠。因此，镀金前均需用镀镍层打底。镀镍层厚度一般控制在 5～7μm。插头镀镍、镀金的工艺过程为：

贴保护胶带→退锡铅→水洗→微蚀或刷洗→水洗→活化→水洗→镀镍→水洗→活化→水洗→镀金→水洗→干燥→去胶带→检验。

贴压敏性保护胶带是为了保护印制板不需镀镍、镀金部分的导体不被退除锡铅及镀上镍和金。

镀金溶液有碱性氰化物镀液、无氰亚硫酸盐镀液、柠檬酸盐镀液等。印制板插头镀金普遍使用的是柠檬酸盐微氰镀金液。

化学镀金一般应用于焊盘、通孔等局部镀金，即在 SMB 制造好后涂覆阻焊层，仅裸露需要镀金的部位，通过化学还原反应在焊盘孔壁上沉积一层镍，然后再沉积一层金，因此用金量低，价格相对较低，但有时出现阻焊层的性能不能适应化学镀金过程中所使用的溶剂及药品的问题。

3.4.3 多层印制板的制造

多层印制板是由交替的导电图形层及绝缘材料层叠压粘合而成的一种印制板。导电图形的层数在三层以上，层间电气互连是通过金属化孔实现的。如果用一块双面板作为内层，两块单面板作为外层或两块双面板作为内层，两块单面板作为外层，通过定位系统及绝缘黏结材料叠压在一起，并将导电图形按设计要求进行互连，就成为四层、六层印制电路板，也称为多层印制电路板。目前已有超过 100 层的实用多层印制电路板。

多层印制板一般用环氧玻璃布覆铜箔层压板制造，是印制板中的高科技产品，其生产技术是印制板工业中最有影响和最具生命力的技术。

多层板的制造工艺是在镀覆孔双面板的工艺基础上发展起来的。目前普遍使用的是铜箔层压工艺，铜箔层压是指将铜箔作为外层，再通过层压制作成多层印制板的制造工艺。该工艺的特点是能大量节约常规多层板工艺制造时的基材耗量，降低生产成本。它的一般工艺流程都是先将内层板的图形蚀刻好，经黑化处理后，按预定的设计加入半固化片进行叠层，再在上下表面各放一张铜箔（也可用薄覆铜板，但成本较高），送进压机经加热加压后，得到已制备好内层图形的一块"双面覆铜板"，然后按预先设计的定位系统，进行数控钻孔。钻孔后要对孔壁进行去钻污和凹蚀处理，然后就可按双面镀覆孔印制板的工艺进行下去。

对比一般多层板和双面板的生产工艺，它们有很大部分是相同的。主要的不同是多层板增加了几个特有的工艺步骤：内层成像和黑化、层压、凹蚀和去钻污。在大部分相同的工艺中，某些工艺参数、设备精度和复杂程度方面也有所不同。如多层板的内层金属化连接是多层板可靠性的决定性因素，对孔壁的质量要求比双层板要严，因此对钻孔的要求就更高了。一般，一只钻头在双面板上可钻 3 000 个孔后再更换，而多层板只钻 80～1 000 个孔就要更换。另外，每次钻孔的叠板数、钻孔时钻头的转速和进给量都与双面板有所不同。多层板成品和半成品的检验也比双面板要严格和复杂得多。多层板由于结构复杂，采用温度均匀的甘油热熔工艺，而不采用可能导致局部温升过高的红外热熔工艺等。

第3章 表面组装印制板的设计与制造

1. 薄覆铜箔板和半固化片

薄覆铜箔板和半固化片是制造多层板的专用材料。

（1）薄覆铜箔板。一般把厚度小于 0.8mm 的覆铜箔板称为薄覆铜箔板，其标称厚度不包括铜箔厚度。而大于 0.8mm 的覆铜箔板的厚度则包括铜箔厚度在内。薄覆铜箔板和一般覆铜箔板的性能要求大都相同，只是在厚度、尺寸稳定性、树脂含量等几个指标上更严。

（2）半固化片。半固化片是具有一定黏结性能的预浸材料或其他胶膜材料，用纤维增强材料浸渍热固性树脂后固化至 B 阶段的片状材料称做预浸材料，刚性多层板广泛使用的玻璃布预浸材料也称做黏结片或半固化片，用于多层印制板层间的黏结。多层印制板制造工艺的原材料制备分三个阶段，如图 3-25 所示。

材料 → A阶段（环氧树脂和化合材料混合）→ B阶段（玻璃纤维布浸渍、热烤半固化）→ C阶段（热烘干后表面上高纯铜箔）→ 覆铜成品

图 3-25 原材料制备三阶段

2. 多层印制板的两种制造工艺

多层印制板的制造工艺有多种方法，其中最主要的有两种：一种是把阻焊膜直接覆盖在有锡铅合金层的电路图形上，其工艺流程如图 3-26 所示；另一种是将阻焊膜覆盖在裸铜电路图形上（SMOBC），工艺流程如图 3-27 所示，其中前面部分工序与图 3-26 所示相同。

工艺流程：
1. 剪裁半固化片 → 2. 叠层 → 3. 层压 → 4. 取下工具修整毛边 → 5. 标加工标志 → 6. 烘烤 → 7. 钻通孔 → 8. 去除毛刺 → 9. 清理孔 → 10. 化学镀铜 → 11. 清理 → 12. 贴压感光膜 → 13. 曝光 → 14. 显影 → 15. 电镀铜 → 16. 电镀锡铅合金 → 17. 去除感光膜 → 18. 腐蚀 → 19. 贴胶带 → 20. 连接器镀镍金 → 21. 揭胶带清理 → 22. 锡铅合金再流 → 23. 涂阻焊膜 → 24. 印字符图 → 25. 钻非导电孔 → 26. 测试 → 27. 检查

图 3-26 在锡铅层上涂阻焊膜的多层板工艺流程

图 3-27　SMOBC 多层印制板的工艺流程

3. 内层成像和黑化处理

由于集成电路的互连布线密度非常高,用单面、双面电路板都难以实现,而用多层电路板则可以把电源线、接地线以及部分互连线放置在内层板上,由电镀通孔完成各层间的相互连接。内层板的工艺流程如图 3-28 所示。

内层板成像用干膜成像。近年来液体感光胶成像因成本低、效率高而逐渐替代干膜成像。

图 3-28　内层板的工艺流程

为了使内层板上的铜和半固化片有足够的结合强度,必须对铜进行氧化处理。由于处理后大多生成黑色的氧化铜,所以也称黑化处理。如果氧化后主要生成红棕色的氧化亚铜,则称做棕化处理,它常用于耐高温的聚酰亚胺多层板内层板的氧化处理。

常用的氧化处理液为碱性亚氯酸钠溶液。其主要成分为:亚氯酸钠、氢氧化钠和磷酸三钠。

4. 定位

由于多层板的布线密度高,而且有内层电路,故层压时必须保证各层钻孔位置全部精确对准,一般定位方法有销钉定位和无销钉定位两种。

无销钉层压定位是现在较普遍采用的定位方法,特别是四层板的生产几乎都采用它。该方法中的层压模板不必有定位孔，工艺简单，设备投资少，材料利用率较高，成本低。

层压前用胶带将内层已打好的定位孔封住，下料时使铜箔留出定位孔，不被铜箔覆盖，半固化片比内层尺寸略小。层压后流到定位孔上方的胶很少，而且有胶带相隔，仅需用修板刀就可轻易挑掉，除去胶带，定位孔露出。这种方法操作简单，且能在没有 X-钻靶机的条件下保证定位精度。

采用 X 光自动对位钻靶机，利用在多层板各内层上预设的 2～3 个靶标，由 OPL 视觉系统把其中两个靶标的中心位置和设计的标准点自动比较，对各层偏差进行优化处理，找到最佳位置，再优化钻出定位孔。如果靶标之间超差，则会自动拒绝钻孔。显然，使用这种方法可以提高制作精度。

5．层压

层压前需根据设计和工艺要求将内层板、半固化片、外层铜箔等进行叠层，然后在加温加压下固化成型。图 3-29 所示为三层板的叠层示意图。

图 3-29　三层板叠层示意图

层压时，层压周期是影响层压质量的关键。一般，层压全过程包括预压、全压和保压冷却三个阶段。层压过程每个阶段的温度和压力在材料相同的情况下，不同的机型也有不同的要求，初次使用必须仔细阅读相应压机的技术文件。图 3-30 所示是多层板层压机。

图 3-30　多层板层压机

（1）入模预压。入模预压之前压机应先升温，以保证入模后立即开始层压。入模后施加的预压压力，其大小一般由半固化片情况决定。当半固化片流动度降低时可适当加大预压压力。预压时间受半固化片的特性、层压温度、缓冲纸厚度、印制板层数和印制板的大小影响。当半固化片流动指标低于 30%时，应缩短预压时间，甚至直接进行全压操作。由于预压周期与半固化片的特性关系甚密，预压周期并非是一成不变的，必须通过试压后，在对层压好的多层板进行全面质检的基础上，对预压周期进行适当的调整，方可正式投入生产。

（2）施全压及保温保压。预压结束后，在保持温度不变的前提下，转为全压操作，并按工艺参数要求进行保温保压。当半固化片流动度降低时，可适当加大全压压力，彻底完成排泡、填隙，保证厚度和最佳树脂含量。

（3）降温保全压（冷压）。全压及保温保压操作结束后，可采用以下方式进行冷压操作：停止压机加热，在保持压力不变的条件下，使层压板冷却至室温；将层压板转至冷压机，进行冷压操作。

6．去钻污与凹蚀

凹蚀与去钻污是两个互为关联，但又相互独立的概念和工艺过程。所谓去钻污，是指去除孔壁上的熔融树脂和钻屑的工艺。所谓凹蚀，是指为了充分暴露多层板的内层导电表面，而有控制地去除孔壁非金属材料至规定深度的工艺。显然，凹蚀的过程也是去钻污的过程。但是，去钻污工艺却不一定有凹蚀效应。

尽管人们选择优质基材，优化多层板层压及钻孔工艺参数，但孔壁环氧树脂钻污仍不可避免。为此，多层板在实施孔金属化处理之前，必须进行去钻污处理。为进一步提高金属化孔与内层导体的连接可靠性，最好在去钻污的同时，进行一次凹蚀处理，如图 3-31 所示。经过凹蚀处理的多层板孔，不但去除了孔壁上的环氧树脂钻污层，而且使内层导线在孔内凸出，这样的孔，在实现了孔金属化之后，内层导体与孔壁层可以得到三维空间的可靠连接，大幅度提高多层板的可靠性。凹蚀深度一般要求为 5～10μm。

图 3-31 凹蚀处理

孔壁去树脂钻污的方法大致有四种，即浓硫酸、铬酸、高锰酸钾及等离子去钻污。

前三种均为湿法处理工艺，其中使用比较普遍的是碱性高锰酸钾法。这是由于硫酸和铬酸都是强氧化剂，操作时酸雾大，环境恶劣，三废处理费用大，尤其铬酸毒性较大，而且两种酸都易浸蚀内层铜箔上的氧化层，产生"粉红圈"现象（由于内层铜的黑氧化层被化学处理掉，而导致在环绕电镀孔的内层出现粉红色的环状区域）。另外，硫酸和铬酸的处理时间如过长，则会使玻璃纤维显露，树脂和玻璃纤维间产生毛细管通路，使以后的镀液侵入，造成绝缘破坏。高锰酸钾去树脂钻污有较多优点：产生微小不平的树脂表面，不像浓硫酸腐蚀树脂产生光滑表面；也不像铬酸易产生树脂过腐蚀而使玻璃纤维凸出于孔壁，且不易产生粉红圈，这些都是高锰酸钾去树脂钻污的优点，故目前被广泛采用。

等离子体去钻污是干法工艺，设备投资费用大，而且由于是分批间歇操作，故效率低，生产成本高；它不仅能腐蚀环氧树脂、聚酰亚胺，还能腐蚀玻璃布。因此只在非用不可的场合，如在高档的刚性、挠性和刚挠性的聚酰亚胺多层板中才应用。

3.4.4 PCB 质量验收

PCB 质量验收应包括设计、工艺、综合性认可，一般应先做试焊、封样、批量供货，具体包括以下方面：

（1）电气连接性能。通常由 PCB 制造厂家自检，采用的测试仪器有：

① 光板测试仪（通断仪）。可以测量出连线的通与断，包括金属化孔在内的多层板的逻辑关系是否正确。

② 图形缺陷自动光学测试仪。可以检查出 PCB 的综合性能，包括线路、字符等。

（2）工艺性。包括外观、光洁度、平整、字符的清洁度、过孔的电阻率、电气性能、耐热、可焊性等综合性能。

① PCB 板面不能残留助焊剂、胶质等油污；线路无短路、开路现象。

② 非线路导体（残铜）须离线路 2.5mm 以上，面积必须≤0.25mm^2。

③ 钻孔不允许有多钻、漏钻、变形和通孔未透等情形。

④ 不允许线路、焊盘有翘起情形；不允许线路有露铜沾锡等情形。

⑤ PCB 不允许出现断裂现象；拼板如要求 V-CUT，其深度必须深入板子厚度的 1/3。

⑥ 实际线路宽度不得偏离原始设计宽度的±20%；外形公差为±0.15mm；基板边缘凸齿或凹缺不平≤0.2mm。

⑦ 阻焊油丝印偏移不超过±0.15mm；阻焊油表面不允许有指纹、水纹或皱褶情形产生。

⑧ 元器件面的文字不能有损坏、不可辨认情形；焊盘上沾漆面积必须≤10%原始面积。

⑨ PCB 变形、弯、翘程度≤1%基板斜对角长度。

PCB 质量验收合格后，一般采用热压密著型真空包装机进行产品的真空包装，其目的是防尘及防潮，以延长存放期，一般经过 1~2 年存放后，其可焊性仍能保持优良。

3.5 思考与练习题

1. 什么是 PCB？SMB 与 PCB 有什么区别？
2. SMT 电路基板主要采用什么材料？各有什么特点？各种材料分别用在什么场合？
3. SMT 与 THT 电路板的布线宽度和线距有什么不同？
4. 分别阐述 SMC/SMD 的焊盘设计要求。

5．简述表面组装印制电路板设计的基本原则。
6．简述印制电路板设计中 SMC 的焊盘与线路连接方式。
7．常见的 PCB 设计错误及原因有哪些？
8．单面印制板与双面印制板在材料、工艺、使用中有什么不同？
9．简述双面印刷电路板的制造工艺。
10．热风整平的主要工艺参数有哪些？
11．多层印制板的制造中有哪些特殊的工艺？
12．PCB 的质量验收包括哪些方面内容？

第 4 章　焊锡膏及其印刷技术

4.1　焊锡膏

焊锡膏（Solding Pasts）又称焊膏、锡膏，是由合金粉末、糊状焊剂和一些添加剂混合而成的具有一定黏性和良好触变特性的浆料或膏状体。它是 SMT 工艺中不可缺少的焊接材料，广泛用于再流焊中。常温下，由于焊锡膏具有一定的黏性，可将电子元器件粘贴在 PCB 的焊盘上，在倾斜角度不太大，也没有外力碰撞的情况下，一般元器件是不会移动的，当焊锡膏加热到一定温度时，焊锡膏中的合金粉末熔融再流动，液体焊料润湿元器件的焊端与 PCB 焊盘，在焊接温度下，随着溶剂和部分添加剂挥发，冷却后元器件的焊端与焊盘被焊料互连在一起，形成电气与机械相连接的焊点。

4.1.1　焊锡膏的化学组成

焊锡膏主要由合金焊料粉末和助焊剂组成，其组成和功能见表 4-1。其中合金焊料粉占总重量的 85%～90%，助焊剂占 15%～10%。即焊锡膏中锡粉颗粒与助焊剂的重量之比约为 9:1，体积之比约为 1:1。

表 4-1　焊锡膏组成和功能

组　成		使用的主要材料	功　能
合金焊料粉		Sn/Pb、Sn/Pb/Ag 等	元器件和电路的机械及电气连接
助焊剂	焊剂	松香、合成树脂	净化金属表面，提高焊料润湿性
	粘接剂	松香、松香脂、聚丁烯	提供贴装元器件所需黏性
	活化剂	硬脂酸、盐酸、联氨、三乙醇胺	净化金属表面
	溶剂	甘油、乙二醇	调节焊锡膏特性
	触变剂		防止分散，防止塌边

1．合金焊料粉末

合金焊料粉末是焊锡膏的主要成分。常用的合金焊料粉末有锡-铅（Sn/Pb）、锡-铅-银（Sn/Pb/Ag）、锡-铅-铋（Sn/Pb/Bi）等，常用的合金成分为 63%Sn/37%Pb 及 62%Sn/36%Pb/2%Ag。不同合金比例有不同的熔化温度，见表 4-2。以 Sn/Pb 合金焊料为例，图 4-1 表示了不同比例的锡、铅合金状态随温度变化的曲线。图 4-1 中的 T 点叫做共晶点，对应合金成分为 61.9%Sn/38.1%Pb，它的熔点只有 182℃。实际工程应用中，一般把 60%Sn/40%Pb 左右的焊料称为共晶焊锡。

表4-2 合金焊料熔化温度

合 金 焊 料	熔点/℃	合 金 焊 料	熔点/℃
Sn/Zn	204～371	Sn/Sb	249
Pb/Ag	310～366	Sn/Pb/In	99～216
Sn/Pb	177～327	Sn/Pb/Bi	38～149

图4-1 锡铅合金状态图

合金焊料粉末的形状、粒度和表面氧化程度对焊锡膏性能的影响很大。合金焊料粉末按形状分成无定形和球形两种。球形合金粉末的表面积小，氧化程度低，制成的焊锡膏具有良好的印刷性能。合金焊料粉末的粒度一般在 200～400 目，要求锡粉颗粒大小分布均匀。在国内的焊料粉或焊锡膏生产厂，经常用分布比例衡量其均匀度：以 25～45μm 的合金焊料粉为例，通常要求 35μm 左右的颗粒分度比例为 60%左右，35μm 以下及以上部分各占 20%左右。合金焊料粉末的粒度越小，黏度越大；粒度过大，会使焊锡膏粘接性能变差；粒度太细，则由于表面积增大，会使表面含氧量增高，也不宜采用。

另外，也要求合金焊料粉颗粒形状较为规则，根据中华人民共和国电子行业标准《锡铅膏状焊料通用规范》(SJ/T 11186－1998) 中的相关规定："合金粉末形状应是球形的，但允许长轴与短轴的最大比为 1.5 的近球形状粉末。"在实际应用中，通常要求颗粒长、短轴的比例在 1.2∶1 以下。

2. 助焊剂

在焊锡膏中，糊状助焊剂是合金粉末的载体，其组成与通用助焊剂基本相同。其中的活化剂主要起清除被焊材料表面以及合金粉末本身氧化膜的作用，同时具有降低锡、铅表面张力的功效，使焊料迅速扩散并附着在被焊金属表面。焊剂与粘接剂起到加大锡膏黏附性并保护和防止焊后 PCB 再度氧化的作用；该项成分对 SMT 元器件在贴片过程中的固定起到很重要的作用。

为了改善印刷效果和触变性，焊锡膏还需加入触变剂和溶剂。触变剂主要用来调节焊锡膏的黏度及印刷性能，防止在印刷中出现拖尾、粘连等现象；溶剂是焊剂组分的溶剂，在焊锡膏的搅拌过程中起调节均匀的作用，对焊锡膏的寿命有一定的影响。

助焊剂的组成对焊锡膏的扩展性、润湿性、塌陷、黏度变化、清洗性质、焊珠飞溅及储存寿命均有较大影响。

4.1.2 焊锡膏的分类

焊锡膏根据其黏度、流动性及印刷时漏板的种类设计配方。通常可按以下性能分类：

1．按合金焊料粉的熔点分

焊锡膏按熔点分为高温焊锡膏（217℃以上）、中温焊锡膏（173～200℃）和低温焊锡膏（138～173℃）。最常用的焊锡膏熔点为 178～183℃，随着所用金属种类和组成的不同，焊锡膏的熔点可提高至 250℃以上，也可降为 150℃以下，可根据焊接所需温度的不同，选择不同熔点的焊锡膏。

2．按焊剂的活性分

焊锡膏按焊剂活性分类有"R"级（无活性）、"RMA"级（中度活性）、"RA"级（完全活性）和"SRA"级（超活性）。一般"R"级用于航天、航空电子产品的焊接，"RMA"级用于军事和其他高可靠性电路组件，"RA"级用于消费类电子产品，使用时可以根据 PCB 和元器件的情况及清洗工艺要求进行选择。

3．按焊锡膏的黏度分

焊锡膏黏度的变化范围很大，通常为 100～600Pa·s，最高可达 1 000Pa·s 以上。使用时可依据施膏工艺手段的不同进行选择。

4．按清洗方式分

焊锡膏按清洗方式分类可分为：

（1）有机溶剂清洗类。如传统松香焊膏（其残留物安全无腐蚀性）、含有卤化物或非卤化物活化剂的焊膏。

（2）水清洗类。活性强，可用于难以钎焊的表面，焊后残渣易于用水清除。使用此类焊锡膏印刷网板寿命长。

（3）半水清洗和免清洗类。一般用于半水清洗和免清洗的焊锡膏不含氯离子，有特殊的配方，焊接过程要氮气保护；其非金属固体含量极低，焊后残留物少到可以忽略，减少了清洗的要求。从保护环境的角度考虑，水清洗、半水清洗和免清洗是电子产品工艺的发展方向。

4.1.3 表面组装对焊锡膏的要求

SMT 工艺对焊锡膏特性和相关因素的具体要求内容如下。

1．焊锡膏应具有良好的保存稳定性

焊锡膏制备后，印刷前应能在常温或冷藏条件下保存 3～6 个月而性能不变。

2. 印刷时和再流加热前应具有的性能

① 印刷时应具有优良的脱模性；
② 印刷时和印刷后焊锡膏不易坍塌；
③ 焊锡膏应具有合适的黏度。

3. 再流加热时应具有的性能

① 应具有良好的润湿性；
② 不形成或形成最少量的焊料球（锡珠）；
③ 焊料飞溅要少。

4. 再流焊接后应具有的性能

① 要求焊剂中固体含量越低越好，焊后易清洗干净；
② 焊接强度高。

4.1.4 焊锡膏的选用与使用注意事项

1. 焊锡膏的选用原则

① 焊锡膏的活性可根据印制板表面清洁程度来决定，一般采用 RMA 级，必要时采用 RA 级。
② 根据不同的涂覆方法选用不同黏度的焊锡膏，一般焊锡膏分配器用黏度为 100～200Pa·s，丝网印刷用黏度为 100～300Pa·s，漏印模板印刷用黏度为 200～600Pa·s。
③ 精细间距印刷时要选用球形、细粒度焊锡膏。
④ 双面焊接时，第一面采用高熔点焊锡膏，第二面采用低熔点焊锡膏，保证两者相差 30～40℃，以防止第一面已焊元器件脱落。
⑤ 当焊接热敏元器件时，应采用含铋的低熔点焊锡膏。
⑥ 采用免洗工艺时，要用不含氯离子或其他强腐蚀性化合物的焊锡膏。

几种常用焊锡膏及其性能见表 4-3。

表 4-3 几种常用焊锡膏及其性能

牌　号	合金组成/%	熔点/℃	目数/形状	助焊剂含量/%	氯离子含量/%	黏度/Pa·s	用　途
SQ-1025SZH-1	63Sn/37Pb	183	250/球形	10.0	0.2	400	0.65mm 片状器件用
SQ-2030SZH-1	62Sn/36Pb/2Ag	179	300/球形	10.2	0.2	450	0.5mm 片状器件用
SQ-1030SZ（Ex-3）	63Sn/37Pb	183	300/球形	10.5	0.2	600	高速贴片用
SQ-1030SOM	63Sn/37Pb	183	300/球形	9.0	0	350	免洗用
2062-506A-40-9.5	62Sn/36Pb/2Ag	178～183	325/球形	9.5	0	330	水清洗
RHG-70-220		220±5	250/无定形	15.0	0.2	320±100	高熔点用
RHG-55-165		135～166	325/无定形	15.0	0.2	180±100	低熔点用

2. 焊锡膏使用的注意事项

① 焊锡膏通常应该保存在 5～10℃的低温环境下，可以储存在电冰箱的冷藏室内。即使如此，超过使用期限的焊锡膏也不得再用于生产正式产品。焊锡膏的取用原则是先进先出。

② 一般应该在使用前至少 2h 从冰箱中取出焊锡膏，待焊锡膏达到室温后，才能打开焊锡膏容器的盖子，以免焊锡膏在升温过程中凝结水汽。假如有条件使用焊锡膏搅拌机，焊锡膏回到室温下只需要 15min 即可投入使用。

③ 观察焊锡膏，如果表面变硬或有助焊剂析出，必须进行特殊处理，否则不能使用；如果焊锡膏的表面完好，也要用不锈钢棒搅拌均匀以后再使用。如果焊锡膏的黏度大而不能顺利通过印刷模板的网孔或定量滴涂分配器，应该适当加入所使用焊锡膏的专用稀释剂，稀释并充分搅拌以后再用。

④ 使用时取出焊锡膏后，应及时盖好容器盖，避免助焊剂挥发。

⑤ 涂敷焊锡膏和贴装元器件时，操作者应该戴手套，避免污染电路板。

⑥ 把焊锡膏涂敷到印制板上的关键，是要保证焊锡膏能准确地涂覆到元器件的焊盘上。如果涂敷不准确，必须擦洗掉焊锡膏再重新涂敷，擦洗免清洗焊锡膏不得使用酒精。

⑦ 印好焊锡膏的电路板要及时贴装元器件，尽可能在 4h 内完成再流焊。

⑧ 免清洗焊锡膏原则上不允许回收使用，如果印刷涂敷作业的间隔超过 1h，必须把焊锡膏从模板上取下来并存放到当天使用的单独容器里，不要将回收的焊锡膏放回原容器。

4.2 焊锡膏印刷的漏印模板

焊锡膏印刷是 SMT 中第一道工序，它是关系到组装板（SMA）质量优劣的关键因素之一，统计表明，在 SMT 生产中 60%以上的焊接缺陷来源于焊锡膏印刷。焊锡膏的印刷涉及三项基本内容——焊锡膏、模板和印刷机，这三者之间合理的组合对提高 SMT 产品质量是非常重要的。

4.2.1 焊锡膏的印刷方法

SMT 电路板组装如果采用再流焊技术，在焊接前需要将焊料施放在焊接部位。将焊料施放在焊接部位的主要方法有焊锡膏法、预敷焊料法和预形成焊料法。

其中焊锡膏法是再流焊工艺中最常用的方法。它是将适量的焊锡膏均匀地施加在 PCB 的焊盘上，以保证贴片元器件与 PCB 相对应的焊盘在再流焊接时达到良好的电气连接，并具有足够的机械强度。焊锡膏涂敷方式有两种：注射滴涂法和印刷涂敷法。注射滴涂法主要应用在新产品的研制或小批量产品的生产中，可以手工操作，但速度慢、精度低；其优点是灵活性高，省去了制造模板的成本。

印刷涂敷法又分直接印刷法（也叫模板漏印法或漏板印刷法）和非接触印刷法（也叫丝网印刷法）两种类型，直接印刷法是目前高档设备广泛应用的方法。

在印刷涂敷法中，直接印刷法和非接触印刷法的共同之处是其原理与油墨印刷类似，主要区别在于印刷焊料的介质，即用不同的介质材料来加工印刷图形：无刮动间隙的印刷是直接（接触式）印刷，采用刚性材料加工金属漏印模板；有刮动间隙的印刷是非接触式印刷，采用柔性材料丝网或金属掩膜。丝网材料有尼龙丝、真丝、聚酯丝和不锈钢丝等，可用于 SMT 焊锡膏印刷的是聚酯丝和不锈钢丝。用乳剂涂敷到丝网上，只留出印刷图形的开口网目，就制成了非接触式印刷涂敷法所用的丝网。但由于丝网制作的漏板窗口开口面积始终被丝本身占用一部分，即开口率达不到 100%，不适合于焊锡膏印刷工艺，故很快被镂空的金属板所取代。此外，丝网漏板的使用寿命也远远不及金属模板，所以现在基本上已被淘汰。

模板漏印法和丝网印刷法两种方式的对比如图 4-2 所示。

（a）模板漏印法

（b）丝网印刷法

图 4-2　模板漏印法和丝网印刷法两种方式的对比

4.2.2　漏印模板的结构与制造

模板印刷相对丝网印刷虽然较为复杂，加工成本高，但是有许多优点，如对焊锡膏粒度不敏感，不易堵塞，所用焊锡膏黏度范围宽，印刷均匀，图形清晰，比较稳定，可长期储存等，并且很耐用，寿命约为丝网的 25 倍，故适用于大批量生产和组装密度高、多引线细间距产品。

1．模板的结构

金属模板（Stencil）又称漏板、钢板、钢网，用来定量分配焊锡膏，是保证焊锡膏印刷质量的关键治具。模板就是在一块金属片上，用化学方式蚀刻出漏孔或用激光刻板机刻出漏孔，用铝合金边框绷边，做成合适尺寸的金属板。

根据模板材料和固定方式，模板可分成三类：网目/乳胶模板、全金属模板和柔性金属模板。

① 网目/乳胶模板的制作方法与丝网板相同，只是开口部分要完全蚀刻透，即开口处的网目也要蚀刻掉，这将使丝网的稳定性变差，另外这种模板的价格也较高。

② 全金属模板是将金属钢板直接固定在框架上，它不能承受张力，只能用于接触式印刷，也叫刚性金属模板，这种模板的寿命长，但价格也高。

③ 柔性金属模板是将金属模板四周衬以聚酯丝网，并以 30～223N/cm² 的张力张在网框上，丝网的宽度为 30～40mm，以保证钢板在使用中有一定的弹性，这种模板目前应用最广泛。与全金属模板相比，柔性金属模板制作工艺比较简单，加工成本较低，整体呈"刚—柔—刚"的结构，这种结构确保金属模板既平整又有弹性，使用时能紧贴 PCB 表面。采用非接触式印刷时可利用丝网印刷设备，所以它综合了全金属模板印刷和丝网印刷的优点。全金属模板缺乏柔性和乳剂掩膜的填充作用，只能采用接触式印刷方式，所以对 PCB 的适应性差，限制了其使用范围。

金属模板一般用弹性较好的镍、黄铜或不锈钢薄板制成。不锈钢模板在硬度、承受应力、蚀刻质量、印刷效果和使用寿命等各方面都优于黄铜模板，而镍电铸模板价格最高，因此，不锈钢模板在焊膏印刷中被广为采用。

模板的结构如图 4-3 所示，常见模板的外框是铸铝框架或由铝方管焊接而成。

(a) 柔性金属模板结构示意图　　(b) 全金属模板　　(c) 实物照片

图 4-3　模板的结构

2．金属模板的制造方法

模板制作方法常见的有化学腐蚀法、激光切割法和电铸法。化学腐蚀法和激光切割法是一种减去工艺，电铸成型模板是一种加成工艺，化学腐蚀法与电铸成型可制作阶梯模板。

（1）化学腐蚀法。化学腐蚀法制造钢板是最早采用的方法，由于价廉，至今还普遍使用。制作过程是：首先制作两张感光膜，上面的图形应按一定比例缩小；然后在金属板上下两面贴好感光膜，通过感光膜对其正反曝光；再经过双向腐蚀，即可制得金属模板；最后将它胶合在网框上，经整理后就可以制得模板。

化学腐蚀法由于存在侧腐蚀，故窗口壁光洁度不够，特别对不锈钢材料效果较差，因此漏印效果也较差。

（2）激光切割法。激光切割制造模板是 20 世纪 90 年代出现的方法，它利用微机控制 CO_2 或 YAG 激光发生器，像光绘一样直接在金属模板上切割窗口，这种方法具有精度高，窗口形状好，工序简单，制作周期短等优点。但当窗口尺寸密集时，有时会出现局部高温，熔融的金属会跳出小孔，影响钢板的光洁度。

由于激光切割是只从一面切割，开口孔壁自然形成一个 3°～5°的微小锥度，梯形开孔提供较好的焊锡膏释放效果，具有较好的精度和重复性，孔壁粗糙度 Ra≤3μm。激光切割的特点决定了它具有较高的性能价格比，是目前不锈钢模板的主要制造方法。激光切割制作的金属模板如图 4-4 所示。

图 4-4 激光切割制作的金属模板

激光切割工艺的改进：表面镀镍及电抛光，使孔壁更加光滑，具有极好的脱模特性，在硬度和强度方面胜于不锈钢，耐磨性更好；适合 0.3mm 及以下间距的印刷，但制作费用高昂。对于高精度的模板，应选用激光切割并电镀制作方式。

（3）电铸法。随着细间距 QFP 的大量使用，对模板的质量要求也越来越高，无论腐蚀法还是激光法制作的漏印模板，在印刷细间距器件图形时，均会出现不同程度的窗口堵塞，或者需要经常清洁模板底面的问题，给生产带来不便，因此又出现电铸法制造金属模板技术。其具体做法是：在一块平整的基板上，通过感光的方法制得窗口图形的负像（模板窗口图形为硬化的聚合感光胶），然后将基板放入电解质溶液中，基板接电源负极，用镍作为阳极，经数小时后，镍在基板非焊盘区沉积，达到一定厚度后与基板剥离，形成模板。

电铸法制作模板的优点是模板在厚度方面没有限制，在硬度、强度和耐磨性方面均优于不锈钢，窗口内壁光滑且可以收缩，脱模特性也最好，脱模效果高达 95%，尺寸误差一般可控制在±2.5μm，粗糙度 $Ra \leqslant 0.1\mu m$。其特殊的衬垫结构，可以减少擦网次数和焊膏溢流，更适合于 12mil 及以下间距的元器件。

电铸法制作模板的缺点是价格昂贵，制作周期长，有时太过光滑，对焊膏的滚动不利。在制造过程中需要经过图形转移等易损失精度的工序，从定位精度角度来说，仍不如激光法。

由于电铸模板制作周期长、费用高，而激光法制作模板的窗口壁光洁度不够好，故国外又采用高分子量的聚合物，即塑料板来制作模板，由于塑料板易切割且光洁度高，价格也不高，是模板制造的新趋势。

4.2.3 模板窗口形状和尺寸设计

模板基材厚度及窗口尺寸大小直接关系到焊锡膏印刷量，从而影响到焊接质量。模板基材厚和窗口尺寸过大会造成焊锡膏施放量过多，易造成"桥接"；窗口尺寸过小，会造成焊锡膏施放量过少而产生"虚焊"。因此 SMT 生产中应重视模板的设计。

1．模板良好漏印性的必要条件

并不是随意开了窗口的模板都能漏印焊锡膏，它必须具备一定条件才具有良好的漏印性。

（1）窗口壁光洁度对焊锡膏印刷效果的影响。当焊锡膏与 PCB 焊盘之间的黏合力大于焊锡膏与窗口壁之间的摩擦力时，有良好的印刷效果，显然，模板窗口壁应尽量光滑。

（2）宽厚比、面积比与窗口壁光洁度对焊锡膏印刷效果的影响。当焊盘面积大于模板窗口壁面积时，也有良好的印刷效果，但窗口壁面积不宜过小，否则焊锡膏量不够。显然，窗口壁面积与模板厚度有直接关系。模板的厚度、窗口大小以及壁的光洁度直接影响到模板的漏印性。

在实际生产中，人们无法测量也没有必要测量焊锡膏与 PCB 焊盘之间的黏合力和焊锡膏与窗口壁之间的摩擦力，而是通过宽厚比及面积比这两个参数来评估模板的漏印性能。宽厚比和面积比的定义如下。

宽厚比

$$窗口的宽度/模板的厚度 = W/H$$

式中　W——窗口的宽度；
　　　H——模板的厚度。

面积比

$$窗口的面积/窗口孔壁的面积 = (L \times W)/[2 \times (L+W) \times H]$$

式中　L——窗口的长度。

宽厚比参数主要适合验证细长形窗口模板的漏印性，面积比参数主要适合验证方形和圆形窗口模板的漏印性。

在印刷锡铅焊锡膏时，当宽厚比≥1.6，面积比≥0.66 时，模板具有良好的漏印性；而在印刷无铅焊锡膏时，只有当宽厚比≥1.7，面积比≥0.7 时，模板才有良好的漏印性，这是由于无铅焊锡膏的密度比锡铅焊锡膏小，以及自润滑性稍差引起的，此时窗口尺寸应稍大一点才有良好的印刷效果。

通常，在评估 QFP 焊盘漏印模板时，适合用宽厚比参数验证；而评估 BGA、0201 焊盘漏印模板时应用面积比参数来验证；若模板上既有 QFP 又有 BGA 图形，则分别用两参数来评估。

2. 模板窗口的形状与尺寸

模板开口尺寸大小直接关系到焊锡膏印刷量，从而影响焊接质量。为了控制焊接过程中出现焊料球或桥接等焊接缺陷，通常模板开口的尺寸比焊盘图形尺寸略小。印刷锡铅焊锡膏时，一般模板开口尺寸等于焊盘尺寸的 0.92 倍。而印刷无铅焊锡膏时，由于其比重小于锡铅焊锡膏，表面张力大且润湿性差，因此开口要大些，一般模板开口尺寸等于焊盘尺寸。

开口形状则会影响焊锡膏的脱模效果。模板开口通常有矩形、方形和圆形等形状。矩形开口比方形和圆形开口具有更好的脱模效率。模板开口壁有垂直、喇叭口等形状，垂直开口或喇叭口向下时有利于焊锡膏释放，如图 4-5 所示。

图 4-5　模板开口尺寸和模板及模板开口壁的形状

3. 模板的厚度

模板厚度直接关系到焊锡膏印刷后的数量，对焊接质量影响很大。通常情况下如没有 FC、CSP 器件的存在，作为一般规律，标准元器件、阻容元器件和 1.27mm 间距器件，模板厚度一般采用 0.2～0.25mm；对于 0.64mm 间距的器件，通常为 0.15～0.2mm；对于 0.5mm 间距的器件，模板的厚度取 0.15mm 就可以了；对于细间距器件，要求其印刷厚度为 0.1～0.2mm。随着电子产品小型化，电子产品组装技术越来越复杂，实现 FC、COB、CSP 与大型 PLCC、QFP 器件共同组装的产品越来越多，有时还同时带有通孔元器件再流焊。目前无论贴片还是焊接都是成熟工艺，如何将焊锡膏精确地分配到所需焊盘上，则是保证焊接质量的关键。

由于 FC、CSP 所需焊锡膏量少，故所用模板的厚度应该薄，窗口尺寸也较小，而 PLCC、QFP 器件焊接所需焊锡膏量较多，故所用模板较厚，窗口尺寸也较大，显然用同一厚度的模板难以兼容上述两种要求。为了成功实现上述多种器件的混合组装，现已采用不同结构的模板来完成焊锡膏印刷，常用的模板有：

（1）局部减薄（Step-Down）模板。局部减薄模板的大部分面积厚度仍取决于一般元件所需要的厚度，即仍为 0.15～0.2mm；但在 FC、CSP 器件处将其模板用化学的方法减至 0.075～0.1mm，这样使用同一块模板就能满足不同元器件的需要。

（2）局部增厚（Step-Up）模板。它适用于 COB 器件已贴装在 PCB 上，然后再进行印刷焊锡膏贴装其他片式元器件的情况，局部增厚的位置就在 COB 器件上方，它以覆盖 COB 器件为目的，凸起部分与模板呈圆弧过渡以保证印刷时刮刀能流畅地通过。

无论局部减薄模板还是局部增厚模板，在使用时均应配合橡胶刮刀才能取得良好的印刷效果。

4.3 焊锡膏印刷机

4.3.1 焊锡膏印刷机的种类

当前，用于印刷焊锡膏的印刷机品种繁多，若以自动化程度来分类，可以分为：手工印刷机、半自动印刷机、视觉半自动印刷机和全自动印刷机。PCB 放进和取出的方式有两种，一种是将整个刮刀机构连同模板抬起，将 PCB 放进和取出，PCB 定位精度取决于转动轴的精度，一般不太高，多见于手动印刷机与半自动印刷机；另一种是刮刀机构与模板不动，PCB 平进与平出，模板与 PCB 垂直分离，故定位精度高，多见于全自动印刷机。

1. 手动印刷机

手动印刷机的各种参数与动作均需人工调节与控制，通常仅被小批量生产或难度不高的产品使用。图 4-6 所示是手动焊锡膏印刷机，其功能部件的作用见表 4-4。

第4章 焊锡膏及其印刷技术

图 4-6 手动焊锡膏印刷机

表 4-4 手动焊锡膏印刷机功能部件的作用

部件	功能	说明
①	调整 Z 轴（框架高度）	调整金属模板的高度，左右两个旋钮可独立调整
②	调整 X 轴及旋转角度	调整左右移动或旋转，前后两个旋钮可独立调整
③	调整 Y 轴	PCB 前后移动调整
④	Z 轴锁定	Z 轴调整后锁定
⑤	调节框架高度旋钮	与①共同调节金属模板高度
⑥	PCB 放置板架	PCB 置于该放置板架上

2. 半自动印刷机

半自动印刷除了 PCB 装夹过程是人工放置以外，其余动作机器可连续完成，但第一块 PCB 与模板的窗口位置是通过人工来对中的。通常 PCB 通过印刷机台面下的定位销来实现定位对中，因此 PCB 板面上应设有高精度的工艺孔，以供装夹用。

3. 全自动印刷机

全自动印刷机通常装有光学对中系统，通过对 PCB 和模板上对中标志（Mark/FIDUCIAL）的识别，可以自动实现模板窗口与 PCB 焊盘的自动对中，印刷机重复精度达±0.01mm（6δ）。在配有 PCB 自动装载系统后，能实现全自动运行。但印刷机的多种工艺参数，如刮刀速度、刮刀压力、漏板与 PCB 之间的间隙仍需人工设定。图 4-7 所示是全自动焊锡膏印刷机。

全自动印刷机的主要技术指标如下。

① 最大印刷面积：根据最大的 PCB 尺寸确定。

② 印刷精度：根据印制板组装密度和元器件引脚间距的最小尺寸确定，一般要求达到±0.025mm。

图 4-7 全自动焊锡膏印刷机

③ 重复精度：一般为±10μm。
④ 印刷速度：根据产量要求确定。

4.3.2 自动印刷机的基本结构

焊锡膏印刷机有多种国内外不同品牌型号的产品，但无论是哪一种印刷机，都由以下几部分组成：

- 夹持 PCB 基板的工作台：包括工作台面、真空夹持或板边夹持机构、工作台传输控制机构。
- 印刷头系统：包括刮刀、刮刀固定机构、印刷头的传输控制系统等。
- 丝网或模板及其固定机构（丝网或模板在本节以下内容中均称为"钢网"）。
- 为保证印刷精度而配置的其他选件：包括视觉对中系统，干、湿和真空吸擦板系统，以及二维、三维测量系统等。

印刷工作台及刮刀头示意图如图 4-8 所示。

图 4-8 印刷工作台及刮刀头示意图

1. 机架

稳定的机架是印刷机保持长期稳定性和长久印刷精度的基本保证。

2. 印刷工作台

印刷工作台包括工作台面、基板夹紧装置、工作台传输控制机构。

印刷工作台上的基板夹紧装置如图 4-9 所示。适当调整压力控制阀，使边夹能够固定基板。通过基板支撑可以防止基板摆动，使基板稳定。边夹装置压力通常情况为 0.08～0.1MPa。压力过大易造成基板弯曲，目前很多印刷机使用真空夹持。

3. 丝网或模板的固定机构

丝网或模板的固定机构可采用滑动式钢网固定装置，如图 4-10 所示。松开锁紧杆，调整钢网安装框，可以安装或取出不同尺寸的钢网。安装钢网时，将钢网放入安装框，抬起一点，轻轻向前滑动，然后锁紧。钢网允许的最大尺寸是 750mm×750mm。当钢网安装架调整到 650mm 时，选择合适的锁紧孔锁紧，这是极限位置，超出这个位置，印刷台将发生冲撞。

图 4-9 基板夹紧装置

图 4-10 滑动式钢网固定装置

4．印刷头系统

印刷头系统由刮刀、刮刀固定机构（浮动机构）、印刷头的传输控制系统等组成。标准的刮刀固定架长为 480mm，可视情况使用 340mm、380mm 和 430mm 的刮刀固定架。

用于焊锡膏印刷的刮刀，按形状分类有平形、菱形和剑形，目前最常用的是平形刮刀，刮刀的结构和形状如图 4-11 所示；从制作材料上可分为聚氨酯橡胶和金属刮刀两类。

金属刮刀使用次数一般在 60 000 次左右，橡胶型则在 20 000 次左右。刮刀长度要比所加工的 PCB 边长 13～38mm，以保证完整的印刷。

图 4-11 刮刀的结构和形状

（1）菱形刮刀。它由一块方形聚氨酯材料及支架组成，方形聚氨酯夹在支架中间，前后成 45°角。这类刮刀可双向刮印焊锡膏，在每个行程末端刮刀可跳过锡膏边缘，所以只需一把刮刀就可以完成双向印刷。但是这种结构的刮刀头焊锡膏量难以控制，并易弄脏刮刀头，给清洗增加工作量。此外，采用菱形刮刀印刷时，应将 PCB 边缘垫平整，防止刮刀将模板边缘压坏。

（2）金属刮刀。用聚氨酯制作的刮刀，当刮刀头压力太大或锡膏材料较软时易嵌入金属模板的孔中（特别是大窗口孔），将孔中的焊锡膏挤出，造成印刷图形凹陷，印刷效果不良。即使采用高硬度橡胶刮刀，虽改善了切割性，但填充焊锡膏的效果仍较差。

金属刮刀是将金属刀片固定在带有橡胶夹板的金属刀架上的装置，金属片在支架上凸出 40mm 左右，刀片两端配有导流片，可防止焊膏向两端漫流。金属刮刀分为不锈钢刮刀和在刀刃上涂有 TA 涂层（润滑膜）的合金钢刮刀。带 TA 涂层的合金钢刮刀耐疲劳，耐弯折，耐磨性强而且润滑性好，当刃口在模板上运行时，焊锡膏能被轻松地推进窗口中，消除了焊料凹陷和高低起伏现象，大大减少甚至完全消除了焊料的桥接和渗漏。

（3）拖尾刮刀。这种类型的刮刀由矩形聚氨酯与固定支架组成，聚氨酯固定在支架上，每个行程方向各需一把刮刀，整个工作需要两把刮刀。刮刀由微型汽缸控制上下，这样不需要跳过焊锡膏就可以先后推动焊锡膏运行，因此刮刀接触焊锡膏部位相对较少。

采用聚氨酯制作刮刀时，有不同硬度可供选择。用于丝网印刷模板印刷时，一般选用硬度为 75 邵氏（shore）的聚氨酯材料；用于金属模板印刷时，应选用硬度为 85 邵氏的聚氨酯材料。

5．PCB 视觉定位系统

PCB 视觉定位系统是修正 PCB 加工误差用的。为了保证印刷质量的一致性，使每一块 PCB 的焊盘图形都与模板开口相对应，每一块 PCB 印刷前都要使用视觉定位系统定位。

6．滚筒式卷纸清洁装置

滚筒式卷纸清洁装置如图 4-12 所示。该清洁装置可以采用干式（使用卷纸加真空吸附）、湿式（使用溶剂）或干、湿不同组合的 8 种清洗模式。这 8 种清洗模式可以有效地清洁钢网背面和开孔上的焊膏微粒和助焊剂。装在机器前方的卷纸容易更换，便于维护。为了保证干净的卷纸清洁钢网，并防止卷纸浪费，上部的滚轴由带刹刀的电动机控制。清洗时溶剂的喷洒量可以通过控制旋钮进行调整。

图 4-12　滚筒式卷纸清洁装置

4.3.3 主流印刷机的特征

SMT 规模化生产中以全自动印刷机为主，以下是全自动印刷机的主要特征。

① 高精密、高刚性的印刷工作台通过采用高精密图像处理系统实现 $X\text{-}Y$ 轴的自动定位，确保基板与钢网的定位精度达到 15μm，高刚性一体化的机架结构保证了印刷机长期稳定的印刷性能。

② 交流伺服电机控制方式与高刚性机械结构的结合使刮刀运行时更平稳，最优化的离网原理使印刷性能大大提高，从而保证了高品质的印刷质量。

③ 连续印刷 QFP 或 SOP 等细间距元器件时必须清洗钢网背面的开孔。印刷机具有有效的卷纸清洁功能，免去了人工清洁钢网的不便。

④ 印刷机小型化可节省更多的安装场地，并能实现从左到右或从右到左的传送方式。

⑤ 运转高速化和图像快速化保证了高效生产。

⑥ 具有标准的基板边夹装置、真空夹紧装置。

⑦ 印刷压力、刮刀速度、基板尺寸和清洁频率等印刷条件的参数采用数字化输入。

⑧ 图像处理系统的自动校正功能使钢网定位更简便。

⑨ 采用 Windows NT 交互式操作系统，对机器的操作就像使用个人计算机一样简单方便。

4.4 焊锡膏印刷工艺

4.4.1 漏印模板印刷法的基本原理

漏印模板印刷法的基本原理如图 4-13 所示。

将 PCB 放在工作支架上，由真空泵或机械方式固定，将已加工有印刷图形的漏印模板在金属框架上绷紧，模板与 PCB 表面接触，镂空图形网孔与 PCB 上的焊盘对准，把焊锡膏放在漏印模板上，刮刀从模板的一端向另一端推进，同时压刮焊锡膏通过模板上的镂空图形网孔印刷（沉淀）到 PCB 的焊盘上。假如刮刀单向刮焊锡膏，沉积在焊盘上的焊锡膏可能会不够饱满；而刮刀双向刮焊锡膏，焊锡膏图形就比较饱满。高档的 SMT 印刷机一般有 A、B 两个刮刀，当刮刀从右向左移动时，刮刀 A 上升，刮刀 B 下降，B 压刮焊锡膏；当刮刀从左向右移动时，刮刀 B 上升，刮刀 A 下降，A 压刮焊锡膏，如图 4-7（a）所示。两次刮焊锡膏后，PCB 与模板脱离（PCB 下降或模板上升），如图 4-7（b）所示，完成焊锡膏印刷过程。图 4-7（c）描述了简易 SMT 印刷机的操作过程。焊锡膏是一种膏状流体，其印刷过程遵循流体动力学的原理。漏印模板印刷的特征是：

- 模板和 PCB 表面直接接触。
- 刮刀前方的焊锡膏颗粒沿刮刀前进的方向滚动。
- 漏印模板离开 PCB 表面的过程中，焊锡膏从网孔转移到 PCB 表面上。

图 4-13 漏印模板印刷法的基本原理

4.4.2 印刷工艺流程

焊锡膏印刷时，所需准备的材料及工具有焊锡膏、模板、刮刀、擦拭纸、无尘纸、清洗剂和搅拌刀等。印刷焊锡膏的工艺流程如图 4.14 所示。

图 4-14 全自动印刷机焊锡膏印刷工艺流程

1. 印刷前准备工作

① 检查印刷机工作电压与气压。
② 熟悉产品的工艺要求。
③ 阅读 PCB 产品合格证，如 PCB 制造日期大于 6 个月，应对其进行烘干处理，在 125℃温度下烘干 4h，通常在前一天进行。
④ 检查焊锡膏的制造日期是否在 6 个月之内，以及品牌规格是否符合当前生产要求，从冰箱中取出后应在室温下恢复至少 2h，并使用焊锡膏搅拌机或搅拌刀充分搅拌均匀待用，新启用的焊锡膏应在罐盖上记下开启日期和使用者姓名。
⑤ 检查模板是否与当前生产的 PCB 一致，窗口是否堵塞，外观是否良好。

2. 安装模板、刮刀

模板安装：将其插入模板轨道上并推到最后位置卡紧，拧下气压制动开关，固定。刮刀安装：根据待组装产品生产工艺的需要选择合适的刮刀，安装刮刀和模板的顺序是先安装模板后装刮刀。选择比 PCB 至少宽 50mm 的刮刀，并调节好刮刀浮动机构，使刮刀底面略高于模板。

3. PCB 定位与图形对准

PCB 定位的目的是将 PCB 初步调整到与模板图形相对应的位置上，使模板窗口位置与 PCB 焊盘图形位置保持在一定范围之内（机器能自动识别）。基板定位方式有孔定位、边定位（如图 4-15 所示）及真空定位。

(a) 孔定位　　(b) 边定位

图 4-15　基板的定位方式

双面贴装 PCB 采用孔定位时，印刷第二面时要注意各种顶针应避开已贴好的元器件，不要顶在元器件上，以防止元器件损坏。

优良的 PCB 定位应满足以下基本要求：容易入位和离位，没有任何凸起印刷面的物件，在整个印刷过程中保持基板稳定，保持或协助提高基板印刷时的平整度，不会影响模板对焊锡膏的释放动作。

PCB 定位后要进行图形对准，即通过对印刷工作平台或对模板的 x、y、θ 的精细调整，使 PCB 的焊盘图形与模板漏孔图形完全重合。究竟调整工作台还是调整模板，要根据印刷机的构造而定。目前多数印刷机的模板是固定的，这种方式的印刷精度比较高。

图形对准时需要注意 PCB 的方向与模板印刷图形一致；应设置好 PCB 与模板的接触高度，图形对准必须确保 PCB 图形与模板完全重合。对准图形时一般先调 θ，使 PCB 图形与模板图形平行，再调 x、y，然后再重复进行微细的调节，直到 PCB 的焊盘图形与模板图形完全重合为止。

4. 设置工艺参数

接通电源、气源后，印刷机进入开通状态（初始化），对初次使用的 PCB 来说，首先要输入 PCB 长、宽、厚以及定位识别标志（Mark）的相关参数。Mark 可以纠正 PCB 加工误差，制作 Mark 图像时，要图像清晰，边缘光滑，对比度强，同时还应输入印刷机各工作参数：印刷行程、刮刀压力、刮刀运行速度、PCB 高度、模板分离速度、模板清洗次数与方法等。相关参数设定好后，即可放入模板，安装刮刀，进行试运行，此时应调节 PCB 与模板之间的间隙，通常应保持在"零距离"。正常后，即可放入充分量的焊锡膏进行印刷，并再次调节相关参数，全面调节后即可存盘保留相关参数与 PCB 代号，不同机器的上述安装次序有所不同，自动化程度高的机器安装方便，一次就可以成功。

5. 开机印刷

正式印刷焊锡膏时应注意下列事项：焊锡膏的初次使用量不宜过多，一般按 PCB 尺寸来估计，参考量如下：A5 幅面约 200g，B5 幅面约 300g，A4 幅面约 350g。在使用过程中，应注意补充新焊锡膏，保持焊锡膏在印刷时能滚动前进。注意印刷焊锡膏时的环境质量：无风、洁净、无腐蚀性气体；温度（23±3）℃为最佳，一般为 17～28℃，极限温度为 15～35℃；相对湿度为 45%～70%RH。

6. 印刷质量检验

对于模板印刷质量的检测，目前采用的方法主要有目测法、二维检测/三维检测（AOI）。在检测焊锡膏印刷质量时，应根据元器件类型采用不同的检测工具和方法，采用目测法（带放大镜），适用不含细间距 QFP 器件或小批量生产，其操作成本低，但反馈回来的数据可靠性低，易遗漏；当印刷复杂 PCB 时，如计算机主板，最好采用视觉检测，并最好是在线测试，可靠性达 100%，它不仅能够监控，而且能收集工艺控制所需的真实数据。

检验标准要求：有细间距 QFP 时（0.5mm），通常应全部检查；当无细间距 QFP 时，可以抽检，取样数与不合格品的允许数量见表 4-5。

表 4-5 焊锡膏印刷检验取样规则

批量范围/块	取样数/块	不合格品的允许数量/块
1～500	13	0
501～3 200	50	1
3 201～10 000	80	2
10 001～35 000	120	3

检验标准：按照企业制定的企业标准或 ST/T 10670—1995 及 IPC-610D 标准进行。

不合格品的处理：发现有印刷质量问题时，应停机检查，分析产生的原因，采取措施加以改进，凡 QFP 焊盘不合格者，应用无水乙醇清洗干净后重新印刷。

7. 结束

当一个产品完工或结束一天工作时，必须将模板、刮刀全部清洗干净，若窗口堵塞，千万不要用坚硬金属针划捅，避免破坏窗口形状。焊锡膏放入另一容器中保存，根据情况决定是否重新使用。模板用清洗剂、无尘纸、擦拭纸清洗擦净后应用压缩空气吹干，并妥善保存在工具架上，刮刀也应放入规定的地方并保证刮刀头不受损。

最后让机器退回关机状态，并关闭电源与气源，同时填写工作日志表和进行机器保养。

4.4.3 工艺参数的调节

焊锡膏印刷时，刮刀速度、刮刀压力、刮刀与网板的角度、脱模速度及焊锡膏的黏度之间都存在一定的制约关系，因此，只有正确地控制这些参数，才能保证焊锡膏的印刷质量。

1. 印刷行程

印刷前一般需要设置前、后印刷极限，即确定印刷行程。前极限一般在模板图形前 20mm 处，后极限一般在模板图形后 20mm 处，间距太大容易延长整体印刷时间，太短易造成焊膏图形粘连等缺陷。控制好焊锡膏印刷行程以防焊锡膏漫流到模板的起始和终止印刷位置处的开口中，造成该处印刷图形粘连等印刷缺陷。

2. 刮刀的夹角

刮刀的夹角影响到刮刀对焊锡膏垂直方向力的大小，夹角越小，其垂直方向的分力 F_y 越大，通过改变刮刀角度可以改变所产生的压力。刮刀角度如果大于 80°，则焊锡膏只能保持原状前进而不滚动，此时垂直方向的分力 F_y 几乎为零，焊锡膏便不会压入印刷模板窗口。刮刀角度的最佳设定应在 45°～60°范围之内，此时焊锡膏有良好的滚动性。

3. 刮刀的速度

刮刀速度快，焊锡膏所受的力也大。但提高刮刀速度，焊锡膏压入的时间将变短，如果刮刀速度过快，则焊锡膏不能滚动而仅在印刷模板上滑动。考虑到焊锡膏压入窗口的实际情况，最大的印刷速度应保证 QFP 焊盘焊锡膏纵横方向均匀、饱满，通常当刮刀速度控制在 20～40mm/s 时，印刷效果较好。因为焊锡膏流进窗口需要时间，这一点在印刷细间距 QFP 图形时尤为明显，当刮刀沿 QFP 焊盘一侧运行时，垂直于刮刀的焊盘上焊锡膏图形比另一侧要饱满，故有的印刷机具有刮刀旋转 45°的功能，以保证细间距 QFP 印刷时四面焊锡膏量均匀。

4. 刮刀的压力

刮刀的压力即通常所说的印刷压力，印刷压力的改变对印制质量影响重大。印刷压力不足，会引起焊锡膏刮不干净且导致 PCB 上焊锡膏量不足；如果印刷压力过大，又会使刮刀前部产生形变，并对对压入力起重要作用的刮刀角度产生影响。图 4-16 表示在焊锡膏的滚动中，刮刀前部抬起的现象。如果在焊锡膏的滚动中抬起刮刀前部，刮刀前部与印刷模板之间将产生间隙，模板上会残留焊锡膏，由图可以看出，α 不等于 θ，焊锡膏滚动所产生的压入力也将发生变化。

图 4-16 焊锡膏滚动中刮刀前部抬起的现象

印刷压力通常应与通过滚动所产生的压力相同，一般可在 5~100MPa 范围内设定，过大会发生塌心和模板背后的渗漏。此外，由于滚动所产生的力随供给焊锡膏量的变化而变化，操作人员需要适当调整最佳值。

5. 刮刀宽度

如果刮刀相对于 PCB 过宽，那么就需要更大的压力、更多的焊锡膏参与其工作，因而会造成焊锡膏的浪费。一般刮刀的宽度为 PCB 长度（印刷方向）加上 50mm 左右为最佳，并要保证刮刀头落在金属模板上。

6. 印刷间隙

通常保持 PCB 与模板零距离（早期也要求控制在 0~0.5mm，但有 FQFP 时应为零距离），部分印刷机在使用柔性金属模板时还要求 PCB 平面稍高于模板的平面，调节后模板的金属模板微微被向上撑起，但此撑起的高度不应过大，否则会引起模板损坏。从刮刀运行动作上看，正确的印刷间隙应为刮刀在模板上运行自如，既要求刮刀所到之处焊锡膏全部刮走，不留多余的焊锡膏，同时又要求刮刀不在模板上留下划痕。

7. 脱模速度

焊锡膏印刷后，模板离开 PCB 的瞬时速度是关系到印刷质量的参数，其调节能力也是体现印刷机质量好坏的参数，在精密印刷中尤其重要。早期印刷机采用恒速分离，先进的印刷机其钢板离开焊锡膏图形时有一个短暂的停留过程，以保证获取最佳的印刷图形。

脱模时基板下降，由于焊锡膏的黏着力，使印刷模板产生形变，形成挠曲。模板因挠曲的弹力要回到原来的位置，如果分离速度不当致使模板挠曲过大，其结果就是模板因其弹力快速复位，抬起焊锡膏的周围，两端形成极端抬起的印刷形状，抬起高度与模板的挠度成正比；严重情况下还会刮掉焊锡膏，使焊锡膏残留到开孔内。通常脱模速度设定为 0.3~3mm/s，脱模距离一般为 3 mm。图 4-17 所示为不同脱模速度形成的印刷图形。

(a) 脱模速度过快　　(b) 脱模速度合适　　(c) 脱模速度过慢

图 4-17 不同脱模速度形成的印刷图形

8. 清洗模式与清洗频率

在印刷过程中要对模板底部进行清洗，消除其附着物，以防止污染 PCB。清洗通常采用无水乙醇作为清洗剂，清洗方式有湿—湿、干—干、湿—湿—干等。

在印刷过程中印刷机要设定的清洗频率为每印刷 8～10 块清洗一次，要根据模板的开口情况和焊锡膏的连续印刷性而定。有细间距、高密度图形时，清洗频率要高一些，以保证印刷质量为准。一般还规定每 30min 要手动用无尘纸擦洗一次。

4.4.4 焊锡膏印刷的缺陷、产生原因及对策

优良的印刷图形应是纵横方向均匀挺括、饱满，四周清洁，焊锡膏占满焊盘。用这样的印刷图形贴放器件，经过再流焊将得到优良的焊接效果。如果印刷工艺出现问题，将产生不良的印刷效果。图 4-18 所示是一些常见的印刷缺陷示意图。

图 4-18 一些常见的印刷缺陷示意图

1. 刮削（中间凹下去）

刮削如图 4-19 所示。

原因分析：刮刀压力过大，削去部分焊锡膏。

改善对策：调节刮刀的压力。

图 4-19 刮削

2. 焊锡膏过量

原因分析：

① 刮刀压力过小，模板表面多出焊锡膏；

② 模板窗口尺寸过大，模板与 PCB 之间的间隙太大。

改善对策：

① 调节刮刀压力；

② 检查模板窗口尺寸，调节模板与 PCB 之间的间隙。

3．拖曳（锡面凸凹不平）

原因分析：模板分离速度过快。

改善对策：调整模板的分离速度。

4．连锡（焊锡膏桥连）

原因分析：

① 焊锡膏本身问题；

② PCB 与模板的开口对位不准；

③ 印刷机内温度低，黏度上升；

④ 印刷太快会破坏焊锡膏里面的触变剂，于是焊锡膏变软。

改善对策：

① 更换焊锡膏；

② 调节 PCB 与模板的对位；

③ 开启空调，升高温度，降低黏度；

④ 调节印刷速度。

5．锡量不足

锡量不足如图 4-20（a）所示。

原因分析：

① 印刷压力过大，分离速度过快；

② 温度过高，溶剂挥发，黏度增加。

改善对策：

① 调节印刷压力和分离速度；

② 开启空调，降低温度。

6．焊锡膏偏离

焊锡膏偏离如图 4-20（b）所示。

原因分析：

① 印刷机的重复精度较低；

② 模板位置偏离；

③ 模板制造尺寸误差；

④ 印刷压力过大；

⑤ 浮动机构调节不平衡。

改善对策：
① 必要时更换零部件；
② 精确调节模板位置；
③ 选用制造精度高的模板；
④ 降低印刷压力；
⑤ 调好浮动机构的平衡度。

(a) 锡量不足　　　(b) 焊锡膏偏离

图 4-20　锡量不足与焊锡膏偏离

4.5　思考与练习题

1. 焊锡膏主要由哪些成分组成？简述常用焊锡膏的分类。
2. 表面组装技术对焊锡膏质量有哪些具体要求？
3. 简述焊锡膏印刷漏印模板的种类、结构与特点。
4. 如何确定模板窗口形状和尺寸？
5. 简述焊锡膏印刷机的种类与结构。
6. 印刷焊锡膏的工艺流程分为几个步骤？
7. 如何调节焊锡膏印刷工艺中的参数？
8. 焊锡膏印刷中经常出现哪些缺陷？产生原因是什么？如何解决？

第5章 贴片胶及其涂敷技术

表面组装技术有两类典型的工艺流程，一类是焊锡膏—再流焊工艺，另一类是贴片胶—波峰焊工艺，后者是将片式元器件采用贴片胶黏合在 PCB 表面，并在 PCB 另一个面上插装通孔元器件（也可以贴放片式元器件），然后通过波峰焊就能将两种元器件同时焊接在电路板上。

贴片胶的作用就在于能保证元器件牢固地粘在 PCB 上，并在焊接时不会脱落，一旦焊接完成后，虽然它的功能失去了，但却永远地保留在 PCB 上，因此，这种贴片胶不仅要有黏合强度，而且应具有很好的电气性能。

5.1 贴片胶的分类

5.1.1 贴片胶的类型与组分

贴片胶按基体材料分，可分为环氧型贴片胶和丙烯酸类贴片胶两大类。

1. 环氧型贴片胶

环氧型贴片胶是 SMT 中最常用的一种贴片胶，通常以热固化为主，由环氧树脂、固化剂、增韧剂、填料及触变剂混合而成。我国生产的这类贴片胶，其典型配方为：环氧树脂 63%（重量比，下同），无机填料 30%，胺系固化剂 4%，无机颜料 3%，现将它们的主要成分介绍如下。

（1）环氧树脂。环氧树脂本身是热塑性的线型结构大分子，从环氧树脂的结构上看，大分子末端有两个环氧基团，可供开环发生交联反应，链中间有羟基"—OH"和醚键"—O—"，故树脂有强的黏附性和柔韧性。环氧树脂的结构说明了它不仅可以用做贴片胶，而且具有优异的稳定性和电气性能。当加入固化剂后，可促使双氧基团开环，交联而成网状结构，从而具有"黏合"的性能。

环氧树脂是最老和应用最广的热固型、高黏度贴片胶。

（2）固化剂。用于环氧树脂贴片胶的固化剂可以使环氧树脂贴片胶产生优异的性能。常用固化剂可分为胺类固化剂，如二乙胺、二乙烯三胺，这类固化剂可以实现树脂室温固化；酸酐类固化剂，如顺酐、苯酐，这类固化剂可以实现树脂高温固化；咪唑类固化剂，可实现树脂中温固化；还有一种类型的固化剂则是潜伏性中温固化剂，即环氧树脂贴片胶使用的固化剂，它的特殊性就在于在低温下它"几乎"不与环氧树脂发生化学反应或仅仅以极低的速度参与反应，但一旦遇到适合的温度（如 120～150℃）就能迅速地同树脂反应，这样就能使贴片胶在低温下有较长的储存期，遇到中温就能迅速固化以适应大生产需要，这也是为什么贴片胶需要低温保存的原因。

图 5-1 所示为在不同储存温度下贴片胶黏度变化的情况。图中表明在 40℃环境下，黏度缓慢增高，在 35 天后呈加速上升趋势，导致胶的性能恶化。一般在 5℃环境下，贴片胶可保存半年而其黏度不变化。

不同类型固化剂与环氧树脂反应机理有所不同，但最终目的都是打开环氧基团而交联成网状结构，实现胶合。

图 5-1　不同储存温度下贴片胶黏度变化情况

（3）增韧剂。由于单纯的环氧树脂固化后较脆，为弥补这一缺陷，需在配方中加入增韧剂以提高固化后贴片胶的韧性。常用的增韧剂有液体丁腈橡胶、聚硫橡胶等。

（4）填料。单纯的环氧树脂加入固化剂后，固化强度相当高，但工艺性无法满足贴片工艺的需要。因此一方面加入固化剂改变环氧树脂本身的结构和合成不同级别的分子量，另一方面加入各种填料，来实现它涂布的工艺性。例如，加入白碳黑等一类触变剂，使贴片胶具有触变性以利于涂布；加入甲基纤维素，以利于降低软化点，并起到调控黏度的作用。

（5）其他添加剂。除上述的固化剂、填料外，还需增加其他添加剂来实现不同的目的，如加入颜料以利于生产中观察；添加润湿剂以增加胶的润湿能力，以达到好的初粘性；添加阻燃剂以达到阻燃效果。

上述各种配合剂，如固化剂、增韧剂、填料、各种添加剂，不仅有量的要求，而且有粒度要求。通常可与胶混合后采用轧滚机加工，并通过过滤使其粒度小于 50μm，方能符合使用要求。

2．丙烯酸类贴片胶

丙烯酸类贴片胶是 SMT 中常用的另一大类贴片胶，由丙烯酸类树脂、光固化剂、填料组成，常用单组分。它通常是光固化型的贴片胶，其特点是固化时间短，但强度不及环氧型高。

（1）丙烯酸类树脂。丙烯酸类树脂固化机理与环氧树脂固化不一样，它是通过加入过氧化物，并在光或热的作用下实现固化的。它不能在室温下固化，通常用短时间紫外线照射或用红外线辐射固化，固化温度约为 150℃，固化时间约为数十秒到数分钟，属紫外线加热双重固化型。

（2）固化剂。用于丙烯酸类贴片胶的光固化剂常为安息香甲醚类，它在紫外光的激发下能释放出自由基，促使丙烯酸类树脂胶中双键打开，其反应机理属自由基链式反应型，反应能在极短的时间内进行，反应过程如图 5-2 所示。

图 5-2 光固化胶的固化过程

(a) 没有光照射，胶不固化
(b) 光照入，光引光形成自由基
(c) 自由基引发单体
(d) 交联成聚合物

因此，紫外光固化贴片胶比热固化贴片胶的固化工艺条件更容易控制，储存时只要避光就可以了。在生产中采用 2～3kW 的紫外灯管。距 SMA 10cm 高，10～15s 即可完成固化。

采用光固化时应注意阴影效应，即光固化时在未能照射到的地方是不能固化的，因此在设计点胶位置时，应将胶点暴露在元器件的边缘，否则达不到所需要的强度。为了防止这种缺陷的发生，通常在加入光固化剂的同时，也应加入少量的热固化性的过氧化物。事实上在强大的紫外光灯照射下，既有光能又有热能，此外，固化炉中还可以加热，以达到双重固化的目的。

丙烯酸类贴片胶可以实现常温避光存放，不需要添置低温设备，黏度稳定，且在紫外光的作用下贴片胶固化充分。丙烯酸贴片胶中的其他成分，如填料等同环氧胶类似，包装也类似。

贴片胶按使用方法，可分为针式转移、压力注射式、丝网/模板印刷等工艺方式适用的贴片胶。常见典型贴片胶的特性见表 5-1。

表 5-1 常见典型贴片胶的特性

型号性能	（日）TM Bond A 2450	（美）Ami con 930-12-4F	（国产）MG-1	（美）MR8153RA
颜色	红	黄	红	红
黏度/(Pa·s)	120±40	70～90	100～300	
体积电阻率/(Ω·cm)	$>1\times10^{13}$	1×10^{13}	$>1\times10^{13}$	1×10^{14}
触变指数	4±	>3.5	>3	
剪切强度/MPa	>6	>6	10	8.5
固化	150℃ 20min	120℃ min	150℃ 20min	150℃ 2～3min
40℃储存期/天	>2		>5	
25℃储存期/天	>30		>30	60
冷藏储存期	<0℃ 6个月	0℃ 3个月	<5℃ 6个月	5℃ 6个月

5.1.2 贴片胶的选用及 SMT 对贴片胶的要求

1. 不同类型贴片胶的选用

以上介绍了两类贴片胶,但在实际 SMT 生产中选哪一类胶需要根据工厂设备的状态及元器件的形状等因素来决定。

① 通常环氧型贴片胶(热固化型)固化时只需红外再流焊炉,红外再流焊炉既可以用于焊锡膏的再流焊,也可以用于贴片胶的固化,不需增置 UV 灯(紫外灯),只需添置用于储存的低温箱,这与焊锡膏的储存要求是一致的。因此,用于焊锡膏的工作环境均可适用于环氧贴片胶。此外,环氧型贴片胶采用热固化,故无阴影效应,适用于不同形状的元器件,点胶的位置也无特殊要求。

② 采用丙烯酸类贴片胶(光固化型)则需添置 UV 灯,但可以不用低温箱,通常光固化胶的性能稳定并有固化快的优点,但对点胶的位置有一定要求。胶点应分布在元器件的外围,否则不易固化且影响强度。另外,丙烯酸类贴片胶的强度不及环氧型贴片胶的强度高。

2. SMT 对贴片胶的要求

用于表面组装的贴片胶,应在以下方面符合要求。

(1) 外观。刚购进的贴片胶应包装完好,标牌清楚、品类、型号、生产日期、黏度等指标明确,胶体黏稠均匀、细腻,无异物,无粗粒,颜色明亮,易于辨别。

(2) 黏度。黏度是贴片胶的一项重要指标,不同黏度只适用于不同的涂布工艺。有关黏度的测试应注意所选用的标准是否与供应商一致,在订货的初期应做好与供应商的沟通,特别是黏度计的型号和参数不一样,测出的数据差距很大。此外,应通过仿真试验找出一个适合自己使用的黏度值。

(3) 涂敷性。在表面组装过程中,贴片胶的涂敷方法有三种,其中分配器点涂法(压力点胶法)是在高速(10 点/s)下运行,因此对胶粘品质要求最高。由于压力点胶是目前较常用的方法之一,因此是否适合压力点胶也是评价贴片胶涂布性能的一项指标。

在压力点胶工艺中,要求胶点外观光亮,饱满,不拉丝,无拖尾,并有良好的外形和适宜的几何尺寸。

(4) 铺展/塌落。铺展/塌落试验是考核贴片胶初粘力及流变学行为的试验,不仅要保证粘牢元器件而且应具有润湿能力,即铺展性,但又不应过分地铺展,否则会出现塌落,以致漫流到焊盘上造成焊接缺陷

(5) 放置时间。放置时间是指贴片胶涂布到 PCB 上后,存放一定时间后仍具有可靠的黏结力。

(6) 初粘力与初始强度。有关初粘力与初始强度的测试方法在规范中未能列出,但可以在 PCB 上实际粘贴不同元器件并震动旋转 PCB 或将 PCB 放在输送线上运行(可增加振动、抖动),然后评价是否有元器件移位现象。

(7) 剪切强度与焊接后剪切强度。剪切强度与焊接后剪切强度是评价贴片胶固化后,以及波峰焊接时受到焊料波的冲击的强度,对保证元器件不脱落有重要意义。

5.1.3 包装

当前贴片胶的包装形式有两大类，一类供压力注射法点胶工艺用，贴片胶包装成 5ml、10ml、20ml 和 30ml 注射针管制式，可直接上点胶机用。此外，还有 300ml 注射管大包装，使用时分装到小注射针管中。通常包装量越大价钱越便宜，但将大包装分装到小注射针管中则应采用专用工具。缓慢地注射到洁净的注射针管中，达到一定量后，还应进行脱气泡处理，以防混入空气，避免点胶时出现"空点"或胶点大小不一。

另一类包装是听装，可供丝网/模板印刷方式涂布胶用，通常每听装有 1kg。图 5-3 所示是两种包装的实物图。

（a）注射针管式　　　　　（b）听装

图 5-3　贴片胶的两种包装的实物图

5.2　贴片胶涂敷工艺

5.2.1　贴片胶的涂敷方法

把贴片胶涂敷到电路板上的工艺俗称"点胶"。常用的方法有针式转移法、分配器点涂法和印刷法。

1．针式转移法

针式转移法也称点滴法，它是将用于胶液转移的针头定位在贴片胶窗口容器上面，而后将钢针头部浸入盛贴片胶的槽中，其深度约为 1.2～2mm，当把钢针从贴片胶中提起时，由于表面张力的作用，使贴片胶黏附在针头上；然后将粘有贴片胶的钢针在 PCB 上方对准焊盘图形定位，再将针向下移动直至贴片胶接触焊盘，而针头与焊盘保持一定间隙，当提起钢针时，胶液就会因毛细作用和表面张力效应转移到 PCB 上，胶量的多少则由针头直径和贴片胶的黏度决定，其过程如图 5-4（a）～（e）所示。

在实际应用中，针式转印机采用在金属板上安装若干个针头的针管矩阵组件，同时进行多点涂敷。因此，对于每一特定的 PCB，就要求有一个与之相适应的针管矩阵组件，以便在 PCB 的设定位置上实现一次转印所需的贴片胶的涂敷。针管矩阵组件如图 5-5 所示。针式转印技术可应用于手工施胶，也可采用自动化针式转印机进行自动施胶，自动针式转印机经常与高速贴片机配套组成生产线。

图 5-4　针式转移法示意图　　　　图 5-5　针管矩阵组件

为了防止贴片胶滴发生畸变，在转印操作时，针头一般不与 PCB 接触。由于 PCB 总是存在一定程度的可允许翘曲，因此转印操作必须与这种偏差相适应。为此，可采用在顶端磨出一个小凸台的针头，这样可以防止针主体与 PCB 接触。这个凸台可以小到不致影响贴片胶滴的形状。

这种方法的优点是所有胶点能一次点完，速度快，适合大批量生产，设备投资少。缺点是当 PCB 设计需要更改时针头位置改动困难；胶量控制精度不够，不适合在精度要求高的场合使用；胶槽为敞开系统，易混入杂质，影响胶的质量；对环境要求高，如温度、湿度等，还要特别注意避免涂到元器件的焊盘上导致焊接不良。

针式转移的另一种方法是用单个针头把贴片胶涂敷到元器件的下面而不是涂敷在 PCB 上。贴装机从供料器上拾取元器件后，马上用针头把贴片胶涂敷到元器件下面。这能避免对应于每一种 PCB 就要采取一个针管矩阵组件的缺点，但效率较低。

2．分配器点涂法

分配器点涂是涂敷贴片胶最普遍采用的方法。先将贴片胶灌入分配器中，点涂时，从上面加压缩空气或用旋转机械泵加压，迫使贴片胶从针头排出并脱离针头，滴到 PCB 要求的位置上，从而实现贴片胶的涂敷。

注射法既可以手工操作，又能够使用设备自动完成。手工注射贴片胶，是把贴片胶装入注射器，靠手的推力把一定量的贴片胶从针管中挤出来。有经验的操作者可以准确地掌握注射到电路板上的胶量，取得很好的效果。使用设备时，在贴片胶装入注射器后，应排空注射器中的空气，避免胶量大小不均，甚至空点。另外，贴片胶的流变特性与温度有关，所以点涂时一般需要使贴片胶处于恒温状态。

大批量生产中一般使用由计算机控制的点胶机，它将贴片胶装在针管组成的注射器阵列中，靠压缩空气把贴片胶从针管中挤出来，胶量由针头内径、加压时间和压力决定。

点胶机的功能还可以用 SMT 自动贴片机来实现：把贴片机的贴装头换成内装贴片胶的点胶针管，在计算机程序的控制下，把贴片胶高速逐一点涂到印制板的焊盘上。

3．丝网/模板印刷法

用漏印的方法把贴片胶印刷到电路基板上，是一种成本低、效率高的方法，特别适用于元器件的密度不太高，生产批量比较大的情况，和印刷焊锡膏一样，可以使用不锈钢薄板、薄铜板制作的模板或采用丝网来漏印贴片胶。

丝网/模板印刷法涂布贴片胶的原理、过程、设备同焊锡膏印刷相类似。它通过镂空图形的丝网/模板，将贴片胶分配到 PCB 上，涂布效果由胶的黏度及模板厚度来控制。这种方法简单快捷，精度比针式转移法高，涂布过程如图 5-6 所示。采用特殊的塑料模板，可印刷不同高度的贴片胶，此外，清洗模板也较简单，并能显著地提高生产率和焊锡膏印刷机的利用率。

需要注意的关键是，电路板在印刷机上必须准确定位，保证贴片胶涂敷到指定的位置上，要特别注意避免贴片胶污染焊接面，影响焊接效果。

图 5-6 丝网/模板印刷

5.2.2 分配器点涂工艺过程与参数设置

1. 装配流程中的贴片胶涂布工序

在片式元器件与有引线元器件混合装配结构的电路板生产中，涂布贴片胶是重要的工序之一，它与前后工序的关系如图 5-7 所示，其中，图 5-7（a）所示是先插装引线元器件，后贴装片式元器件的方案；图 5-7（b）所示是先贴装片式元器件，后插装引线元器件的方案。比较这两个方案，后者更适合用自动生产线进行大批量生产。

图 5-7 混合装配结构生产过程中的贴片胶涂敷工序

2. 贴片胶的涂敷过程

分配器点涂技术的特点是适应性强，灵活，易调整，无须模板，可方便地改变贴片胶量以适应大小不同元器件的要求，特别适合多品种产品场合的贴片胶涂敷。此外，贴片胶装在针管里，密封性好，不易污染，胶点质量高。因此，它是目前 SMT 生产中普遍使用的方法。贴片胶点胶涂敷过程如图 5-8 所示。

图 5-8 贴片胶点胶涂敷过程

（1）点胶准备及开机。贴片胶使用前必须提前几个小时从冰箱中取出放在空气中恢复室温。检查点涂设备是否完好，点胶孔是否畅通，确保针孔完好无损，不堵塞，清洁，有弹性；检查电气等动力源是否准备到位，安全警戒是否符合要求；其他辅助工具和材料是否准备好。

检查并熟悉装配技术文件，点涂标准和工艺卡要熟记于心。现代全自动点胶机一般均有记忆功能，开机后会默认调出上一次关机前使用的程序，按照这个程序配置参数，并把点胶机中的一些常规设置恢复到原始状态，如点胶头要回零。

（2）贴片胶涂敷工艺技术参数设置。与贴片胶涂敷质量有关的参数有两类：贴片胶的技术指标和涂敷工艺技术参数，前者与贴片胶自身有关，后者取决于设备、环境、操作人员、工艺方法等因素。常见的涂敷工艺技术参数有点胶压力、针头内径、止动高度、针头与 PCB 间的距离、胶点涂敷数量等，由这些参数最终决定胶点高度和胶点数量。

① 点胶压力。点胶机采用给点胶头胶筒施加一个压力的方法来保证有足够的胶水挤出。压力太大易造成胶量过多，压力太小则会出现点胶断续的现象。应根据胶水的品质、工作环境温度来选择压力。环境温度高则会使胶水黏度变小，流动性变好，这时调低压力即可保证胶水的供给，反之则应调高压力。高速点胶中，时间以 ms 为数量级，要求机器及气阀灵敏度高，并在注射管道设有专门阀门。点胶机的压力控制在 5bar 之内，通常设为 3.0～3.5bar，并设定一个最低压力的限值，生产中不允许低于此压力，否则不能保证良好的胶点质量。

② 胶点高度。胶点高度的确定如图 5-9（a）所示，从图中可以看出，A 是 PCB 上焊盘层的厚度，一般为 0.05mm，B 是元器件端焊头包封金属厚度，一般为 0.1～0.3mm。因此，要达到元器件底面与 PCB 良好的黏合，贴片胶高度应有 $H>A+B$，以达到元器件贴装后胶点能充分接触到元器件底部的高度。考虑到胶点是倒三角形状态，顶端在上，为了达到元器件间有 100%的面积与 PCB 相结合，工程中贴片胶高度应达到（1.5～2）×（$A+B$）。因此，为了增加高度，有时应设计辅助焊盘以及选用元器件底面与引脚平面之间尺寸较小的元器件，以达到良好的胶合强度，如图 5-9（b）所示。

图 5-9　胶点高度的确定

③ 胶点直径、点胶针头内径。由于片式元器件的大小不一样，与 PCB 之间所需要的黏结强度也就不一样，即元器件与 PCB 之间涂布的胶量不一样，故在点胶机中常配置不同内径的针头。例如，松下点胶机配置 3L、S 和 VS 三种内径的针头，它们的尺寸分别是 0.510mm、0.410mm 和 0.330mm。

元器件的焊盘间距确定胶点的最大许可直径，最小胶点许可直径要满足元器件所需的最小黏结力要求，只要实际胶点直径（W）处于上述尺寸范围之内即可。胶点不能太大，要特别注意贴装元器件后不要把胶挤压到元器件的焊端和印制板的焊盘上，造成妨碍焊接的污染。

通常胶点直径（W）与胶点高度（H）之比为 2.7～4.6，而胶点直径（W）与针头内径（ID）之比为 2:1。图 5-10 所示为针头内径和胶点直径等关系的示意图。

④ 压力、时间与止动高度的关系。影响贴片胶涂敷质量的另一个重要因素是点涂时针头与 PCB 的距离，即止动高度（ND），当 ND 过小，压力与时间设定偏大时，由于针头与 PCB 之间空间太小，贴片胶会受压并向四周漫流，甚至会流到定位顶针附近，容易污染针头和顶针；反之，当 ND 过大，压力和时间设定偏小时，胶点直径（W）变小，胶点的高度（H）增大，在点

图 5-10　针头内径和胶点直径等关系示意图

胶头移动的一刹那，会出现拉丝、拖尾现象。通常 ND 大小为针头内径 ID 的 1/2，ND 确定后，应仔细调节压力和时间，使二者达到最佳设置。

⑤ 胶点数量设定。早期点胶工艺中对于小尺寸的阻容元器件如 0805，只设一个点；现在的趋势是对所有元器件都推荐双胶点，并设在元器件的外侧，这对于黏合的质量是有保证的，即使其中一个胶点出现质量问题，还有一个胶点起到黏结的作用。对于 SOIC，一般设置 3～4 个点，不仅能增加强度，而且可以起到抗振作用。因为胶在固化前，黏结强度总是有限的，对于质量较大的 IC 器件，因质量大，运动惯性增加，若放在仅有两个胶点的贴片胶上，稍一震动就会出现滑移，增加胶点数，也就是增加黏合面积，对大元器件的滑移可起到良好的防止作用。

⑥ 贴片胶的点涂位置。对于通过光照固化和加热方法固化的两类贴片胶，其涂布要求有

所不同。一般光固型贴片胶的胶点位置应设在元器件外侧，因为贴片胶至少应该从元器件的下面露出一半，才能被光照射而实现固化，如图 5-11（a）所示。胶点位置设在元器件外侧还兼顾到和焊盘的相对位置有所增大，也可以防止出现过大的黏结，给维修带来困难。热固型贴片胶因为采用加热固化的方法，所以贴片胶可以完全被元器件覆盖，如图 5-11（b）所示。

（3）点胶并检验。按照 Gerber 文件编制点胶涂敷点的坐标，把回温好的贴片胶注入点胶机中进行点胶。添加贴片胶的原则是以先少后多的方式，逐渐增加。

合格的贴片胶胶点应该表面光亮、饱满，有良好的外部形状和几何尺寸，无拉丝和拖尾现象，黏附力合适，涂敷面积适中，无腐蚀，抗振动性强。图 5-12 所示是合格的贴片胶胶点外观。

图 5-11　贴片胶的点涂位置

图 5-12　贴片胶胶点外观

5.2.3　使用贴片胶的注意事项

（1）储存。购回的贴片胶应放于低温环境中（0℃）储存，并做好登记工作，注意生产日期和使用寿命（大批进货应检验合格再入库）。

（2）使用。使用时应注意贴片胶的型号和黏度，根据当前产品的要求，并在室温下恢复 2～3h 左右（大包装应有 4h 左右）方可投入使用，使用时注意跟踪首件产品，实际观察新换上的贴片胶各方面的性能。

需要分装的，应该用清洁的注射管灌装，灌装不超过 2/3 体积并进行脱气泡处理。不要将不同型号、不同厂家的胶互相混用，更换品种时，一切与胶接触的工具都应彻底清洗干净。

在使用时应注意胶点直径的检查，一般可在 PCB 的工艺边处设 1～2 个测试胶点，必要时可贴放 0805 元器件并观察固化前后胶点直径的变化，对使用的贴片胶品质真正做到心中有数。点好胶的 PCB 应及时贴片并固化，遇到特殊情况应暂停点胶，以防 PCB 上胶点吸收空气中水汽与尘埃，导致贴片质量的下降。

（3）清洗。在生产中，特别是更换胶种或长时间使用后都应清洗注射筒等工具，特别是针嘴。通常应将针嘴等小型物品分类处理，金属针嘴应浸泡在广口瓶中，瓶内放专用清洗液（可由供应商提供）或丙酮、甲苯及其混合物并不断摇摆，均有良好的清洗能力。注射筒等也可浸泡后用毛刷及时清洗，配合压缩空气、无纤维的纸布清洗干净。无水乙醇对未固化的胶也有良好的清洗能力，且对环境无污染。

（4）返修。对需要返修的元器件（已固化）可用热风枪均匀地加热元器件，如已焊接好元器件还要增加温度使焊接点也能熔化，并及时用镊子取下元器件，大型的 IC 需要维修站加热，去除元器件后仍应在热风枪配合下用小刀慢慢铲除残胶，千万不要将 PCB 铜条破坏，需要时重新点胶，用热风枪局部固化（应保证加热温度和时间），返修工作是很麻烦的事，应小心处理。

5.2.4 点胶工艺中常见的缺陷与解决方法

1．拉丝/拖尾

拉丝/拖尾是点胶中常见的缺陷，产生的原因常见的有胶嘴内径太小，点胶压力太高，胶嘴离 PCB 的间距太大，贴片胶过期或品质不好，贴片胶黏度太高，从冰箱中取出后未能恢复到室温，点胶量太大等。

解决方法是针对以上原因改换内径较大的胶嘴；降低点胶压力；调节"止动"高度；换胶，选择适合黏度的胶种；贴片胶从冰箱中取出后应恢复到室温（约 4h）再投入生产；调整点胶量。

2．胶嘴堵塞

故障现象是胶嘴出胶量偏少或没有胶点出来。产生原因：针孔内未完全清洗干净；贴片胶中混入杂质，有堵孔现象；不相容的胶水相混合。

解决方法：换清洁的针头；换质量好的贴片胶；贴片胶牌号不应搞错。

3．空打

现象是只有点胶动作，却无出胶量。产生原因是贴片胶混入气泡；胶嘴堵塞。

解决方法：注射筒中的胶应进行脱气泡处理（特别是自己装的胶），按胶嘴堵塞方法处理。

4．元器件移位

贴片胶固化后元器件移位，严重时元器件引脚不在焊盘上。产生原因是贴片胶出胶量不均匀，如片式元器件两点胶中一个多一个少；贴片时元器件移位或贴片胶初粘力低；点胶后 PCB 放置时间太长胶水半固化。

解决方法：检查胶嘴是否堵塞，排除出胶不均匀现象；调整贴片机工作状态；换胶水；点胶后 PCB 放置时间不应太长（短于 4h）。

5．波峰焊后会掉片

固化后，元器件黏结强度不够，低于规定值，有时用手触摸会出现掉片。产生原因是固化工艺参数不到位，特别是温度不够，元器件尺寸过大，吸热量大；光固化灯老化；胶水量不够；元器件/PCB 有污染。

解决办法：调整固化曲线，特别提高固化温度，通常热固化胶的峰值固化温度很关键，达到峰值温度易引起掉片。对光固胶来说，应观察光固化灯是否老化，灯管是否有发黑现象；胶水的数量和元器件/PCB 是否有污染都是应该考虑的问题。

6. 固化后元器件引脚上浮/移位

这种故障的现象是：固化后元器件引脚浮起来或移位，波峰焊后锡料会进入焊盘下，严重时会出现短路、开路，如图 5-13 所示。产生原因：贴片胶不均匀，贴片胶量过多或贴片时元器件偏移。

解决办法：调整点胶工艺参数；控制点胶量；调整贴片工艺参数。

图 5-13 固化后元器件引脚上浮/移位

5.3 贴片胶涂布设备简介

1. 全自动点胶机

全自动点胶机用高压空气在设定的时间内，使用脚踏开关或自动方式把液体推出。它不但能够高速自动点胶，还可灵活调整手动、半自动状态。全自动点胶机采用高精度数码定时控制器，精准控制每次滴定时间，可精确到毫秒。配有大小不同的针筒、针嘴，能够正确地控制液料流量。只要调节好气压、时间和选择适当的针嘴，便可轻易改变每次滴注量和滴注时间。

全自动点胶机使用简单，操作快捷易用，配备真空回吸功能，可控制不同黏度的贴片胶，防止漏滴，效率高，出胶一致。

图 5-14 所示为 JF-2004D 桌上型自动点胶机，适用于各种流体点胶，如 UV 胶、AB 胶、EPOXY（黑胶）、白胶、EMI 导电胶、环氧树脂、银胶、红胶、锡膏、散热膏、透明漆等液体点胶。

（1）技术参数。

工作行程：(X) 300mm×(Y) 300mm×(Z) 60mm；

驱动系统：三轴马达+丝杆滑轨；

定位精度：小于 0.005mm；

控制系统：计算机+控制卡；

编辑系统：摄像头（CCD）+手柄；

机台尺寸：W 700mm×D 700mm×H 800mm；

电源 50～60Hz，AC 110V/220V，1 500VA；

最高速度：500 mm/s；

最大负重：30kg；

气压输入：5Pa。

（2）特点。

① 具有画点、线、面、弧、圆、不规则曲线等功能；

② 计算机储存记忆容量大，且软件具有平移旋转运算、区域复制及镜射等功能；

③ 胶量大小、粗细、涂胶速度、点胶时间、停胶时间皆可设定，出胶量稳定，不漏胶；

④ 可读取 AutoCAD 文档，具有导入、导出、编辑、修改功能，简化操作学习；

⑤ 配置 CCD 辅助程序编辑功能，具有视觉影像自动靶标定位辨识功能、移动轨迹位置显示追踪及生产产量统计等功能，以节省且简化工件精准定位程序时间，提高生产品质及工作效率；

⑥ 依制程需要，可加装底盘定位 PIN、胶枪或底板加热控温装置。

图 5-15 所示为 TH-2004A 型立式自动点胶机，与桌上型自动点胶机相比台面更大，速度更高；并可一次性同时点涂出两个或多个产品，特别适合于单一产品的大量生产，是 SMT 大生产中的最佳配套设备。机台尺寸和机型结构可根据客户要求设计制作。

图 5-14　JF-2004D 桌上型自动点胶机　　　　图 5-15　TH-2004A 型立式自动点胶机

2．手动点胶机

手动点胶机是小规模或小批量生产时使用的点胶设备，也可用于 SMA 返修。标准配置：主机一台，点胶架一台，针头若干只（空径不同）。使用 220V 电源，气源可由气泵提供。

手动点胶机通过调整针筒压力、滴胶时间和针嘴的大小来控制滴出胶体大小，此三种因素经调定以后，经过脚踏板开关触发就会滴出均等数量胶液（相差不超过 0.1%）；滴胶时也可以不通过时间控制器控制，只用脚踏板开闭时间多久来控制滴胶时间。

手动点胶机操作使用简便，不但可以用于点胶操作，还可以用于焊锡膏点涂，在实验过程中省去了为个别 PCB 做模板的开支，又能保证良好的焊接质量。图 5-16 所示是一种手动点胶机的实物照片。

图 5-16　一种手动点胶机的实物照片

5.4　思考与练习题

1. 常用贴片胶有哪些类型？简述每种类型的组分。
2. 表面组装对贴片胶有哪些要求？
3. 使用贴片胶要注意哪些事项？
4. 贴片胶的涂敷方法有哪几种？各有什么特点？
5. 简述装配流程中的贴片胶涂布工序。
6. 涂布贴片胶的工艺参数有哪些？如何设定？
7. 点胶工艺中常见的缺陷有哪些？如何解决？
8. 简述贴片胶涂布设备的类型和功能。

第 6 章 SMT 贴片工艺及贴片机

在 PCB 上涂敷焊锡膏或贴片胶之后，用贴片机或人工的方式，将 SMC/SMD 准确地贴放到 PCB 表面相应位置上的过程，叫做贴片（贴装）工序。目前在国内的电子产品制造企业里，主要采用自动贴片机进行贴片。在维修或小批量的试制生产中，也可以采用手工方式贴片。

6.1 自动贴片机的结构与技术指标

6.1.1 自动贴片机的分类

目前生产的贴片机有几百种之多，贴片机的分类也没有固定的格式。习惯上根据贴装速度的快慢，贴片机可以分为高速机（通常贴装速度在 5 片/s 以上）与中速机，一般高速贴片机主要用于贴装各种 SMC 元器件和较小的 SMD 器件（最大约 25mm×30mm）；而用于贴装大尺寸（最大 60mm×60mm）SMD 器件和连接器等异形元器件的贴片机，由于其速度相对较低且能够贴装的品种较多，故称做多功能贴片机或泛用贴片机。

1. 按速度分类

中速贴片机：3 000 片/h<贴片速度<11 000 片/h。
高速贴片机：11 000 片/h<贴片速度<40 000 片/h。
超高速贴片机：贴片速度>40 000 片/h。

通常中、高速贴片机采用固定多头，贴装头安装在 X-Y 导轨上，"X-Y" 伺服系统为闭环控制，故有较高的定位精度，贴片器件的种类较广泛。这类贴片机种类最多，生产厂家也多，能在多种场合下使用，并可以根据产品的生产能力大小组合拼装使用，也可以单台使用。超高速贴片机则多采用旋转式多头系统，根据多头旋转的方向又分为水平旋转式与垂直旋转式，前者多见于松下、三洋产品，而后者多见于西门子等公司的产品。

还有一种超高速贴片机，如 Assembleon-FCM、FUJI-QP-132E 贴片机，它们均由 16 个贴片头组合而成，其贴片速度分别达 11.6 万片/h、12.7 万片/h。它们的特点是 16 个贴片头可以同时贴装，故整体贴片速度快，但对单个贴装头来说却仅相当于中速机的速度，因此贴装头运动惯性小，贴装精度能得以保证。

2. 按功能分类

由于近年来元器件片式化率越来越高，SMC/SMD 品种越来越多，形状不同，大小各异，此外还有大量的接插件，这对贴片机贴装品种的能力要求越来越高。目前，一种贴片机还无法做到既能高速贴装又能处理异形、超大型元器件，因此，专业贴片机又根据所能贴装的元器件品种分为两大类：一类是高速/超高速贴片机，主要以贴装片式元器件为主体功能；另一类是能贴装大型器件和异形器件的多功能机。

通常多功能机的贴装头仍安装在"X-Y"导轨上，贴片时 PCB 固定在导轨上，贴装头能处理各种异形或超大型元器件，并能贴装 100mm×10mm×2.4mm（$L×W×T$）的异形器件。

目前两类贴片机的贴片功能正在互相兼容，即高速贴片机不仅只贴片式元器件，而且能贴装尺寸不太大的 QFP、PLCC（32mm×32mm），甚至能贴装 CSP，将速度、精度、尺寸三者兼顾，以达到单台机也能适应建线要求的目的。

不同制造公司生产的高速贴片机以及与之配套的多功能贴片机型号见表 6-1。

表 6-1　不同制造公司生产的高速贴片机与多功能贴片机

制造公司	高速机			多功能机		
^	型号	功　能			型号	功　能		
^	^	贴片速度/（万片/h）	贴片精度	适用范围	^	贴片速度/（片/h）	贴片精度	适用范围
安必昂（飞利浦）	FCM	Chip 11.6	±75μm/3δ	元器件尺寸 0603；25mm×25mm 器件 pith0.5mm，PCB 尺寸：50mm×50mm～460mm×3 110mm (max)，供料器 96 个（或 192 种元器件）	ACM	QFP 4 500 FC 2 570	±17.5μm/5δ	0.3mm QFP，FC，CSP，屏蔽罩，变压器，连接器（66×23）
松下	MSR	Chip 4.5	Chip ±75μm/3δ，QFP±75μm/3δ	元器件尺寸 0603：32mm×32mm 器件 pith0.5mm，PCB 尺寸：50mm×50mm～510mm×460mm(max)，供料器 75×2 或 150×2 种元器件	MSF	Chip4.5 万，QFP1.38 万	θ 旋转精度 0°～359.90° ±25μm/3δ	BGA，CSP（飞行对中），变压器，连接器等，各种特殊元器件并可以扩展
九州松下	CM88	Chip 4.2	±5μm/3δ	元器件尺寸 0603：32mm×32mm 器件，PCB 尺寸：50mm×50mm～330mm×250mm(max)，供料器 70×2	CM120-MU	QFP 4500	±3.5μm/3δ	0.3 mm 引脚距的 QFR，CSP，0402～L100mm～W75mm 连接器
JUKI	KE-750	Chip 1.44	±100μm/3δ	元器件尺寸 0603：1.0mm×0.5mm～20mm×20mm 器件 pith0.5mm，PCB 尺寸：50mm×50mm～410mm×360mm(max)，供料器 80（推车式）	KE-760	1.1 万	±4μm/4δ（QFP）	CSP，BGA 50mm×50mm 以下，0.3mm 引脚 QFP，插头 100mm 以下，IC 插座

续表

制造公司	高速机				多功能机			
^	型号	功能			型号	功能		
^	^	贴片速度/(万片/h)	贴片精度	适用范围	^	贴片速度/(片/h)	贴片精度	适用范围
西门子	HS-50	Chip5	±90μm/4δ, θ±0.7°	元器件0603: 18.7mm×18.7mm 器件 pith0.5mm, PCB 尺寸: 50mm×50mm～508mm×460mm(max), 供料器96或144（换3×8型feeder）	80F	0603: 32mm×32mm 的器件 8000, 55mm×55mm QFP1800	±4μm/4δ (QFP)	0.5 mm×0.5 mm～55mm×55mm, FC

3．按照贴装元器件的工作方式分类

按照贴装元器件的工作方式，贴片机有四种类型：顺序式、同时式、流水作业式和顺序—同时式。它们在组装速度、精度和灵活性方面各有特色，要根据产品的品种、批量和生产规模进行选择。目前国内电子产品制造企业里，使用最多的是顺序式贴片机。

（1）流水作业式贴片机。所谓流水作业式贴片机，是指由多个贴装头组合而成的流水线式的机型，每个贴装头负责贴装一种或在电路板上某一部位的元器件，如图 6-1（a）所示。这种机型适用于元器件数量较少的小型电路。

图 6-1 不同工作方式的贴片机类型

（2）顺序式贴片机。顺序式贴片机如图 6-1（b）所示，它由单个贴装头顺序地拾取各种片状元器件。固定在工作台上的电路板由计算机控制在"X-Y"方向上的移动，使板上贴装元器件的位置恰好位于贴装头的下面。

（3）同时式贴片机。同时式贴片机也叫多贴装头贴片机，它有多个贴装头，分别从供料系统中拾取不同的元器件，同时把它们贴放到电路基板的不同位置上，如图6-1（c）所示。

（4）顺序—同时式贴片机。顺序—同时式贴片机是顺序式和同时式两种机型功能的组

合。片状元器件的放置位置，可以通过电路板在"X-Y"方向上的移动或贴装头在"X-Y"方向上的移动来实现，也可以通过两者同时移动实施控制，如图6-1（d）所示。

6.1.2 自动贴片机的主要结构

自动贴片机相当于机器人的机械手，能按照事先编制好的程序把元器件从包装中取出来，并贴放到电路板相应的位置上。贴片机有多种规格和型号，但它们的基本结构都相同。

贴片机的基本结构包括设备本体、片状元器件供给系统、电路板传送与定位装置、贴装头及其驱动定位装置、贴片工具（吸嘴）、光学检测与视觉对中系统、计算机控制系统等。图6-2所示为一款全自动高速贴片机的实物照片。

1．设备本体

贴片机的设备本体用于安装和支撑贴片机的底座，一般采用质量大，振动小，有利于保证设备精度的铸铁件制造。

2．贴装头

贴装头也叫吸－放头，是贴片机上最复杂、最关键的部分，它相当于机械手，它的动作由拾取－贴放和移动－定位两种模式组成。贴装头通过程序控制，完成三维的往复运动，实现从供料系统取料后移动到电路基板指定位置上的操作。

（1）贴装头的种类。贴装头的种类分为单头和多头两大类，多头贴装头又分为固定式和旋转式，旋转式包括水平旋转/转塔式和垂直旋转/转盘式两种。

① 固定式单头。早期单头贴片机主要由吸嘴、定位爪、定位台、Z 轴和 θ 角运动系统组成，并固定在 X/Y 传动机构上，当吸嘴吸取一个元器件后，通过机械对中机构实现元器件对中，并给供料器一个信号，使下一个元器件进入吸片位置。这种方式贴片速度很慢，通常贴放一只片式元器件需1s。

② 固定式多头。这是通用型贴片机采用的结构，它在单头的基础上进行了改进，即由单头增加到了 3～6 个贴片头。它们仍然被固定在 X/Y 轴上，但不再使用机械对中，而改为多种形式的光学对中，工作时分别吸取元器件，对中后再依次贴放到 PCB 指定位置上。这类机型的贴片速度可达每小时 3 万个元器件，而且这类机器的价格较低，并可组合连用。固定式多头系统的外观如图6-3所示。

图6-2 全自动高速贴片机的实物照片　　　　图6-3 固定式多头系统的外观

固定式单头和固定式多头由于工作时只做 X/Y 方向的运动，因此均属于平动式贴装头。

③ 垂直旋转/转盘式贴装头。旋转头上安装有 6～30 个吸嘴，工作时每个吸嘴均吸取元器件，并在 CCD 处调整Δθ，吸嘴中都装有真空传感器与压力传感器。这类贴装头多见于西门子公司的贴装机中，通常贴装机内装有两组或四组贴装头，其中一组在贴片，另一组在吸取元器件，然后交换功能以达到高速贴片的目的。图 6-4 所示是这种贴装头的实物照片，图 6-5 所示是装有 12 个吸嘴的转盘式贴装头的工作示意图。

图 6-4 垂直旋转/转盘式贴装头的实物照片

贴装头的 X-Y 定位系统一般用直流伺服电动机驱动，通过机械丝杠传输力矩。如果采用磁尺和光栅定位，则其精度高于丝杠定位，但丝杠定位比较容易维护修理。

图 6-5 转盘式贴装头的工作示意图

④ 水平旋转/转塔式。转塔的概念是将多个贴装头组装成一个整体，贴装头有的在一个圆环内呈环形分布，也有的呈星形放射状分布，工作时这一贴装头组合在水平方向顺时针旋转，故此称为转塔。水平旋转/转塔式贴装头如图 6-6 所示。

(a) 实物照片　　　　　　　　　　(b) 结构图

图 6-6　水平旋转/转塔式贴装头

转塔式贴片机的转塔一般有 12～24 个贴装头，每个头上有 5～6 个吸嘴，可以吸放多种大小不同的元器件。贴片头固定安装在转塔上，只能做水平方向旋转。旋转头各位置的功能做了明确的分工，贴片头在 1 号位从供料器上吸取元器件，然后在运动过程中完成校正、测试，直至 7 号位完成贴片工序。由于贴片头是固定旋转的，不能移动，元器件的供给只能靠供料器在水平方向的运动来完成，贴放位置则由 PCB 工作台的 X/Y 高速运动来实现。在贴片头的旋转过程中，供料器及 PCB 也在同步运行。由于拾取元器件和贴片动作同时进行，使得贴片速度大幅度提高。

图 6-7 所示是松下公司 MSR 型水平旋转/转塔式贴片机的工作示意图，它由料架、X-Y 工作台及具有 16 个贴片头的旋转头组成。每个贴片头各有 6 种吸嘴，可分别吸取不同尺寸的元器件，贴片速度为 4.5 万片/h。工作时，16 个贴片头仅做圆周运动，贴片机工作时贴片头在位号①处吸取元器件，所吸取的元器件由仅做 Y 方向来回运动的料架提供，当贴片头吸取元器件后，在位号②处检测被吸起元器件高度Δt，接着在位号③处，根据②位检测出元器件的高度进行自动调焦，并通过 CCD 识别检测元器件的状态ΔX、ΔY 和$\Delta \theta$，在运动过程中于④位校正转动—修正$\Delta \theta$，当贴片头运行到⑤位时，X-Y 工作台控制系统根据检测出的ΔX、ΔY 和$\Delta \theta$，进行位置校正，并在瞬间内完成贴片过程，然后贴片头继续运行，完成不良元器件的排除（在③位判别不合格的元器件将不贴装）和更换吸嘴，并为吸取第二个元器件做准备，此时料架将第二种元器件的 feeder 送到①号位。通常一个贴片周期仅为 0.08s，在此时间内，X-Y 工作台完成定位，料架完成送料的准备过程。

（2）贴装头的吸嘴。贴装头的端部有一个用真空泵控制的贴装工具（吸嘴），不同形状、不同大小的元器件要采用不同的吸嘴拾放：一般元器件采用真空吸嘴，异形元器件（如没有吸取平面的连接器等）用机械爪结构拾取。当换向阀门打开时，吸嘴的负压把 SMT 元器件从供料系统中吸上来；当换向阀门关闭时，吸盘把元器件释放到电路基板上。贴装头通过上述两种模式的组合，完成拾取—贴放元器件的动作。

图 6-7 MSR 型水平旋转/转塔式贴片机的工作示意图

由于吸嘴频繁、高速与元器件接触，其磨损是非常严重的。早期吸嘴采用合金材料，后来又改为碳纤维耐磨塑料材料，更先进的吸嘴则采用陶瓷材料及金刚石，使吸嘴更耐用。同时，为了防止静电损坏元器件或在取料过程中带走其他元器件，吸嘴材料需要抗静电。图 6-8 所示为吸嘴结构与几种不同材料的吸嘴头外形。

为了尽量避免吸料过程中元器件侧立，保证足够的真空度和元器件被吸起之后的平衡，在吸嘴头部需要设计 2 个或 3 个孔。考虑到贴装密度小于 0.25mm 的情况，吸嘴头部要足够细，它上面的孔也相应地较细。对 0201 吸嘴而言，最小的孔径可达 0.127mm，而 01005 元器件的吸嘴更细，达 0.1mm。这不仅给制造带来了难度，也需提高这些吸嘴的清洁保养频度。对吸嘴清洁保养的要求比其他类型的吸嘴要高，需要利用清洁溶剂和超声波来清洗。

图 6-9 所示是某机型 0201 元器件吸嘴实物图与吸嘴头部开孔尺寸示意图。

(a) 吸嘴结构　　(b) 几种不同材料的吸嘴头外形

图 6-8　吸嘴结构与几种不同材料的吸嘴头外形

图 6-9　某机型 0201 元器件吸嘴实物图与吸嘴头部开孔尺寸示意图

3. 供料系统

供料器按照驱动方式的不同，可以分为电驱动、空气压力驱动和机械打击式驱动。其中，电驱动的振动小，噪声低，控制精度高，因此目前高端贴片机中供料器的驱动基本上都采用电驱动，而中低档贴片机都采用空气压力驱动和机械打击式驱动。根据 SMC/SMD 包装的不同，供料器通常有带状供料器、管状供料器、盘状供料器和散装供料器等几种。

供料系统的工作状态根据元器件的包装形式和贴片机的类型而定。贴装前，将各种类型的供料装置分别安装到相应的供料器支架上。随着贴装进程，装载着多种不同元器件的散装料仓水平旋转，把即将贴装的那种元器件转到料仓门的下方，便于贴装头拾取；纸带包装元器件的盘装编带随编带架垂直旋转；管状送料器定位料斗在水平面上二维移动，为贴装头提供新的待取元器件。

4．定位系统

（1）X、Y定位系统。X、Y定位系统包括X、Y传动机构和X、Y伺服系统。它的功能有两种：一种是支撑贴装头，即贴装头安装在X导轨上，X导轨沿Y方向运动，从而实现在X/Y方向贴片的全过程；另一种是支撑PCB承载平台，并实现PCB在X/Y方向上的移动。这类结构常见于转塔式旋转头类的贴片机中，在这类高速机中，其贴装头仅做旋转运动，而依靠供料器的水平移动和PCB承载平面的运动完成贴片过程。还有一类贴片机，贴装头安装在X导轨上，并仅做X方向运动，而PCB的承载台仅做Y方向运动，工作时两者配合完成贴片过程。

X、Y传动机构主要有两大类，一类是滚珠丝杠—直线导轨，另一类是同步齿形带—直线导轨。

X、Y定位系统是由X、Y伺服系统来保证的，伺服系统由计算机控制系统、位移传感器和交流伺服电动机组成。在位移传感器及控制系统的指挥下，由交流伺服电动机驱动X、Y传动机构，实现精确定位。其中，位移传感器的精度起着关键作用。目前贴片机上使用的位移传感器有圆光栅编码器、磁栅尺和光栅尺三种。这三种测量方法均能获得很高的运动定位精度。

（2）Z轴定位系统。在通用型贴片机中，支撑贴片头的基座固定在X导轨上，基座本身不做Z方向的运动。这里的Z轴控制系统，特指贴片头的吸嘴在运动过程中的定位，其目的是适应不同厚度PCB与不同高度元器件贴片的需要。Z轴控制系统常见的形式有圆光栅编码器—AC/DC马达伺服系统和圆筒凸轮控制系统两种。

（3）Z轴的旋转定位。早期贴片机的Z轴/吸嘴的旋转控制是采用汽缸和挡块来实现的，只能做到0°和90°控制，现在的贴片机已直接将微型脉冲马达安装在贴片头内部，以实现θ方向高精度的控制。松下MSR型贴片机微型脉冲马达的分辨率为0.072°/脉冲，它通过高精度的谐波驱动器（减速比为30:1）直接驱动吸嘴装置。由于谐波驱动器具有输入轴与输出轴同心度高，间隙小，振动低等优点，故吸嘴θ方向的实际分辨率可高达0.002 24°/脉冲，确保了贴片精度的提高。

5．计算机控制系统

计算机控制系统是指挥贴片机进行准确有序操作的核心，目前大多数贴片机的计算机控制系统采用Windows界面。可以通过高级语言软件或硬件开关，在线或离线编制计算机程序并自动进行优化，控制贴片机的自动工作步骤。每个片状元器件的精确位置，都要编程输入计算机。具有视觉检测系统的贴片机，也是通过计算机实现对电路板上贴片位置的图形识别的。

6.1.3 贴片机的主要技术指标

衡量贴片机的三个重要指标是精度、速度和适应性。

1．精度

精度是贴片机主要的技术指标之一。不同厂家制造的贴片机，使用不同的精度体系。精度与贴片机的对中方式有关,其中以全视觉对中的精度最高。一般来说,贴片的精度体系应该包含三个项目:贴片精度、分辨率和重复精度,三者之间有一定的相关关系。

贴片精度。贴片精度是指元器件贴装后相对于 PCB 上标准位置的偏移量大小,被定义为元器件焊端距离指定位置的综合误差的最大值。贴片精度由两种误差组成,即平移误差和旋转误差,如图 6-10 所示。平移误差主要因为"X-Y"定位系统不够精确,旋转误差主要因为元器件对中机构不够精确和贴装工具存在旋转误差。

贴装 SMC 要求精度达到±0.01mm,贴装高密度、窄间距的 SMD 至少要求精度达到±0.06mm。

(2)分辨率。分辨率是贴片机分辨空间连续点的能力,指贴片机能够分辨的最近两点之间的距离。贴片机的分辨率取决于两个因素:一是定位驱动电动机的分辨率,二是传动轴驱动机构上的旋转位置或线性位置检测装置的分辨率。贴片机的分辨率用来度量贴片机运行时的最小增量,是衡量机器本身精度的重要指标。例如,丝杠的每个步进长度为 0.01mm,那么该贴片机的分辨率为 0.01mm。

描述贴片机性能时很少使用分辨率,一般在比较不同贴片机的性能时才使用它。

(3)重复精度。重复精度是贴装头重复返回贴片位置的能力。通常采用双向重复精度的概念,它定义为"在一系列试验中,从两个方向接近任一给定点时离开平均值的偏差",如图 6-11 所示。

图 6-10 贴片机的贴片精度

图 6-11 贴片机的重复精度

2. 速度

有许多因素会影响贴片机的贴片速度,如 PCB 的设计质量、元器件供料器的数量和位置等。一般高速机的贴片速度高于 5 片/s,目前最高的贴片速度已经达到 20 片/s 以上;高精度、多功能贴片机一般都是中速机,贴片速度为 2~3 片/s。贴片机的速度主要用以下几个指标来衡量:

(1)贴装周期:完成一个贴装过程所用的时间,它包括从拾取元器件、元器件定位、检测、贴放和返回到拾取元器件的位置这一过程所用的时间。

(2)贴装率:在一小时内完成的贴片周期。测算时,先测出贴片机在 50mm×250mm 的电路板上贴装均匀分布的 150 只片状元器件的时间,然后计算出贴装一只元器件的平均时间，最后计算出一小时贴装的元器件数量，即贴装率。目前高速贴片机的贴装率可达每小时数万片。

（3）生产量：理论上每班的生产量可以根据贴装率来计算，但实际的生产量会受到许多因素的影响，与理论值有较大的差距。影响生产量的因素有生产时停机，更换供料器或重新调整电路板位置的时间等因素。

3．适应性

适应性是贴片机适应不同贴装要求的能力，包括以下内容：

（1）能贴装的元器件种类：贴装元器件种类广泛的贴片机，比仅能贴装 SMC 或少量 SMD 类型的贴片机的适应性好。影响贴装元器件类型的主要因素是贴片精度、贴装工具、定位机构与元器件的相容性，以及贴片机能够容纳供料器的数目和种类。一般，高速贴片机主要可以贴装各种 SMC 元器件和较小的 SMD 器件（最大约 25mm×30mm）；多功能机可以贴装从 1.0mm×0.5mm～54mm×54mm 的 SMD 器件（目前可贴装的元器件尺寸已经达到最小 0.6mm×0.3mm，最大 60mm×60mm），还可以贴装连接器等异形元器件，连接器的最大长度可达 150mm 以上。

（2）贴片机能够容纳供料器的数目和种类：贴片机上供料器的容纳量通常用能装到贴片机上的 8mm 编带供料器的最多数目来衡量。一般高速贴片机的供料器位置多于 120 个，多功能贴片机的供料器位置在 60～120 个之间。由于并不是所有元器件都能包装在 8mm 编带中，所以贴片机的实际容量将随着元器件的类型而变化。

（3）贴装面积：由贴片机传送轨道及贴装头的运动范围决定。一般可贴装的电路板尺寸，最小为 50mm×50mm，最大应大于 250mm×300mm。

（4）贴片机的调整：当贴片机从组装一种类型的电路板转换到组装另一种类型的电路板时，需要进行贴片机的再编程，供料器的更换，电路板传送机构和定位工作台的调整，贴装头的调整和更换等工作。高档贴片机一般采用计算机编程方式进行调整，低档贴片机多采用人工方式进行调整。

6.2 贴片质量控制与要求

6.2.1 对贴片质量的要求

1．贴片工序对贴装元器件的要求

① 元器件的类型、型号、标称值和极性等特征标记，都应该符合产品装配图和明细表的要求。

② 被贴装元器件的焊端或引脚至少要有 1/2 的厚度浸入焊锡膏。一般元器件贴片时，焊锡膏挤出量应小于 0.2mm；窄间距元器件的焊锡膏挤出量应小于 0.1mm。

③ 元器件的焊端或引脚都应该尽量和焊盘图形对齐、居中。再流焊时，熔融的焊料使元器件具有自定位效应，允许元器件的贴装位置有一定的偏差。

2. 元器件贴装偏差

（1）矩形元器件允许的贴装偏差范围。如图 6-12 所示，图 6-12（a）中的元器件贴装优良，元器件的焊端居中位于焊盘上。图 6-12（b）表示元器件在贴装时发生横向移位（规定元器件的长度方向为"纵向"），合格的标准是：焊端宽度的 3/4 以上在焊盘上，即 $D_1 \geq$ 焊端宽度的 75%，否则为不合格。图 6-12（c）表示元器件在贴装时发生纵向移位，合格的标准是：焊端与焊盘必须交叠，即 $D_2 \geq 0$，否则为不合格。图 6-12（d）表示元器件在贴装时发生旋转偏移，合格的标准是：$D_3 \geq$ 焊端宽度的 75%，否则为不合格。图 6-12（e）表示元器件在贴装时与焊锡膏图形的关系，合格的标准是：元器件焊端必须接触焊锡膏图形，否则为不合格。

图 6-12 矩形元器件贴装偏差

（2）小外形晶体管（SOT）允许的贴装偏差范围。允许有旋转偏差，但引脚必须全部在焊盘上。

（3）小外形集成电路（SOIC）允许的贴装偏差范围。允许有平移或旋转偏差，但必须保证引脚宽度的 3/4 在焊盘上，如图 6-13 所示。

（4）四边扁平封装器件和超小型器件（QFP，包括 PLCC 器件）允许的贴装偏差范围。要保证引脚宽度的 3/4 在焊盘上，允许有旋转偏差，但必须保证引脚长度的 3/4 在焊盘上。

（5）BGA 器件允许的贴装偏差范围。焊球中心与焊盘中心的最大偏移量小于焊球半径，如图 6-14 所示。

图 6-13 SOIC 集成电路贴装偏差

图 6-14 BGA 器件贴装偏差

6.2.2 贴片过程质量控制

在贴片过程中的关键控制因素有基板的平整支撑，真空关闭转为吹气的控制，元器件贴片压力的控制，以及视觉对中系统。

1. 基板的平整支撑

基板进入贴片机后，传输导轨将基板两边夹住，同时支撑平台上升将基板支撑住并继续上升到贴片高度。在此过程中，由于外力的作用，容易导致基板变形，加上基板来料可能存在的变形，会严重影响贴片的质量。特别是薄型基板的应用，更容易出现"弹簧床"效应。薄板随着贴装头的下压而下凹，并随着贴片压力的消失而恢复变形，如此反复，将造成元器件在基板上移动而出现贴片缺陷。所以在支撑平台上需要安排支撑装置，保证基板在贴片过程中平整稳定。这种装置可以采用真空将基板吸住，也可采用具有吸能作用的特殊橡胶顶针，以消除在贴片过程中的振动并保证基板平整，如图 6-15 所示。

图 6-15　具有吸能作用的特殊橡胶支撑装置

2. 真空关闭转为吹气的控制

吸嘴拾起元器件并将其贴放到 PCB 上，一般有两种方式：一是根据元器件的高度，即事先输入元器件的厚度，当吸嘴下降到此高度时，真空释放并将元器件贴放到焊盘上，采用这种方法有时会因元器件厚度的误差，出现贴放过早或过迟现象，严重时会引起元器件移位或飞片的缺陷；另一种方法是吸嘴根据元器件与 PCB 接触瞬间产生的反作用力，在压力传感器的作用下实现贴放的软着陆，又称为 Z 轴软着陆，其工作过程如下：

贴装头将元器件拾取后，CCD 对元器件照相对中并将元器件移至 PCB 贴片位置上方。贴装头 Z 轴加速下降到贴片高度，之后 Z 轴继续减速下降，同时轴内真空关闭，转化为吹气。元器件接触到 PCB 上的焊锡膏，贴片轴感应到设定的压力后上升并移开，完成单个元器件的贴片过程。在这个过程中真空的灵敏快速切换和吹气的时间及强度控制很关键。真空关闭太慢，吹气动作也会延迟，在贴片轴上升过程中会将元器件带走，或导致元器件偏移。如果在元器件被压至最低点时吹气，容易将焊锡膏吹散，再流焊接之后出现锡珠等焊接缺陷。真空关闭太快，吹气动作也会提前，有可能元器件还未接触到焊锡膏便被吹飞，导致焊锡膏被吹散，吸嘴被焊锡膏污染。灵敏的真空切换应该在 5ms 内在 50mm 的轴内完成。对于基板变形的情况，贴片轴必须能够感应小到 25.4μm 的变形所对应的压力变化，以补偿基板变形。

3. 元器件贴片压力的控制

贴片压力是另一个需要控制的关键因素。贴片压力过大，会导致元器件损坏，焊锡膏塌陷，元器件下出现锡珠，同时过大的压力会导致在下压过程中元器件上出现一个水平力，而使元器件产生滑动偏移，如图 6-16 所示。如果压力过小，元器件焊端或引脚就会浮放在焊锡膏表面，焊锡膏就不能粘住元器件，在电路板传送和焊接过程中，未粘住的元器件可能移动位置或掉落。

图 6-16　焊锡膏塌陷造成焊接缺陷

4．视觉对中系统

机器视觉对中系统是影响元器件组装精度的主要因素。机器视觉对中系统在工作过程中首先是对 PCB 的位置进行确认，当 PCB 输送至贴片位置上时，安装在贴片机头部的 CCD，首先通过对 PCB 上定位标志的识别，实现对 PCB 位置的确认；CCD 对定位标志确认后，通过 BUS（总线）反馈给计算机，计算出贴片圆点位置误差（ΔX, ΔY），同时反馈给控制系统，以实现 PCB 识别过程并被精确定位，使贴装头能把元器件准确地释放到一定的位置上。在确认 PCB 位置后，接着是对元器件的确认，包括元器件的外形是否与程序一致，元器件的中心是否居中，元器件引脚的共面性和形变。其中，元器件对中过程为：贴片头吸取元器件后，视觉对中系统对元器件成像，并转化成数字图像信号，经计算机分析出元器件的几何中心和几何尺寸，并与控制程序中的数据进行比较，计算出吸嘴中心与元器件中心在 ΔX、ΔY 和 $\Delta \theta$ 的误差，并及时反馈至控制系统进行修正，保证元器件引脚与 PCB 焊盘重合。

图 6-17 所示是一个典型的贴片视觉对中系统示意图。

图 6-17　贴片视觉对中系统示意图

① 俯视摄像机安装在贴装头上，用来在电路板上搜寻目标（称做基准），以便在贴装前将电路板置于正确位置。

② 仰视摄像机用于在固定位置检测元器件，在贴装之前，元器件必须移过摄像机上方，以便做视觉对中处理。由于贴装头必须移至供料器吸取元器件，摄像机安装在拾取位置（送料处）和安装位置（板上）之间，视像的获取和处理便可在贴装头移动的过程中同时进行，从而缩短贴装时间。

③ 头部摄像机直接安装在贴装头上，在拾取元器件移到指定位置的过程中完成对元器件的检测，这种系统称为"飞行对中系统"，它可以大幅度提高贴装效率。该系统由两个模块组成：一个模块是由光源与散射透镜组成的光源模块，光源采用 LED 发光二极管；另一个模块是采用 Line CCD 及一组光学镜头组成的接收模块。这两个模块分别装在贴装头主轴的两边，与主轴及其他组件组成贴装头，如图 6-18 所示。贴片机有几个贴装头，就会有相应的几套系统。

图 6-18 "飞行对中系统"工作示意图

6.2.3 全自动贴片机操作指导

1. 贴片工艺流程

全自动贴片机贴片工艺流程如图 6-19 所示。

图 6-19 全自动贴片机贴片工艺流程

2. 贴片作业准备

贴片作业准备工作主要包括：
① 贴装工艺文件准备；
② 元器件类型、包装、数量与规格稽核；
③ PCB 焊盘表面焊锡膏涂覆稽核；
④ 料站的组件规格核对；
⑤ 是否有手补件或临时不贴件、加贴件；
⑥ 贴片编程。

3. 贴片机开机

（1）操作前检查。
① 电源。检查电源是否正常。
② 气源。检查气压是否达到贴片机规定的供气需求，通常为 0.55MPa。
③ 安全盖。检查前后安全盖是否已盖好。
④ 供料器。检查每个供料器是否安全地安装在供料台上且没有翘起，无杂物或散料在供料器上。
⑤ 传送部分。检查有无杂物在传送带上，各传送带部件运动时有无相互妨碍。根据 PCB 宽度调整传送轨道宽度，轨道宽度一般应大于 PCB 宽度 1cm，要保证 PCB 在轨道上运动流畅。
⑥ 贴装头。检查每个头的吸嘴是否归位。
⑦ 吸嘴。检查每个吸嘴是否有堵塞或缺口现象。
⑧ 顶针。开机前需严格检查顶针的高度是否满足支撑 PCB 的需求，根据 PCB 厚度及外形尺寸确定顶针数量和位置。

（2）打开主电源开关，启动贴片机。打开位于贴片机前面右下角的主电源开关，贴片机会自动启动至初始化界面。

（3）执行回原点操作。初始化完毕后，会显示执行回原点的对话框，单击"确定"按钮，贴片机开始回原点。注意：当执行回原点操作时机器的每个轴都会移动，操作人员要确保身体处于贴片头移动范围之外。将身体的任何部位伸入贴片机头部移动范围都是危险的。

（4）预热。在较长时间停机或寒冷环境下使用时，需在接通电源后立即进行预热。选择预热对象（在"轴"、"传送"、"MTC"中选择一项，初始设置为"轴"）→选择预热结束条件（可选择时间或次数，按"时间（min）"或"次数"按钮即可，初始设定为"时间（min）"）→设置时间或次数→设置速度。

（5）进入在线编程或调用程序准备生产。

4. 贴片机关机

（1）停止贴片机运行。有四种方法可以停止贴片机运行。
① 紧急停止按钮。按下该按钮，触发紧急停止。在正常运行状态下不要用这种方式停止贴片机运行。

②【STOP】键（操作面板上）。按下【STOP】键立即停止贴片机运行，回到待机状态，在操作面板上按【START】键。

③【Cycle Stop】键。按下该键，则贴片机在贴装完当前这块 PCB 后停止。

④【Conveyout Stop】键。如果想在贴装完当前传送带的 PCB 后停止运行，按下这个键。所有在传送带上的 PCB 在贴装完后都会被传出，但新放置在入口处的 PCB 不会被传进。

注意：除紧急情况外，不要在贴片机运行状态按下紧急停止按钮。

（2）复位。按下操作面板上的【RESET】键，贴片机会立即停止运行，回到等待生产状态。

（3）按下屏幕上的【OFF】键。

① 当检查窗口出现时按下【YES】键。

② 当回原点对话框出现后按下【OK】键。

③ 当关机对话框出现后按下【OK】键。

④ 按下紧急停止按钮。当紧急停止对话框出现后，按下紧急停止按钮，然后按【OK】键。

（4）关闭主电源开关。当显示"Ready to shut down"时，按下【OK】键并关闭右下方的主电源开关。

注意：如果不遵循以上步骤关机，有可能会对系统软件或数据造成损害。

由于机型不同和软件版本的关系，如果实际界面和本操作指导有区别，请以实际显示界面和该机型配套的说明书为准。

6.2.4 贴片缺陷分析

SMT 贴片常见的品质问题有：漏件、侧件、翻件、偏位、元器件损坏等。在表面组装产品的生产中，假设有 1 个元器件为不合格品或贴装不良，若在贴装过程的现工序中发现，其检查修复成本为 1；而在后工序中的检查修复成本则为 10；如果在产品投入市场后再进行返修，则其检查修复成本将高达 100。所以，尽快尽早地发现不良现象，把住生产中每一个环节的质量关，是 SMT 生产的重要原则。

1. 贴片漏件的主要因素

可以考虑以下几个方面：

① 元器件供料架（Feeder）送料不到位；

② 元器件吸嘴的气路堵塞，吸嘴损坏，吸嘴高度不正确；

③ 设备的真空气路故障，发生堵塞；

④ 电路板进货不良，产生变形；

⑤ 电路板的焊盘上没有焊锡膏或焊锡膏过少；

⑥ 元器件质量问题，同一品种的厚度不一致；

⑦ 贴片机调用程序有错漏，或者编程时对元器件厚度参数的选择有误；

⑧ 人为因素不慎碰掉。

2．SMC 电阻器贴片时翻件、侧件的主要因素

可以考虑以下几个方面：
① 元器件供料架（Feeder）送料异常；
② 贴装头的吸嘴高度不对；
③ 贴装头抓料的高度不对；
④ 元器件编带的装料孔尺寸过大，元器件因振动翻转；
⑤ 散料放入编带时的方向弄反。

3．元器件贴片偏位的主要因素

可能的原因是：
① 贴片机编程时，元器件的 X-Y 轴坐标不正确；
② 贴片吸嘴原因，使吸料不稳。

4．元器件贴片时损坏的主要因素

可能的原因是：
① 定位顶针过高，使电路板的位置过高，元器件在贴装时被挤压；
② 贴片机编程时，元器件的 Z 轴坐标不正确；
③ 贴装头的吸嘴弹簧被卡死。

6.3 手工贴装 SMT 元器件

1．全手工贴装

手工贴装 SMT 元器件，俗称手工贴片。除了因为条件限制需要手工贴片焊接以外，在具备自动生产设备的企业里，假如元器件是散装的或有引脚变形的情况，也可以进行手工贴片，作为机器贴装的补充手段。

（1）手工贴片之前需要先在电路板的焊接部位涂抹助焊剂和焊锡膏。可以用刷子把助焊剂直接刷涂到焊盘上，也可以采用简易印刷工装手工印刷焊锡膏或手动滴涂焊锡膏。

（2）采用手工贴片工具贴放 SMT 元器件。手工贴片的工具有：不锈钢镊子、吸笔、3～5 倍台式放大镜或 5～20 倍立体显微镜、防静电工作台、防静电腕带。

（3）手工贴片的操作方法。

① 贴装 SMC 片状元器件：用镊子夹持元器件，把元器件焊端对齐两端焊盘，居中贴放在焊锡膏上，用镊子轻轻按压，使焊端浸入焊锡膏。

② 贴装 SOT：用镊子夹持 SOT 元器件体，对准方向，对齐焊盘，居中贴放在焊锡膏上，确认后用镊子轻轻按压元器件体，使浸入焊锡膏中的引脚深度不小于引脚厚度的 1/2。

③ 贴装 SOP、QFP：器件 1 脚或前端标志对准印制板上的定位标志，用镊子夹持或用吸笔吸取器件，对齐两端或四边焊盘，居中贴放在焊锡膏上，用镊子轻轻按压器件封装的顶面，使浸入焊锡膏中的引脚深度不小于引脚厚度的 1/2。贴装引脚间距在 0.65mm 以下的窄

间距器件时，可在 3～20 倍的放大镜或显微镜下操作。

④ 贴装 SOJ、PLCC：与贴装 SOP、QFP 的方法相同，只是由于 SOJ、PLCC 的引脚在器件四周的底部，需要把印制板倾斜 45°角来检查芯片是否对中，引脚是否与焊盘对齐。

贴装元器件以后，用手工、半自动或自动的方法进行焊接。

（4）在手工贴片前必须保证焊盘清洁。新电路板上的焊盘都比较干净，但返修的电路板在拆掉旧元器件以后，焊盘上就会有残留的焊料。贴换元器件到返修位置上之前，必须先用手工或半自动的方法清除残留在焊盘上的焊料，如使用电烙铁、吸锡线、手动吸锡器或用真空吸锡泵把焊料吸走。清理返修的电路板时要特别小心，在组装密度越来越大的情况下，操作比较困难，并且容易损坏其他元器件及线路板。

2．利用手动贴片机贴片

手动贴片也可以利用手动贴片机进行，这类贴片机的机头有一套简易的手动支架，手动贴片头安装在 Y 轴头部，X/Y、θ 定位可以靠人手的移动和旋转来校正位置，如图 6-20 所示。有时还可以采用配套光学系统来帮助定位，手动贴片机具有多功能、高精度的特点，主要用于新产品开发，适合中小企业与科研单位小批量生产使用。

图 6-20　手动贴片头工作原理

（1）手动贴片机的组成。

① 贴片机主体；

② PCB 定位平台；

③ 贴片顺滑导向控制系统；

④ 静音真空泵；

⑤ 元器件供料系统。

手动贴片机整套系统配合不同的吸嘴，能拾放各种不同的贴片元器件，如片式电阻、电容、二极管、晶体管、SOT、SOP、PLCC、QFP 等各种元器件。内置真空泵，不需外接气源，可以方便地拾取各种 IC 元器件；一般均具有机械四维自由度，配有 X、Y 轴高精密导轨，贴片头可进行 X 向、Y 向、Z 向平滑移动，贴片头还可进行 0°～360°的自由旋转；贴片速度约 300～600 片/h。

（2）操作流程。图 6-21 所示是 TP39 型手动贴片机，它的盘式喂料器可放置 24 种元器件，带式喂料器最多可放置 15 种元器件，根据实际生产需求，放置好所有元器件后，打开电源，操作人员将贴片头轻轻移动到元器件顶部，元器件便会自动被真空吸嘴吸起。然后把贴片头移动到 PCB 相应焊盘上，旋转贴片头，对好位置，把贴片头向下简单一按，同时脚踩脚踏开关，真空关闭，完成这个元器件的贴装。

图 6-21　TP39 型手动贴片机

6.4　思考与练习题

1．自动贴片机是怎样分类的？简述每种工作类型贴片机的工作原理与过程。
2．说明 SMT 工艺中自动贴片机的主要结构。
3．简述各种贴装头的类型与特点。
4．贴片机的主要技术指标有哪些？
5．对贴片质量有哪些具体要求？SMT 贴片常见的品质问题有哪些？如何解决？
6．画出全自动贴片机贴片工艺流程图。
7．叙述 MSR 型水平旋转/转塔式贴片机的贴片过程。
8．叙述手工贴装片式元器件的操作方法。

第7章 波峰焊与波峰焊设备

7.1 电子产品焊接工艺原理和特点

任何复杂的电子产品都是由最基本的元器件组成的,通过导线将电子元器件连接起来,就能够完成一定的电气连接,实现特定的电路功能。随着印制电路板的诞生,把元器件安装到 PCB 上,焊接便成了连接印制导线和元器件的主要方式,印制电路板的焊接在电子产品制造技术中占据十分重要的地位。

SMT 组装工艺,主要特征表现在装配焊接环节,由它引发的材料、设备和方法的更新换代,使电子产品的制造工艺发生了根本性变化。

7.1.1 锡焊原理

在电子产品制造过程中,应用最普遍、最有代表性的焊接技术是锡焊。锡焊能够完成机械的连接,对两个金属部件起到结合、固定的作用;锡焊同时实现电气的连接,让两个金属部件电气导通,这种电气的连接是电子产品焊接作业的特征,是黏合剂所不能替代的。

除了含有大量铬、铝等元素的一些合金材料不宜采用锡焊焊接以外,其他金属材料大都可以采用锡焊焊接。锡焊方法简便,只需要使用简单的工具(如电烙铁)即可完成焊接、焊点整修、元器件拆换等工艺过程。此外,锡焊还具有成本低,容易实现自动化等优点,在电子工程技术里,它是使用最早、最广,占比重最大的焊接方法。

在电子产品生产企业里,既可以使用自动焊接设备一次完成大量的焊接,也可以由工人手持电烙铁进行简单的锡焊操作。

锡焊是将焊件和焊料共同加热到锡焊温度,在焊件不熔化的情况下,焊料熔化并润湿焊接面,形成焊件的连接。其主要特征有以下三点:
- 焊料熔点低于焊件。
- 焊接时将焊料与焊件共同加热到锡焊温度,焊料熔化而焊件不熔化。
- 焊接的形成依靠熔化状态的焊料润湿焊接面,由毛细作用使焊料进入焊件的间隙,依靠二者原子的扩散,形成一个合金层,从而实现焊件的结合。

1. 润湿

焊接的物理基础是"润湿",润湿也叫做"浸润"。润湿是指液体在与固体的接触面上摊开,充分铺展接触的现象。锡焊的过程,就是通过加热,让铅锡焊料在焊接面上熔化、流动、润湿,使铅锡原子渗透到铜母材(导线、焊盘)的表面内,并在两者的接触面上形成 $Cu_6\text{-}Sn_5$ 的脆性合金层。

在焊接过程中，焊料和母材接触所形成的夹角叫做润湿角，如图 7-1 中的θ。图 7-1（a）中，当θ<90°时，焊料与母材没有润湿，不能形成良好的焊点；图 7-1（b）中，当θ>90°时，焊料与母材润湿，能够形成良好的焊点。仔细观察焊点的润湿角，就能判断焊点的质量。

显然，如果焊接面上有阻隔润湿的污垢或氧化层，不能生成两种金属材料的合金层，或者温度不够高使焊料没有充分熔化，则就不能使焊料润湿。

图 7-1 润湿与润湿角

2．锡焊的条件

进行锡焊，必须具备以下条件：

（1）焊件必须具有良好的可焊性。所谓可焊性，是指在适当温度下，被焊金属材料与焊锡能形成良好结合的合金的性能。并不是所有的金属都具有好的可焊性，有些金属如铬、钼、钨等的可焊性就非常差；有些金属的可焊性比较好，如紫铜、黄铜等。在焊接时，由于高温使金属表面产生氧化膜，影响材料的可焊性。为了提高可焊性，可以采用表面镀锡、镀银等措施来防止材料表面氧化。

（2）焊件表面必须保持清洁与干燥。为了使焊锡和焊件达到良好的结合，焊接表面一定要保持清洁与干燥。即使是可焊性良好的焊件，由于储存或被污染，都可能在焊件表面产生对润湿有害的氧化膜和油污，在焊接前务必把污垢和氧化膜清除干净，否则无法保证焊接质量。金属表面轻微的氧化，可以通过焊剂作用来清除；氧化程度严重的金属表面，则必须采用机械或化学方法清除，如进行刮除或酸洗等；当储存和加工环境湿度较大，或焊件表面有水迹时，就要对焊件进行烘干处理，否则会造成焊点润湿不良。

（3）要使用合适的焊剂。焊剂也叫助焊剂，焊剂的主要作用是清除焊件表面的氧化膜。不同的焊接工艺，应该选择不同的助焊剂，如镍铬合金、不锈钢、铝等材料，没有专用的特殊焊剂是很难实施锡焊的。

助焊剂是 SMT 焊接过程中不可缺少的辅料。在波峰焊中，助焊剂和合金焊料分开使用，而在再流焊中，助焊剂则作为焊锡膏的重要组成部分。助焊剂对保证焊接质量起着关键的作用。焊接效果的好坏，除了与焊接工艺、元器件和印制板的质量有关外，助焊剂的选择也是十分重要的。性能良好的助焊剂应具有以下作用：

① 除去焊接表面的氧化物；
② 防止焊接时焊料和焊接表面的再氧化；
③ 降低焊料的表面张力；
④ 有利于热量传递到焊接区。

（4）焊件要加热到适当的温度。焊接时，热能的作用是熔化焊锡和加热焊接对象，使锡、铅原子获得足够的能量渗透到被焊金属表面的晶格中而形成合金。焊接温度过低，对焊料原子渗透不利，无法形成合金，极易形成虚焊；焊接温度过高，会使焊料处于非共晶状态，加速焊剂分解和挥发，使焊料品质下降，严重时还会导致 PCB 的焊盘脱落或被焊接的元器件损坏。

需要强调的是，不但焊锡要加热到熔化，而且应该同时将焊件加热到能够熔化焊锡的温度。

（5）合适的焊接时间。焊接时间是指在焊接全过程中，进行物理和化学变化所需要的时间。它包括被焊金属达到焊接温度的时间、焊锡的熔化时间、助焊剂发挥作用及生成金属合金的时间几个部分。当焊接温度确定后，就应根据被焊件的形状、性质、特点等确定合适的焊接时间。焊接时间过长，容易损坏元器件或焊接部位；过短，则达不到焊接要求。对于电子元器件的焊接，除了特殊焊点以外，一般每个焊点加热焊接一次的时间不超过 2s。

7.1.2 焊接材料

1．焊料

焊料是易熔金属，它在母材表面能形成合金，并与母材连为一体，不仅实现机械连接，而且也用于电气连接。焊接学中，习惯上将焊接温度低于 450℃的焊接称为软钎焊，所用的焊料又称为软焊料。电子线路的焊接温度通常在 180～300℃之间，所用焊料的主要成分是锡和铅，故又称为锡铅焊料。人类使用锡铅焊料已有几千年的历史，锡铅合金作为焊料合金的主要成分在近几十年以来没有大的改变。

（1）对焊料合金的要求。电子产品的焊接中，通常要求焊料合金必须满足下列要求。

① 焊接要求在相对较低的温度下进行，以保证元器件不受热冲击而损坏。如果焊料的熔点在 180～220℃之间，则通常焊接温度要比实际焊料熔化温度高 50℃左右，实际焊接温度则在 220～250℃之间。根据 IPC-SM-782 的规定，通常片式元器件在 260℃环境中仅能留存 10s，而一些热敏元器件耐热温度更低；此外，PCB 在高温后也会形成热应力，因此焊料的熔点不宜太高。

② 熔融焊料必须在被焊金属表面有良好的流动性，有利于焊料均匀分布，并为润湿奠定基础。

③ 凝固时间要短，有利于焊点成形，便于操作。

④ 焊接后，焊点外观要好，便于检查。

⑤ 导电性好，并有足够的机械强度。

⑥ 抗蚀性好，电子产品应能在一定的高温或低温、盐雾等恶劣环境下进行工作，特别是军事、航天、通信及人型计算机等。为此焊料必须有很好的抗蚀性。

⑦ 焊料原料的来源应该广泛，即组成焊料的金属矿产应丰富，价格应低廉，才能保证稳定供货。

通常人们按照一定的规律将几种不同的金属熔合在一起，并制造出很多种已经实用的焊料，适用于电子线路电气连接的焊料只有有限的几种，完全能满足上述要求的几乎仅有锡铅合金，只有在必须满足某些特殊要求的情况下，才会考虑用其他合金。锡铅合金在焊料中占有特殊地位的原因就在于它能满足上述多种要求。

(2) 锡铅合金焊料的特点。

① 金属锡和其他许多金属之间有良好的亲和力,因此借助于低活性的焊剂就可以达到良好的润湿。

② 锡铅元素在元素周期表中排列均是Ⅳ类主族元素,排列很近,它们之间互熔性良好,并且合金本身不存在金属间化合物。此外,锡铅焊料性能稳定,特别是金属锡在焊点表面能生成一层极薄而致密的氧化亚锡(SnO_2),它具有良好的抗蚀性,对焊点有保护作用。

③ 锡铅焊料有较好的机械性能,通常纯净的锡和铅的抗拉强度分别为 15MPa 和 14MPa,而锡铅合金的抗拉强度可达 40MPa 左右;同样剪切强度也有明显增加,锡和铅的剪切强度分别为20MPa 和 14MPa,锡铅合金的剪切强度则可达 30～35MPa。焊接后,因生成极薄的 Cu_6Sn_5 合金层,故强度还会提高很多。

④ 锡铅合金的熔点(183～189℃)正好在电子设备最高工作温度之上,而焊接温度在225～230℃之间,该温度在焊接过程中对元器件所能忍受的高温来说仍是适当的,并且从焊接温度降到凝固点,其时间也非常之短,完全符合焊接工艺的要求。

⑤ 作为焊料的锡铅金属矿在地球上是非常丰富的,已探明的世界锡的储量大约在 1 000 万吨左右,因此锡铅比其他用做焊料的金属(如铋)的储量要大得多,价格也比其他金属要低得多。锡铅焊料在所有焊料之中,其价格最低。世界每年锡的消费量为 30 万～40 万吨。其中电子工业消耗量约占一半左右。

(3) 杂质对锡铅焊料性能的影响。焊料中有时有其他微量金属以杂质的形式混入。

有些杂质是无害的,微量金属的加入反而能起到改善焊料特性的作用,如金属锑(Sb),当含量在 0.3%～3%时,焊点成形极好;如含量在 7%以内,不但不会出现不良影响,还可以使焊点的强度增加,增大焊料的蠕变阻力,所以可用在高温焊料中。

有些杂质则不然,即使混入微量,也会对焊接操作和焊接点的性能造成各种不良的影响。如金属锌(Zn),当含量达 0.001%左右时,其影响就会表现出来;如达 0.01%,就会对焊点的外观、焊料的流动性及润湿性造成不良影响。对于锡铅焊料来说,锌是焊接工作中最忌讳的金属之一。其他如铝、铁等金属也会对焊料的性能产生有害影响。

2. 助焊剂

助焊剂在焊接中可以起到去除金属表面氧化物,降低熔融焊料的表面张力,促使热能量从热源区向焊接区传送等作用。要求它具有熔点比焊料低,润湿扩散速度比焊料快,黏度和比重比焊料小;焊接时不产生焊珠飞溅,也不产生毒气和强烈的刺激性臭味;焊后残渣易于去除,并具有不腐蚀、不吸湿和不导电,以及在常温下储存稳定等特性。

传统的助焊剂通常以松香为基体。松香具有弱酸性和热熔流动性,并具有良好的绝缘性、耐湿性、无腐蚀性、无毒性和长期稳定性,是不可多得的助焊材料。

目前在 SMT 中采用的大多是以松香为基体的活性助焊剂。由于松香随着品种、产地和生产工艺的不同,其化学组成和性能有较大的差异,因此,对松香优选是保证助焊剂质量的关键。

通用的助焊剂还包括以下成分:活性剂、成膜物质、添加剂和溶剂等。

由于使用的助焊剂大多是液态的,为此,必须将助焊剂的固体成分溶解在一定的溶剂里,使之成为均相溶剂。一般多采用异丙醇和乙醇作为溶剂。用做助焊剂的溶剂应具备对助焊剂中各种固体成分均具有良好的溶解性,常温下挥发程度适中,在焊接温度下迅速挥发,气味小,毒性低等条件。表 7-1 所示为几种典型助焊剂的特性。

表 7-1 典型助焊剂的特性

牌号 产地 项目	MH820V 日 本	F-SW32 德 国	α-809 美 国	LDB-1 北 京	WS-10B 海 门	CSF-4 成 都
固含量/%	22	13	25	24	2, -28	38
比重	0.840	0.827	0.860	0.835	0.840	0.874
扩展率/%	96			91	≥90	93±3
氯含量/%	0.12	0.01	0.15		≤0.15	
绝缘电阻/Ω	1×10^{11}	1×10^{11}	1×10^{11}	2.6×10^{15}	$\geq4\times10^{12}$	$>1\times10^{11}$
水溶性电阻率/Ω·cm			2.2×10^{4}	1×10^{4}	$\geq5\times10^{4}$	1×10^{4}
腐蚀性	合格	合格	合格	合格	合格	合格

7.1.3 表面组装焊接特点

焊接是表面组装技术中的主要工艺技术之一。在一块 SMA（表面组装组件）上少则有几十个,多则有成千上万个焊点,一个焊点不良就会导致整个 SMA 或 SMT 产品失效。所以焊接质量是 SMA 可靠性的关键,它直接影响电子装备的性能可靠性和经济效益。焊接质量取决于所用的焊接方法、焊接材料、焊接工艺技术和焊接设备。

根据熔融焊料的供给方式,在 SMT 中采用的软钎焊技术主要有波峰焊和再流焊。一般情况下,波峰焊用于混合组装（既有 THT 元器件,又有 SMC/SMD）方式,再流焊用于全表面组装方式。波峰焊是通孔插装技术中使用的传统焊接工艺技术,根据波峰的形状不同,有单波峰焊、双波峰焊等形式之分。根据提供热源的方式不同,再流焊有传导、对流、红外、激光、气相等方式。表 7-2 比较了在 SMT 中使用的各种软钎焊方法。

表 7-2 SMT 软钎焊方法及其特性

焊接方法		初始投资	操作费用	生产量	温度稳定性	适 应 性				
						温度曲线	双面装配	工装适应性	温度敏感元器件	焊接误差率
再流焊	传导	低	低	中高	好	极好	不能	差	影响小	很低
	对流	高	高	高	好	缓慢	不能	好	有损危险	很低
	红外	低	低	中	取决于吸收	尚可	能	好	要求屏蔽	低 (a)
	激光	高	中	低	要求精确控制	要求试验	能	很好	极好	低
	气相	中—高	高	中高	极好	(b)	能	很好	有损坏危险	中等
波峰焊		高	高	高	好	难建立	(c)	不好	有损坏危险	高

注：(a) 表示适当固定和夹紧；(b) 表示改变停顿时间容易,改变温度困难；(c) 表示一面插装普通元器件,SMC 装在另一面。

波峰焊与再流焊之间的基本区别在于热源与钎料的供给方式不同。在波峰焊中，钎料波峰有两个作用：一是供热，二是提供钎料。在再流焊中，热是由再流焊炉自身的加热机理决定的，焊锡膏由专用的设备以确定的量先行涂覆。波峰焊技术与再流焊技术是 PCB 上进行大批量焊接元器件的主要方式。就目前而言，再流焊技术与设备是 SMT 组装厂商组装 SMD/SMC 的主选技术与设备，但波峰焊仍不失为一种高效自动化、高产量，可在生产线上串联的焊接技术。因此，在今后相当长的一段时间内，波峰焊技术与再流焊技术仍然是电子组装的首选焊接技术。

由于 SMC/SMD 的微型化和 SMA 的高密度化，SMA 上元器件之间和元器件与 PCB 之间的间隔很小，因此，表面组装元器件的焊接与 THT 元器件的焊接相比，主要有以下几个特点：

① 元器件本身受热冲击大；
② 要求形成微细化的焊接连接；
③ 由于表面组装元器件的电极或引线的形状、结构和材料种类繁多（如图 7-2 所示），因此要求能对各种类型的电极或引线都能进行焊接；
④ 要求表面组装元器件与 PCB 上焊盘图形的结合强度和可靠性高。

（a）翼形引脚　　（b）J形引脚　　（c）I形引脚

（d）无引脚焊点　　（e）CBGA引脚

图 7-2　SMT 元器件的电极或引线形状

所以，SMT 与 THT 相比，对焊接技术提出了更高的要求。然而，这并不是说获得高可靠性的 SMA 是困难的，事实上，只要对 SMA 进行正确设计和执行严格的组装工艺，其中包括严格的焊接工艺，SMA 的可靠性甚至会比通孔插装组件的可靠性更高。关键在于根据不同情况正确选择焊接技术、方法和设备，严格控制焊接工艺。

除了波峰焊接和再流焊接技术之外，为了确保 SMA 的可靠性，对于一些热敏感性强的 SMD 常采用局部加热方式进行焊接。

7.2　波峰焊工艺

波峰焊也称为群焊或流动焊接，是 20 世纪电子产品装联工艺中最成熟、影响最广、效率最明显的一项成就，至 20 世纪 80 年代仍是装联工艺的主流；尽管近 40 年来出现了焊锡膏—再流焊工艺，但在今后的一段时间内，SMT 的混装工艺中仍缺不了波峰焊技术。

波峰焊是指将熔化的软钎焊料（铅锡合金），经电动泵或电磁泵喷流成设计要求的焊料波峰，也可通过向焊料池注入氮气来形成，使预先装有元器件的印制板通过焊料波峰，实现元器件焊端或引脚与印制板焊盘之间机械与电气连接的软钎焊。根据机器所用波峰的不同几何形状，波峰焊系统可分许多种。

7.2.1 波峰焊工艺过程

波峰焊的主要设备是波峰焊机，常见的波峰焊机由如下的工位组成：装板→涂助焊剂→预热→焊接→热风刀→冷却→卸板。其中，热风刀工序的目的是去除桥连并减轻组件的热应力，强制冷却的作用是减轻热滞留带来的不利影响。波峰焊机操作的主要工位是焊料波峰与 PCB 接触工位，其余都是辅助工位，但波峰焊机是一个整体，辅助工位不可缺少。

1．助焊剂涂敷

线路板通过传送带进入波峰焊机以后，会经过某种形式的助焊剂涂敷装置，在这里助焊剂利用波峰、发泡或喷射的方法涂敷到线路板上。

2．预热

由于大多数助焊剂在焊接时必须要达到并保持一个活化温度来保证焊点的完全润湿，因此线路板在进入波峰槽前要先经过一个预热区。助焊剂涂敷之后的预热可以逐渐提升 PCB 的温度并使助焊剂活化，这个过程还能减小组装件进入波峰时产生的热冲击。它还可以用来蒸发掉所有可能吸收的潮气或稀释助焊剂的载体溶剂，如果这些东西不被去除的话，它们会在过波峰时沸腾并造成焊锡溅射，或者产生蒸汽留在焊锡里面形成中空的焊点或砂眼。波峰焊机预热段的长度由产量和传送带速度来决定，产量越高，为使板子达到所需的浸润温度就需要更长的预热区。另外，由于双面板和多层板的热容量较大，它们比单面板需要更高的预热温度。

目前波峰焊机基本上采用热辐射方式进行预热，最常用的波峰焊预热方法有强制热风对流、电热板对流、电热棒加热及红外加热等。在这些方法中，强制热风对流通常被认为是大多数工艺里波峰焊机最有效的热量传递方法。

3．波峰焊接

在预热之后，线路板用单波或双波方式进行焊接。对于通孔元器件采用单波就足够了，线路板进入波峰时，焊锡流动的方向和板了的行进方向相反，可在元器件引脚周围产生涡流。这就像一种洗刷，将上面所有助焊剂和氧化膜的残余物去除，在焊点到达润湿温度时形成润湿。

对于混合组装线路板，一般采用双波峰焊接。

典型工艺流程：元器件引线成形→印制板贴阻焊胶带（视需要）→插装元器件→印制板装入焊机夹具→涂覆助焊剂→预热→波峰焊→冷却→剪腿→取下印制板→撕掉阻焊胶带→检验→补焊→清洗→检验→放入专用运输箱。

7.2.2 波峰焊工作原理

1. 波峰焊的特点

波峰焊机是在浸焊机的基础上发展起来的自动焊接设备，两者最主要的区别在于设备的焊锡槽。波峰焊利用焊锡槽内的机械式或电磁式离心泵，将熔融焊料压向喷嘴，形成一股向上平稳喷涌的焊料波峰并源源不断地从喷嘴中溢出。装有元器件的印制电路板以平面直线匀速运动的方式通过焊料波峰，在焊接面上形成润湿焊点而完成焊接。图 7-3 所示是波峰焊机的焊锡槽示意图。

图 7-3 波峰焊机的焊锡槽示意图

与浸焊机相比，波峰焊设备具有如下优点：

① 熔融焊料的表面漂浮一层抗氧化剂隔离空气，只有焊料波峰暴露在空气中，才能减少氧化的机会，可以减少氧化渣带来的焊料浪费。

② 电路板接触高温焊料时间短，可以减轻电路板的翘曲变形。

③ 浸焊机内的焊料相对静止，焊料中不同比重的金属会产生分层现象（下层富铅而上层富锡）。波峰焊机在焊料泵的作用下，整槽熔融焊料循环流动，使焊料成分均匀一致。

④ 波峰焊机的焊料充分流动，有利于提高焊点质量。

波峰焊适宜成批、大量地焊接一面装有分立元器件和集成电路的印制电路板。凡与焊接质量有关的重要因素，如焊料与焊剂的化学成分、焊接温度、速度、时间等，在波峰焊机上均能得到比较完善的控制。图 7-4 所示是一般波峰焊机的内部结构示意图。

图 7-4 波峰焊机的内部结构示意图

在波峰焊机内部，焊锡槽被加热使焊锡熔融，机械泵根据焊接要求工作，使液态焊锡从喷口涌出，形成特定形态的连续不断的锡波；已经完成插件工序的电路板放在导轨上，以匀速直线运动的形式向前移动，顺序经过涂敷助焊剂和预热工序，进入焊锡槽上部，电路板的焊接面在通过焊锡波峰时进行焊接。然后，焊接面经冷却后完成焊接过程，被送出焊接区。冷却方式大都为强迫风冷，正确的冷却温度与时间，有利于改进焊点的外观与可靠性。

助焊剂喷嘴既可以实现连续喷涂，又可以被设置成检测到有电路板通过时才进行喷涂的经济模式；预热装置由热管组成，电路板在焊接前被预热，可以减小温差，避免热冲击。焊料溶液在锡槽内始终处于流动状态，使喷涌的焊料波峰表面无氧化层，由于印制板和波峰之间处于相对运动状态，所以助焊剂容易挥发，焊点内不会出现气泡。

为了获得良好的焊接质量，焊接前应做好充分的准备工作，如保证产品的可焊性处理（预镀锡）等；焊接后的清洗、检验、返修等步骤也应按规定进行操作。图 7-5 所示是波峰焊机的外观照片。

图 7-5　波峰焊机的外观照片

2．波峰焊的工艺因素调整

在波峰焊机工作的过程中，焊料和助焊剂被不断消耗，需要经常对这些焊接材料进行监测，并根据监测结果进行必要的调整。

（1）焊料。波峰焊一般采用 Sn63-Pb37 的共晶焊料，熔点为 183℃，Sn 的含量应该保持在 61.5%以上，并且 Sn-Pb 两者的含量比例误差不得超过±1%，主要金属杂质的最大含量范围见表 7-3。

表 7-3　波峰焊焊料中主要金属杂质的最大含量范围

金属杂质	铜 Cu	铝 Al	铁 Fe	铋 Bi	锌 Zn	锑 Sb	砷 As
最大含量范围/‰	0.8	0.05	0.2	1	0.02	0.2	0.5

应该根据设备的使用频率，一周到一个月定期检测焊料的 Sn-Pb 比例和主要金属杂质含量，如果不符合要求，应该更换焊料或采取其他措施。例如，当 Sn 的含量低于标准时，可以添加纯 Sn 以保证含量比例。

焊料的温度与焊接时间、波峰的形状与强度决定焊接质量。焊接时，Sn-Pb 焊料的温度一般设定为 245℃左右，焊接时间 3s 左右。

随着无铅焊料的应用,以及高密度、高精度组装的要求,新型波峰焊设备需要在更高的温度下进行焊接,焊料槽部位也将实行氮气保护。

(2)助焊剂。波峰焊使用的助焊剂要求表面张力小,扩展率大于 85%;黏度小于熔融焊料,容易被置换;焊接后容易清洗。一般助焊剂的比重为 0.82~0.84g/ml,可以用相应的溶剂来稀释调整。

假如采用免清洗助焊剂,要求比重小于 0.8g/ml,固体含量小于 2.0wt%,不含卤化物,焊接后残留物少,不产生腐蚀作用,绝缘性好,绝缘电阻大于 $1\times10^{11}\Omega$。

应该根据设备的使用频率,每天或每周定期检测助焊剂的比重,如果不符合要求,应更换助焊剂或添加新助焊剂以保证比重符合要求。

(3)焊料添加剂。在波峰焊的焊料中,还要根据需要添加或补充一些辅料:防氧化剂可以减少高温焊接时焊料的氧化,不仅可以节约焊料,还能提高焊接质量。防氧化剂由油类与还原剂组成。要求还原能力强,在焊接温度下不会碳化。锡渣减除剂能让熔融的铅锡焊料与锡渣分离,起到防止锡渣混入焊点,节省焊料的作用。

另外,波峰焊设备的传送系统,即传送链、传送带的速度也要依据助焊剂、焊料等因素与生产规模综合选定与调整。传送链、传送带的倾斜角度在设备制造时是根据焊料波形设计的,但有时也要随产品的改变而进行微量调整。

3. 波峰焊的温度曲线

理想的双波峰焊的焊接温度曲线如图 7-6 所示。从图中可以看出,整个焊接过程被分为三个温度区域:预热、焊接及冷却。实际的焊接温度曲线可以通过对设备的控制系统编程进行调整。

图 7-6 理想的双波峰焊的焊接温度曲线

在预热区内,电路板上喷涂的助焊剂中的水分和溶剂被挥发,可以减少焊接时产生气体。同时,松香和活化剂开始分解活化,去除焊接面上的氧化层和其他污染物,并且防止金属表面在高温下再次氧化。印制电路板和元器件被充分预热，可以有效地避免焊接时急剧升温产生的热应力损坏。电路板的预热温度及时间，要根据印制板的大小、厚度、元器件的尺寸和数量，以及贴装元器件的多少而确定。在 PCB 表面测量的预热温度应该在 90~130℃之间，多层板或贴片元器件较多时，预热温度取上限。预热时间由传送带的速度来控制。如果预热温度偏低或预热时间过短，助焊剂中的溶剂挥发不充分，焊接时就会产生气体，引起气孔、锡珠等焊接缺陷；如预热温度偏高或预热时间过长，焊剂被提前分解，使焊剂失去活性，同样会引起毛刺、桥接等焊接缺陷。

为恰当控制预热温度和时间，达到最佳的预热温度，可以参考表 7-4 内的数据，也可以从波峰焊前涂覆在 PCB 底面的助焊剂是否有黏性来进行经验性判断。

表 7-4 不同印制电路板在波峰焊时的预热温度

PCB 类型	元器件种类	预热温度/℃
单面板	THC+SMD	90~100
双面板	THC	90~110
双面板	THC+SMD	100~110
多层板	THC	100~125
多层板	THC+SMD	110~130

焊接过程是焊接金属表面、熔融焊料和空气等之间相互作用的复杂过程，同样必须控制好焊接温度和时间。如焊接温度偏低，液体焊料的黏性大，不能很好地在金属表面润湿和扩散，就容易产生拉尖和桥接、焊点表面粗糙等缺陷；如焊接温度过高，容易损坏元器件，还会由于焊剂被碳化失去活性，焊点氧化速度加快，焊点就会失去光泽、不饱满。测量波峰表面温度，一般应该在（250±5）℃的范围之内。因为热量、温度是时间的函数，在一定温度下，焊点和元器件的受热量随时间而增加。波峰焊的焊接时间可以通过调整传送系统的速度来控制，传送带的速度，要根据不同波峰焊机的长度、预热温度、焊接温度等因素统筹考虑，进行调整。以每个焊点接触波峰的时间来表示焊接时间，一般焊接时间为 2~4s。

综合调整控制工艺参数，对提高波峰焊质量非常重要。焊接温度和时间，是形成良好焊点的首要条件。焊接温度和时间，与预热温度、焊料波峰的温度、导轨的倾斜角度、传输速度都有关系。双波峰焊的第一波峰一般调整为（235~240）℃/1s 左右，第二波峰一般设置在（240~260）℃/3s 左右。

7.3 波峰焊机的类型及基本操作规程

7.3.1 波峰焊机的类型

早期的单波峰焊机在焊接时容易造成焊料堆积、焊点短路等现象，用人工修补焊点的工作量较大。并且，在采用一般的波峰焊机焊接 SMT 电路板时，有两个技术难点，即气泡遮蔽效应和阴影效应。

气泡遮蔽效应是指在焊接过程中，由于助焊剂或 SMT 元器件的粘贴剂受热分解所产生的气泡不易排出，遮蔽在焊点上，可能造成焊料无法接触焊接面而形成漏焊。

阴影效应是指印制板在焊料溶液的波峰上通过时，较高的 SMT 元器件对它后面或相邻的较矮的 SMT 元器件周围的死角产生阻挡，形成阴影区，使焊料无法在焊接面上漫流而导致漏焊或焊接不良。

为克服这些 SMT 焊接缺陷，已经研制出许多新型或改进型的波峰焊设备，有效地排除了原有的缺陷，创造出空心波、组合空心波、紊乱波等新的波峰形式。新型的波峰焊机按波峰形式分类，可以分为单峰、双峰、三峰和复合峰四种波峰焊机。

1. 斜坡式波峰焊机

这种波峰焊机的传送导轨以一定角度的斜坡方式安装，并且斜坡的角度可以调整，如图 7-7（a）所示。这样的好处是增加了电路板焊接面与焊锡波峰接触的长度。假如电路板以同样速度通过波峰，等效增加了焊点润湿的时间，从而可以提高传送导轨的运行速度和焊接效率；不仅有利于焊点内的助焊剂挥发，避免形成夹气焊点，还能让多余的焊锡流下来。

2. 高波峰焊机

高波峰焊机适用于 THT 元器件"长脚插焊"工艺，它的焊锡槽及其锡波喷嘴如图 7-7（b）所示。其特点是，焊料离心泵的功率比较大，从喷嘴中喷出的锡波高度比较高，并且其高度 h 可以调节，保证元器件的引脚从锡波里顺利通过。一般，在高波峰焊机的后面配置剪腿机（也叫切脚机），用来剪短元器件的引脚。

3. 电磁泵喷射波峰焊机

在电磁泵喷射空心波焊接设备中，通过调节磁场与电流值，可以方便地调节特制电磁泵的压差和流量，从而调整焊接效果。这种泵控制灵活，每焊接完成一块电路板后，自动停止喷射，减轻了焊料与空气接触的氧化作用，如图 7-7（c）所示。这种焊接设备多用在焊接贴片/插装混合组装的电路板中。

图 7-7　几种波峰焊机的特点

4. 双波峰焊机

双波峰焊机是 SMT 时代发展起来的改进型波峰焊设备，特别适合焊接那些 THT+SMT 混合元器件的电路板。双波峰焊机的焊料波形如图 7-8 所示，使用这种设备焊接印制电路板时，THT 元器件要采用"短脚插焊"工艺。电路板的焊接面要经过两个熔融的铅锡焊料形成的波峰：这两个焊料波峰的形式不同，最常见的波形组合是"湍流波"+"平滑波"，"空心波"+"宽平波"的波形组合也比较常见。焊料溶液的温度、波峰的高度和形状、电路板通过波峰的时间和速度这些工艺参数，都可以通过计算机伺服控制系统进行调整。

图 7-8　双波峰焊机的焊料波形

在波峰焊接时，PCB 先接触第一个波峰，然后接触第二个波峰。第一个波峰是由窄喷嘴喷流出的"湍流"波峰，流速快，对组件有较高的垂直压力，使焊料对尺寸小、插装密度高的元器件的焊端有较好的渗透性；通过湍流的熔融焊料在所有方向擦洗组件表面，从而提高了焊料的润湿性，并克服了由于元器件的复杂形状和取向带来的问题；同时也克服了焊料的"遮蔽效应"。湍流波向上的喷射力足以使焊剂气体排出，因此，即使印制板上不设置排气孔也不存在焊剂气体的影响，从而大大减少了漏焊、桥接和焊缝不充实等焊接缺陷，提高了焊接可靠性。经过第一个波峰的产品，因浸锡时间短以及部件自身的散热等因素，浸锡后存在着很多的短路、锡多、焊点光洁度不正常以及焊接强度不足等不良内容。因此，紧接着必须进行浸锡不良的修正，这个动作由喷流面较平较宽阔、波峰较稳定的二级喷流进行。这是一个"平滑"的波峰，流动速度慢，有利于形成充实的焊缝，同时也可有效地去除焊端上过量的焊料，并使所有焊接面上焊料润湿良好，修正了焊接面，消除了可能的拉尖和桥接，获得充实无缺陷的焊缝，最终确保了组件焊接的可靠性。

5．选择性波峰焊设备

近年来，SMT 元器件的使用率不断上升，在某些混合装配的电子产品里甚至已经占到 95%左右，按照以往的思路，对电路板 A 面进行再流焊，B 面进行波峰焊的方案已经面临挑战。在以集成电路为主的产品中，很难保证在 B 面上只贴装 SMC 元器件，不贴装 SMD；由于集成电路承受高温的能力较差，可能因波峰焊导致损坏；假如用手工焊接的办法对少量 THT 元器件实施焊接，则焊点的一致性难以保证。为此，国外厂商推出了选择性波峰焊设备。这种设备的工作原理是：在由电路板设计文件转换的程序控制下，小型波峰焊锡槽和喷嘴移动到电路板需要补焊的位置，顺序、定量喷涂助焊剂并喷涌焊料波峰，进行局部焊接。

7.3.2　基本操作规程

1．准备工作

① 检查波峰焊机配用的通风设备是否良好；
② 检查波峰焊机定时开关是否良好；
③ 检查锡槽温度指示器是否正常；
方法：上下调节温度指示器，然后用温度计测量锡槽液面下 10～15mm 处的温度，判断温度是否随其变化。
④ 检查预热器系统是否正常；
方法：打开预热器开关，检查其是否升温且温度是否正常。

⑤ 检查切脚刀的工作情况；

方法：根据印制板的厚度与所留元器件引线的长度调整刀片的高低，然后将刀片架拧紧并保持平稳，开机目测刀片的旋转情况，最后检查保险装置有无失灵。

⑥ 检查助焊剂容器压缩空气的供给是否正常；

方法：倒入助焊剂，调好进气阀，开机后助焊剂发泡，使用试样印制板将泡沫调到板厚的 1/2 处，再锁紧限压阀，待正式操作时不再动此阀，只开进气开关即可。

⑦ 待以上程序全部正常后，方可将所需的各种工艺参数预置到设备的有关位置上。

2．操作规则

① 开机前，操作人员需佩戴粗纱手套拿棉纱将设备擦干净，并向注油孔内注入适量润滑油；

② 操作人员需佩戴橡胶防腐手套清除锡槽及焊剂槽周围的废物和污物；

③ 操作间内设备周围不得存放汽油、酒精、棉纱等易燃物品；

④ 焊机运行时，操作人员要佩戴防毒口罩，同时要佩戴耐热耐燃手套进行操作；

⑤ 非工作人员不得随便进入波峰焊操作间；

⑥ 工作场所不允许吸烟、吃食物。

3．单机式波峰焊的操作过程

（1）打开通风开关。

（2）开机。

① 接通电源；

② 接通焊锡槽加热器；

③ 打开发泡喷涂器的进气开关；

④ 焊料温度达到规定数据时，检查锡液面，若锡液面太低要及时添加焊料；

⑤ 开启波峰焊气泵开关，用装有印制板的专用夹具来调整压锡深度；

⑥ 清除锡面残余氧化物，在锡面干净后添加防氧化剂：

⑦ 检查助焊剂，如果液面过低需加适量助焊剂；

⑧ 检查、调整助焊剂密度符合要求；

⑨ 检查助焊剂发泡层是否良好；

⑩ 打开预热器温度开关，调到所需温度位置；

⑪ 调节传动导轨的角度；

⑫ 开通传送机开关，根据实际情况调整运送速度，使其与焊接速度相匹配；

⑬ 开通冷却风扇；

⑭ 将焊接夹具装入导轨；

⑮ 印制板装入夹具，将其调至所需焊接印制板的尺寸，板四周贴紧夹具槽，力度适中，然后把夹具放到传送导轨的始端；

⑯ 焊接运行前，由专人将倾斜的元器件扶正，并验证所扶正的元器件正误；

⑰ 高大元器件一定在焊前采取加固措施，将其固定在印制板上。

⑱ 待程序全部完成后，则可打开波峰焊机行程开关和焊接运行开关进行焊接。

（3）焊后操作。

① 关闭气源；
② 关闭预热器开关；
③ 关闭切脚机开关，关闭清洗机开关；
④ 调整运送速度为零，关闭传送开关；
⑤ 关闭总电源开关；
⑥ 将冷却后的助焊剂取出，经过滤后达到指标仍可继续使用，将容器及喷涂口擦洗干净；
⑦ 将波峰焊机及夹具清洗干净。

（4）焊接过程中的管理。

① 操作人员必须坚守岗位，随时检查设备的运转情况；
② 操作人员要检查焊板的质量情况，如焊点出现异常情况，如一块板虚焊点超过2%，则应立即停机检查；
③ 及时、准确地做好设备运转的原始记录及焊点质量的具体数据记录；
④ 焊完的印制板要分别插入专用运输箱内，相互不得碰压，更不允许堆放（如有静电敏感元器件，一定要使用防静电运输箱）。

7.4 波峰焊质量缺陷及解决办法

1. 润湿不良、漏焊、虚焊

（1）产生原因：

① 元器件焊端、引脚、印制板基板的焊盘氧化或污染，PCB 受潮；
② Chip 元器件端头金属电极附着力差或采用单层电极，在焊接温度下产生脱帽现象；
③ PCB 设计不合理，波峰焊时阴影效应造成漏焊；
④ PCB 翘曲，使 PCB 翘起位置与波峰焊接触不良；
⑤ 传送带两侧不平行（尤其使用 PCB 传输架时），使 PCB 与波峰焊接触不平行；
⑥ 波峰不平滑，波峰两侧高度不平行，尤其电磁泵波峰焊机的锡波喷口，如果被氧化物堵塞时，会使波峰出现锯齿形，容易造成漏焊、虚焊；
⑦ 助焊剂活性差，造成润湿不良；
⑧ PCB 预热温度过高，使助焊剂碳化，失去活性，造成润湿不良。

（2）解决办法：

① 元器件先到先用，不要存放在潮湿的环境中，不要超过规定的使用日期，对受潮的PCB 进行清洗和去潮处理；
② 波峰焊应选择三层端头结构的表面贴装元器件，元器件本体和焊端能经受两次以上的 260℃波峰焊的温度冲击；
③ SMD/SMC 采用波峰焊时元器件布局和排布方向应遵循较小元器件在前和尽量避免互相遮挡的原则，另外，还可以适当加长元器件搭接后剩余焊盘长度；
④ PCB 翘曲度小于 0.8%～1.0%；
⑤ 调整波峰焊机及传输带或 PCB 传输架的横向水平；

⑥ 清理波峰喷嘴；
⑦ 更换助焊剂；
⑧ 设置恰当的预热温度。

2. 拉尖

（1）产生原因：
① PCB 预热温度过低，使 PCB 与元器件温度偏低，焊接时元器件与 PCB 吸热；
② 焊接温度过低或传送带速度过快，使熔融焊料的黏度过大；
③ 电磁泵波峰焊机的波峰高度太高或引脚过长，使引脚底部不能与波峰接触，因为电磁泵波峰焊机是空心波，空心波的厚度为 4～5mm；
④ 助焊剂活性差；
⑤ 焊接元器件引线直径与插装孔比例不正确，插装孔过大，大焊盘吸热量大。

（2）解决办法：
① 根据 PCB、板层、元器件多少、有无贴装元器件等设置预热温度，预热温度为 90～130℃；
② 锡波温度为（250±5）℃，焊接时间 3～5s，温度略低时，传送带速度应调慢一些；
③ 波峰高度一般控制在 PCB 厚度的 2/3 处，插装元器件引脚成形要求引脚露出 PCB 焊接面 0.8～3mm；
④ 更换助焊剂；
⑤ 插装孔的孔径比引线直径大 0.15～0.4mm（细引线取下限，粗引线取上限）。

3. 焊接后印制板阻焊膜起泡

SMA 在焊接后会在个别焊点周围出现浅绿色的小泡，严重时还会出现指甲盖大小的泡状物，不仅影响外观质量，严重时还会影响性能。这种缺陷也是再流焊工艺中经常出现的问题，但以波峰焊时常见，如图 7-9 所示。

（1）产生原因：阻焊膜起泡的根本原因在于阻焊膜与 PCB 基材之间存在气体或水蒸气，这些微量的气体或水蒸气会在不同工艺过程中夹带到其中，当遇到焊接高温时，气体膨胀而导致阻焊膜与 PCB 基材的分层，焊接时，焊盘温度相对较高，故气泡首先出现在焊盘周围。

图 7-9 阻焊膜起泡

下列原因之一，均会导致 PCB 夹带水汽。
① PCB 在加工过程中经常需要清洗、干燥后再做下道工序，如腐刻后应干燥后再贴阻焊膜，若此时干燥温度不够，就会夹带水汽进入下道工序，在焊接时遇高温而出现气泡；
② PCB 加工前存放环境不好，湿度过高，焊接时又没有及时干燥处理；
③ 在波峰焊工艺中，现在经常使用含水的助焊剂，若 PCB 预热温度不够，助焊剂中的水汽会沿通孔的孔壁进入到 PCB 基材的内部，其焊盘周围首先进入水汽，遇到焊接高温后就会产生气泡。

（2）解决办法：

① 严格控制各个生产环节，购进的 PCB 应检验后入库，通常 PCB 在 260℃下 10s 内不应出现起泡现象；

② PCB 应存放在通风干燥环境中，存放期不超过 6 个月；

③ PCB 在焊接前应放在烘箱中在（120±5）℃下预烘 4h；

④ 波峰焊中预热温度应严格控制，进入波峰焊前应达到 100～140℃，如果使用含水的助焊剂，其预热温度应达到 110～145℃，确保水汽能挥发完。

4．针孔及气孔

针孔及气孔都代表着焊点中有气泡，只是尚未扩大至表层，大部分都发生在基板底部，当底部的气泡完全扩散爆开前已冷凝时，即形成了针孔或气孔。针孔及气孔的不同在于针孔的直径较小。

（1）产生原因：

① 在基板或零件的引脚上沾有有机污染物，此类污染材料来自自动插件机、引脚成形机及源于储存不良等因素；

② 基板含有电镀溶液和类似材料所产生的水汽，如果基板使用较廉价的材料，则有可能吸入此类水汽，焊锡时产生足够的热，将溶液气化因而造成气孔；

③ 基板储存太多或包装不当，吸收附近环境的水汽；

④ 助焊剂槽中含有水分；

⑤ 发泡及热风刀用压缩空气中含有过多的水分。

⑥ 预热温度过低，无法蒸发水汽或溶剂，基板一旦进入锡炉，瞬间与高温接触，而产生爆裂；

⑦ 锡温过高，遇有水分或溶剂，立刻爆裂。

（2）解决办法：

① 用普通溶剂去除引脚上的有机污染物；由于硅油及类似含有硅的产品去除困难，如发现问题是由硅油造成的，则须考虑改变润滑油或脱模剂的来源；

② 装配前将基板在烤箱中烘烤，去除基板中含有的水汽；

③ 装配前将基板在烤箱中烘烤；

④ 定期更换助焊剂；

⑤ 压缩空气需加装滤水器，并定期排气；

⑥ 调高预热温度；

⑦ 调低锡炉温度。

5．焊接粗糙

（1）产生原因：

① 不当的时间—温度关系；

② 焊锡成分不正确；

③ 焊锡冷却前机械震动；

④ 焊锡被污染。

(2)解决办法：
① 调整输送带速度，改正焊接预热温度，以建立适当的时间—温度关系；
② 检查焊锡成分，以确定焊锡类型和对某合金的适当焊接温度；
③ 检查输送带，确保基板在焊接与凝固时不致碰撞或摇动；
④ 检查引起污染的不纯物类型，以适当方法减少或消除锡槽中的已污染焊锡（稀释或更换焊锡）。

6．焊接成块与焊接物突出

(1)产生原因：
① 输送带速度太快；
② 焊接温度太低；
③ 二次焊接波形偏低；
④ 波形不当或波形和板面角度不当及出端波形不当；
⑤ 板面污染及可焊性不佳。

(2)解决办法：
① 调慢输送带速度；
② 调高锡炉温度；
③ 重新调整二次焊接波形；
④ 重新调整波形及输送带角度；
⑤ 清洁PCB板面，改善其可焊性。

7．焊料过多

元器件焊端和引脚有过多的焊料包围，润湿角大于90°。

(1)产生原因：
① PCB预热温度过低，焊接时元器件与PCB吸热，使实际焊接温度降低；
② 助焊剂的活性差或比重过小；
③ 焊盘、插装孔或引脚可焊性差，不能充分浸润，产生的气泡裹在焊点中；
④ 焊料中锡的比例减少，或焊料中杂质Cu的成分高，使焊料黏度增加，流动性变差；
⑤ 焊料残渣太多；
⑥ 焊接温度过低或传送带速度过快，使熔融焊料的黏度过大。

(2)解决办法：
① 根据PCB尺寸、板层、元器件多少、有无贴装元器件等设置预热温度，PCB底面温度为90～130℃；
② 更换助焊剂或调整适当的比例；
③ 提高PCB的加工质量，元器件先到先用，不要存放在潮湿的环境中；
④ 锡的比例小于61.4%时，可适量添加一些纯锡，杂质过高时应更换焊料；
⑤ 每天结束工作时应清理残渣；
⑥ 控制锡波温度在（250±5）℃，焊接时间3～5s。

8. 锡薄

产生原因：元器件引线可焊性差，焊盘太大（需要大焊盘除外），焊盘孔太大，焊接角度太大，传送速度过快，锡锅温度高，焊剂涂敷不匀，焊料含锡量不足。

解决办法：解决引线可焊性，设计时减小焊盘及焊盘孔，减小焊接角度，调整传送速度，调整锡锅温度，检查预涂焊剂装置，化验焊料含量。

7.5 思考与练习题

1. 试总结焊接的分类及应用场合。
2. 什么是锡焊？其主要特征是什么？
3. 锡焊必须具备哪些条件？
4. 简述波峰焊的工艺流程。
5. 简述波峰焊机的基本操作规程。
6. 什么叫气泡遮蔽效应？什么叫阴影效应？
7. 目前有哪些新型或改进型的波峰焊设备？其特点都是什么？
8. 画出理想的双波峰焊的焊接温度曲线。
9. 说明常见波峰焊焊接缺陷产生的原因及解决方法。

第8章　再流焊与再流焊设备

8.1　再流焊工作原理

再流焊也称为回流焊，是英文 Re-flow Soldering 的直译，再流焊工艺是通过重新熔化预先分配到印制板焊盘上的膏状软钎焊料，实现表面组装元器件焊端或引脚与印制板焊盘之间机械与电气连接的软钎焊。

1. 再流焊工艺概述

再流焊是伴随微型化电子产品的出现而发展起来的锡焊技术，主要应用于各类表面组装元器件的焊接。这种焊接技术的焊料是焊锡膏。预先在电路板的焊盘上涂敷适量和适当形式的焊锡膏，再把 SMT 元器件贴放到相应的位置；焊锡膏具有一定黏性，使元器件固定；然后让贴装好元器件的电路板进入再流焊设备。传送系统带动电路板通过设备里各个设定的温度区域，焊锡膏经过干燥、预热、熔化、润湿、冷却，将元器件焊接到印制板上。再流焊的核心环节是利用外部热源加热，使焊料熔化而再次流动润湿，完成电路板的焊接过程。

由于再流焊工艺有"再流动"及"自定位效应"的特点，使再流焊工艺对贴装精度的要求比较宽松，容易实现焊接的高度自动化与高速度。同时，也正因为再流动及自定位效应的特点，再流焊工艺对焊盘设计、元器件标准化、元器件端头与印制板质量、焊料质量及工艺参数的设置有更严格的要求。

再流焊操作方法简单、效率高、质量好、一致性好，节省焊料（仅在元器件的引脚下有很薄的一层焊料），是一种适合自动化生产的电子产品装配技术。再流焊工艺目前已经成为 SMT 电路板组装技术的主流。

再流焊技术的一般工艺流程如图 8-1 所示。

图 8-1　再流焊技术的一般工艺流程

2. 再流焊工艺的特点

与波峰焊技术相比，再流焊工艺具有以下特点：

① 元器件不直接浸渍在熔融的焊料中，所以元器件受到的热冲击小（由于加热方式不同，有些情况下施加给元器件的热应力也会比较大）。

② 能在前导工序里控制焊料的施加量，减少了虚焊、桥接等焊接缺陷，所以焊接质量好，焊点的一致性好，可靠性高。

③ 假如前导工序在 PCB 上施放焊料的位置正确而贴放元器件的位置有一定偏离，在再流焊过程中，当元器件的全部焊端、引脚及其相应的焊盘同时润湿时，由于熔融焊料表面张力的作用，产生自定位效应，能够自动校正偏差，把元器件拉回到近似准确的位置。

④ 再流焊的焊料是商品化的焊锡膏，能够保证正确的组分，一般不会混入杂质。

⑤ 可以采用局部加热的热源，因此能在同一基板上采用不同的焊接方法进行焊接。

⑥ 工艺简单，返修的工作量很小。

3．再流焊工艺的焊接温度曲线

控制与调整再流焊设备内焊接对象在加热过程中的时间—温度参数关系（常简称为焊接温度曲线），是决定再流焊效果与质量的关键。各类设备的演变与改善，其目的也是更加便于精确调整温度曲线。

再流焊的加热过程可以分成预热、焊接（再流）和冷却三个最基本的温度区域，主要有两种实现方法：一种是沿着传送系统的运行方向，让电路板顺序通过隧道式炉内的各个温度区域；另一种是把电路板停放在某一固定位置上，在控制系统的作用下，按照各个温度区域的梯度规律调节、控制温度的变化。温度曲线主要反映电路板组件的受热状态，再流焊的理想焊接温度曲线如图 8-2 所示。

图 8-2 再流焊的理想焊接温度曲线

典型的温度变化过程通常由四个温区组成，分别为预热区、保温区、再流区与冷却区。

（1）预热区：电路板在 100～160℃的温度下均匀预热 2～3min，焊锡膏中的低沸点溶剂和抗氧化剂挥发，化成烟气排出；同时，焊锡膏中的助焊剂润湿，焊锡膏软化塌落，覆盖了焊盘和元器件的焊端或引脚，使它们与氧气隔离；并且，电路板和元器件得到充分预热，以免它们进入焊接区因温度突然升高而损坏。

（2）保温区：温度维持在 150~160℃，焊锡膏中的活性剂开始作用，去除焊接对象表面的氧化层。

（3）再流区：温度逐步上升，超过焊锡膏熔点温度 30%~40%（一般 Sn-Pb 焊锡膏的熔点为 183℃，比熔点高约 47~50℃），峰值温度达到 220~230℃的时间短于 10s，膏状焊料在热空气中再次熔融，润湿元器件焊端与焊盘，时间大约 30~90s。这个范围一般称为工艺窗口。

（4）冷却区：当焊接对象从炉膛内的冷却区通过，使焊料冷却凝固以后，全部焊点同时完成焊接。

由于元器件的品种、大小与数量不同，以及电路板尺寸等诸多因素的影响，要获得理想而一致的曲线并不容易，需要反复调整设备各温区的加热器，才能达到最佳温度曲线。

为调整最佳工艺参数而测定焊接温度曲线，是通过温度测试记录仪进行的，这种记录测量仪一般由多个热电偶与记录仪组成。5~6 个热电偶分别固定在小元器件、大器件、BGA 芯片内部、电路板边缘等位置，连接记录仪，一起随电路板进入炉膛，记录时间—温度参数。在炉子的出口处取出后，把参数送入计算机，用专用软件处理并描绘曲线。

4．再流焊的工艺要求

再流焊的工艺要求主要有以下几点：

① 要设置合理的温度曲线。再流焊是 SMT 生产中的关键工序，假如温度曲线设置不当，会引起焊接不完全、虚焊、元器件翘立（"竖碑"现象）、锡珠飞溅等焊接缺陷，影响产品质量。

② SMT 电路板在设计时就要确定焊接方向，并应当按照设计方向进行焊接。一般，应该保证主要元器件的长轴方向与电路板的运行方向垂直。

③ 在焊接过程中，要严格防止传送带振动。

必须对第一块印制电路板的焊接效果进行判断，施行首件检查制。首件检查的内容为：焊接是否完全，有无焊锡膏熔化不充分或虚焊和桥接的痕迹，焊点表面是否光亮，焊点形状是否向内凹陷，是否有锡珠飞溅和残留物等现象，还要检查 PCB 的表面颜色是否改变。在批量生产过程中，要定时检查焊接质量，及时对温度曲线进行修正。

8.2 再流焊炉的结构和技术指标

8.2.1 再流焊炉的主要结构

目前的再流焊设备大体分为红外热风再流焊炉、气相再流焊炉和激光再流焊炉三大类。无论哪种形式的再流焊炉，一般都由以下几部分组成：炉体、上下加热源、PCB 传送装置、空气循环装置、冷却装置、排风装置、温度控制装置及计算机控制系统。现以热风再流焊为例介绍再流焊炉的结构。

1．外部结构

① 电源开关。主电源来源，一般为 380V 三相四线制电源。

② PCB 传输部件，一般有传输链和传输网两种。

③ 信号指示灯。指示设备当前状态，共有三种颜色。绿色灯亮表示设备各项检测值与设定值一致，可以正常使用；黄色灯亮表示设备正在设定中或尚未启动；红色灯亮表示设备有故障。

④ 抽风口。生产过程中将助焊剂烟雾等废气抽出，以保证炉内再流气体干净。

⑤ 显示器、键盘。设备操作接口。

⑥ 散热风扇。

⑦ 紧急开关。按下紧急开关，可关闭各电动机电源，同时关闭发热器电源，设备进入紧急停止状态。

2．内部结构

热风再流焊炉内部结构如图 8-3 所示。

① 加热器。一般为石英发热管组，提供炉温所必需的热量。

② 热风电动机。驱动风泵将热量传输至 PCB 表面，保持炉内热量均匀。

③ 冷却风扇。冷却焊后 PCB。

④ 传送带驱动电动机。给传送带提供驱动动力。

⑤ 传送带驱动轮。传送带驱动轮起传动网链作用。

⑥ UPS。在主电源突然停电时，由 UPS 提供电能，驱动网链运动，将 PCB 运送出炉。

图 8-3 热风再流焊炉的内部结构

再流焊炉可用于单面、双面、多层电路板上 SMT 元器件的焊接，以及在其他材料的电路基板（如陶瓷基板、金属芯基板）上的再流焊，也可以用于电子器件、组件、芯片的再流焊，还可以对印制电路板进行热风整平、烘干，对电子产品进行烘烤、加热或固化黏合剂。再流焊设备既能够单机操作，也可以连入电子装配生产线配套使用。

再流焊设备还可以用来焊接电路板的两面：先在电路板的 A 面漏印焊锡膏，粘贴 SMT 元器件后入炉完成焊接；然后在 B 面漏印焊锡膏，粘贴元器件后再次入炉焊接。这时，电路板的 B 面朝上，在正常的温度控制下完成焊接；A 面朝下，受热温度较低，已经焊好的元器件不会从板上脱落下来。这种工作状态如图 8-4 所示。

图 8-4 再流焊时电路板两面的温度不同

8.2.2 再流焊炉的主要技术指标

（1）温度控制精度（传感器灵敏度）：应该达到±0.1～0.2℃。
（2）温度均匀度：±1～2℃，炉膛内同一温区不同点的温差应该尽可能小。
（3）传送带横向温差：要求±5℃以下。
（4）温度曲线调试功能：如果设备无此装置，要外购温度曲线采集器。
（5）最高加热温度：一般为 300～350℃，如果考虑温度更高的无铅焊接或金属基板焊接，应该选择 350℃以上。
（6）加热区数量和长度：加热区数量越多，长度越长，越容易调整和控制温度曲线。一般中小批量生产，选择 4～5 个温区，加热长度 1.8m 左右的设备，即能满足要求。
（7）焊接工作尺寸：根据传送带宽度确定，一般为 30～400mm。

8.3 再流焊种类及加热方式

再流焊的核心环节是将预敷的焊料熔融、再流、润湿。再流焊对焊料加热有不同的方法，就热量的传导来说，主要有辐射和对流两种方式；按照加热区域，可以分为对 PCB 整体加热和局部加热两大类：整体加热的方法主要有红外线加热法、气相加热法、热风加热法和热板加热法；局部加热的方法主要有激光加热法、红外线聚焦加热法、热气流加热法及光束加热法。

8.3.1 红外线辐射再流焊

这种加热方法的主要工作原理是：在设备内部，通电的陶瓷发热板（或石英发热管）辐射出远红外线，电路板通过数个温区，接受辐射转化为热能，达到再流焊所需的温度，焊料浸润完成焊接，然后冷却。红外线辐射加热法是最早、最广泛使用的 SMT 焊接方法之一。其原理示意图如图 8-5 所示。

红外线再流焊炉设备成本低，适用于低组装密度产品的批量生产，调节温度范围较宽的炉子也能在点胶贴片后固化贴片胶。炉内有远红外线与近红外线两种热源，一般，前者多用于预热，后者多用于再流加热。整个加热炉可以分成几段温区，分别控制温度。

图 8-5 红外线辐射再流焊的原理示意图

红外线辐射再流焊炉的优点是热效率高，温度变化梯度大，温度曲线容易控制，焊接双面电路板时，上、下温度差别大。缺点是电路板同一面上的元器件受热不够均匀，温度设定难以兼顾周全，阴影效应较明显；当元器件的封装、颜色深浅、材质差异不同时，各焊点所吸收的热量不同；体积大的元器件会对小元器件造成阴影使之受热不足。

8.3.2 红外热风再流焊

20 世纪 90 年代后，元器件进一步小型化，SMT 的应用不断扩大。为使不同颜色、不同体积的元器件（如 QFP、PLCC 和 BGA 封装的集成电路）能同时完成焊接，必须改善再流焊设备的热传导效率，减小元器件之间的峰值温度差别，在电路板通过温度隧道的过程中维持稳定一致的温度曲线，设备制造商开发了新一代再流焊设备，改进加热器的分布、空气的循环流向，增加温区划分，使之能进一步精确控制炉内各部位的温度分布，便于温度曲线的理想调节。

在对流、辐射和传导这三种热的传导机制中，只有前两者容易控制。红外线辐射加热的效率高，而强制对流可以使加热更均匀。红外热风再流焊技术结合了热风对流与红外线辐射两者的优点，用波长稳定的红外线（波长约 8μm）发生器作为主要热源，利用对流的均衡加热特性以减小元器件与电路板之间的温度差别。

改进型的红外线热风再流焊是按一定热量比例和空间分布，同时混合红外线辐射和热风循环对流加热的方式，也叫热风对流红外线辐射再流焊。目前多数大批量 SMT 生产中的再流焊炉都采用这种大容量循环强制对流加热的工作方式。

这种方法的特点是，在炉体内，热空气不停流动，均匀加热，有极高的热传递效率，并不单纯依靠红外线直接辐射加温。各温区可以独立调节热量，通过减小热风对流和在电路板下面采取制冷措施来保证加热温度均匀稳定。由于电路板表面和元器件之间的温差小，温度曲线容易控制。红外热风再流焊设备的生产能力高，操作成本低。

现在，随着温度控制技术的进步，高档的强制对流热风再流焊设备的温度隧道更多地细分了不同的温度区域，例如，把预热区细分为升温区、保温区和快速升温区等。在国内设备条件好的企业里，已经能够见到 7~10 个温区的再流焊设备。当然，再流焊炉的强制对流加热方式和加热器形式也在不断改进，使传导对流热量给电路板的效率更高，加热更均匀。图 8-6 所示为红外热风再流焊炉。

图 8-6 红外热风再流焊炉

8.3.3 气相再流焊

气相再流焊又称气相焊（Vapor Phase Soldering，VPS），这种焊接方法是 1973 年由美国 Wester 电气公司开发成功的。起初主要用于厚膜集成电路的焊接，由于 VPS 具有升温速度快，温度均匀恒定的优点，被广泛用于一些高难度电子产品的焊接中。但由于在焊接过程中需要大量使用形成"气相场"的传热介质——FC-70，它价格昂贵，又是典型的臭氧层损耗物质（ODS），故 VPS 未能在 SMT 大生产中全面推广应用。

气相焊原理是利用加热 FC-70 类高沸点的液体作为转换介质，利用它沸腾后产生的饱和蒸汽，遇到冷却工件后放出汽化潜热，从而使工件升温并达到焊接所需要的温度，蒸汽本身此时转化为同温度的流体。利用相变热来实现 SMA 焊接的方法，称为气相再流焊。

1．VPS 的优点

与红外再流焊相比，VPS 具有如下优点：

① 由于 SMA 置于恒定温度的气相场中，气相潜热释放对 SMA 的物理结构和几何形状不敏感，所以可使组件均匀地加热到焊接温度，特别对于超大型的 BGA 及形状复杂的 SMA 的焊接十分有利。

② 焊接温度保持一定，无须采用复杂的温控手段就可以精确保持焊接温度，不会发生过热，并可以采用不同沸点的加热介质，以满足不同温度焊接的需要。例如，采用低熔点的焊料实现对热敏元器件的焊接，确保 SMA 的可靠性。

③ VPS 的气相场中是介质的饱和蒸汽，密度比空气大得多，即氧含量低，有利于形成高质量的焊点，这对 BGA、CSP 和 F·C 等器件的焊接将是十分有利的。

④ 在相变传热中，热转换效率高。蒸汽的热转换系数 α 是静止空气热转换系数的 1 000 倍，因此加热速度快。

气相焊接技术尽管由于热介质价格昂贵而难以广泛推广应用，但由于它具有独特的特点，仍是一种重要的焊接手段，可用于特种场合下的焊接，如航天、军工电子产品的 SMA 焊接。

2．气相焊的热转换介质

实现 VPS 的关键是选择适合的热转换介质。它必须满足 VPS 的工艺条件，并能满足下列要求：

① 必须具有高沸点，沸点应高于所用焊料的熔化温度 30～40℃左右。

② 应具有高的化学稳定性和热稳定性，不会对 SMA 的所用材料发生化学作用，也不

应该与不锈钢等金属发生化学反应。

③ 应与目前常见的电子材料之间有良好的润湿性，但不会在 SMA 上留下导电的和有腐蚀性的残留物。

④ 不易燃，无气味，低毒性。

⑤ 制造成本低。

早期用于 VPS 的材料是 1975 年美国 3M 公司推出的全氟化液体 FC-70，化学名称是全氟三胺，FC-70 具有较高的化学稳定性和优良的焊接工艺性，曾是 VPS 中的首选热转换介质。

尽管 FC-70 有较高的热稳定性和化学稳定性，但在长时间的高温下（通常在气相焊机运行 80h 以后），还会或多或少发生低级别的分解。因此，FC-70 不仅是一种 ODS 物质，而且会因热分解出现对人体有害的物质（全氟异丁烯气体），因而限制了气相焊在 SMT 生产中的普遍推广。

3．气相焊设备

（1）立式 VPS 炉。典型的立式 VPS 炉的结构原理如图 8-7 所示。

图 8-7　立式 VPS 炉的结构原理

典型的立式 VPS 炉由加热器、过滤净化装置、冷凝管、冷却水控温系统等组成，加热器浸在 FC-70 液体中，由其提供热量使 FC-70 沸腾，形成气相场。

① VPS 炉的技术特点。最初的 VPS 炉直接将 FC-70 在敞开的加热设备中沸腾，但由于 FC-70 蒸汽的大量挥发，以致成本过高，难以实现商业化运行，后来由美国 Western 电气公司研制出一种防 FC-70 蒸汽逃逸的技术，即在 VPS 炉的蒸汽上方安放第一级冷凝管，并通入冷却水，有效地使 FC-70 蒸汽回流到主溶液中。同时还将低沸点 FC-113 投放到 FC-70 之中。通常 FC-113 的沸点是 47℃左右，故 FC-113 迅速汽化，并在 FC-70 蒸汽场上方形成一个"汽盖"，将 FC-70 密封在下方。通常第一级冷凝管的温度保持在 50℃，它一方面可以使过热 FC-70 冷却回流，另一方面又能使 FC-113 加热汽化并形成"蒸汽盖"。此外，还在第一级冷凝管（50℃温度）的上方，即在"汽盖"的上方设立第二级冷凝管，并在其中通入低温（7～15℃）的冷却水，这样又可以防止"汽盖"的逃逸，始终稳定在 FC-70 蒸汽的上方。同样的道理，第三级冷凝管可以进一步起到冷却降温的功能，这就是所谓的防 FC-70 蒸汽逃逸技术，采用该技术后，大大降低了 FC-70 的挥发。

② 液体处理系统。它用来去除运行过程中的 FC-70 分解物，包括各种金属氯化物、氟化物及焊锡膏中的焊剂残留物。

③ 焊接工艺。焊接时，首先将 SMA 在外加的辅助烘道或烘箱中预热至 130~150℃（约 1~1.5min），然后再放入 VPS 机的吊篮中，浸到主气相区，根据设定的时间再由吊篮回升到外界，焊接温度曲线如图 8-8 所示。

图 8-8　气相再流焊温度—时间曲线

由于这种设备仅能实现间歇式生产，故仅能供小批量生产和在特殊场合下使用。

（2）传送带式 VPS 设备。传送带式 VPS 设备能实现连续式生产，典型的产品由美国 HTC 公司开发成功，其原理如图 8-9 所示。

图 8-9　传送带式 VPS 原理

传送带式 VPS 设备的主要特点是传送带装载 SMA 直接经过主气相区，并实现连续操作，FC-70 加热槽原理同间歇式 VPS 类似，但冷却系统的设置比间歇式要复杂得多，而效果却比较差，因为 SMA 进出口部分就在主气相区，冷凝管的安装在传送带出入口附近，其难度明显增大，以及二次"汽盖"的形成也很困难。因此，必须设计液体的补给系统并防"干烧"，因此传送带式 VPS 设备中加热介质的使用量会明显增加。

传送带式 VPS 设备在使用中同样应配备预热烘道，SMA 进行预热后才能送入 VPS 炉中，否则过高的温差会导致焊锡膏的焊剂汽化而出现锡珠过多以及元器件立碑现象。此外，气相焊接过程中元器件快速加热，升温速率无法控制，因而会导致器件开裂，故在生产中应特别注意元器件的防潮问题。

（3）VPS 炉操作中注意事项。由于 VPS 炉需要加入加热介质，它的管理与操作明显要比红外再流焊炉复杂得多，下列事项应经常加以注意：
① 加热介质应超过加热器的高度，并要定期过滤以保持加热介质的清洁；
② 冷却系统及冷却介质要定期检查和更换，以保证冷却系统安全工作；
③ 应连续监控蒸汽和液体沸点，确保焊接质量的可靠性；
④ 更换下来的加热介质以及冷却用试剂应妥善处理（与供货厂家商定），不应随处丢放。

8.3.4 激光再流焊

激光再流焊利用激光束直接照射焊接部位，焊点吸收光能转变成热能，使焊接部位加热，导致焊料熔化，光照停止后焊接部位迅速冷却，焊料凝固，其原理如图 8-10 所示。

图 8-10 激光再流焊原理

图 8-10 中激光束发出后，经过光轴调整反射镜、扩束器、聚透镜聚焦后照在焊盘上实现焊接。另外，由摄像机、中继透镜组成控制系统，实现对中精度控制。

激光再流焊利用激光束良好的方向性及功率密度高的特点，通过光学系统将 CO_2 或 YAG 激光束聚集在很小的区域内，在很短的时间内使焊接对象形成一个局部加热区。

激光再流焊的加热具有高度局部化的特点，不产生热应力，热冲击小，热敏元器件不易损坏，但是设备投资大，维护成本高。

8.3.5 通孔红外再流焊工艺

通孔元器件（THC/THD）一般是采用波峰焊接技术实现与 PCB 的装联的，由于波峰焊的不良焊点率通常要高于焊锡膏－再流焊工艺近 10 倍，在一些微型化的产品中，如彩电电子调谐器的生产中，随着外形尺寸的减小，采用波峰焊的故障率要高出许多倍。特别在电子调谐器中因一些线圈要调整电感量，又很难片式化，为了提高电子调谐器的合格率，必须对其中的通孔件采用焊锡膏－再流焊工艺。

通孔红外再流焊（PIHR）一经出现，就体现出它的强大生命力，直通率大大提高，单班日产量比波峰焊工艺增加 50%以上，焊点质量大有改善。预计随着含铅焊料的禁用，焊料的成本提高，将会有更多的电子产品采用通孔红外再流焊工艺。

1. 通孔红外再流焊工艺流程

常见的通孔红外再流焊工艺有下列几种：

（1）通孔元器件和贴装元器件分别在 PCB 两侧的单面板。图 8-11 所示是这种单面板贴插混装形式示意图。其工艺流程是：

图 8-11　单面板贴插混装形式示意图

① 在 B 面采用焊锡膏再流焊，实现 SMD 的焊接；
② 在 B 面通孔元器件焊盘上涂布焊锡膏；
③ 反转 PCB；
④ 插入通孔元器件 THC；
⑤ 第二次在通孔元器件焊盘上实施再流焊，如图 8-12 所示。

图 8-12　单面板（通孔元器件和贴装元器件分别在 PCB 两侧）工艺流程

（2）通孔元器件和贴装元器件在同一侧的单面板。该工艺方法需在进行 PCB 设计时将所有元器件（SMC/THC）与焊盘设计在 PCB 同一侧，THC 元器件与贴片元器件使用同样的设备、同样的方法，在同样的条件下，一次焊接就可以实现装联，具有可靠性最高、热应力最小的优点，在通孔再流焊工艺中应首选。其工艺流程是：

① 在表面安装焊盘和通孔元器件焊盘上同时印刷焊锡膏；
② 贴放 SMC/SMD；

③ 插装 TMC/TMD；
④ 一次再流焊，完成 SMA 的装联。
（3）双面板通孔红外再流焊。双面板通孔红外再流焊的工艺流程是：
① 先用焊锡膏—再流焊工艺完成双面片式元器件的焊接；
② 然后在 B 面的通孔元器件焊盘上涂覆焊锡膏；
③ 反转 PCB 并插入通孔元器件；
④ 第三次再流，完成 SMA 的装接。

通孔元器件再流焊的关键技术是：无论单面板还是双面板的通孔器件再流焊，主要难点在于如何在通孔元器件焊盘上涂布焊锡膏，以及如何实现再流焊。

2. 通孔元器件焊盘上焊锡膏的涂敷

① 对于 THC/SMC 布置在 PCB 同一侧的产品可以实现所有焊盘一次性印刷焊锡膏，采用这种方法时，通孔元器件焊盘设计应严格控制焊盘孔径，通常取元器件引线直径加 0.2～0.25mm。若为方孔，则方孔对角线加长 0.1～0.15mm，其原则是将孔径尺寸收紧。焊盘外直径为孔径的 2～2.5 倍。模板厚度应考虑到 SMD 焊盘的焊锡膏量，通常可取 0.2～0.25mm 厚度，即尽可能增加模板厚度。

用于通孔焊盘的窗口，应取焊盘直径减 0.1mm，确保模板窗口落在焊盘之上。

② 对于其他类型的产品，由于 PCB 两面已经焊接好了 SMC/SMD，无法采用一次性印刷焊锡膏的方法来实现对通孔元器件焊盘涂布焊锡膏，则可采用点胶机逐点涂布焊锡膏，焊锡膏的形状与大小都能准确控制。这种方法具有灵活方便，无须再制作模板的优点，但生产速度相对较慢，仅适合多品种、小批量产品的生产。

③ 采用管状针模板印刷法。这种方法通过带管状针的模板来实现通孔元器件焊盘的焊锡膏涂布，形状、大小都能像点胶机一样准确控制，而且速度也很快。它通常在专用印刷机下进行操作，即在传统的模板窗口处安放针管，由于针管的高度一般都超过已经贴装 SMD 后的高度，故可不考虑 SMD 厚度的障碍，其工作原理如图 8-13 所示。

图 8-13 管状针模板印刷法工作原理

当模板上针状漏管对准焊盘后，采用刮轮滚压焊锡膏，以强制焊锡膏更多地印刷到通孔元器件焊盘上。焊锡膏的印刷量由刮轮运行速度、压力来调控。这种方法可实现各种情况下的焊锡膏印刷，包括机插通孔元器件后的焊锡膏涂布，特别适应长线产品大批量生产的需要。

④ 使用焊料预制片。预制片是一种环形的焊料合金，尺寸可以根据需要来选择，它可以事先放置在元器件引脚上，也可以在元器件插入后再放置到引脚上，此方法能获得满意的焊接效果，但由于施工速度慢，仅适用于在试制品或小批量生产中使用。

3．通孔再流焊

通孔元器件再流焊常用以下两种方法：

① 采用局部加热法，即对通孔元器件焊盘部位进行局部加热。这种方法的优点是对已经再流焊的 SMD，可以避免再次加热，对于不耐高温的通孔元器件（如铝电解电容），也不会影响其性能。其原理如图 8-14 所示。

图 8-14　通孔元器件局部加热法

热空气发生器将热风送入均压箱，可以使压力更均匀，然后通过对准焊盘的管嘴，实现对焊点的加热，故对周围焊盘影响很小。但这种加热方法需要制作专用的加热器，不适应大批量生产的需要。

② 采用现有的再流焊炉，对整个工件全面加热，即第二次再流焊。通常已焊接好的阻容元器件会出现再次熔化，但由于表面张力的作用元器件不会脱落，问题的难点是对一些通孔元器件（如铝电解电容），以及一些耐热塑料材料，不适应炉中的高温，故应采取保护措施，如调低再流焊炉上加热板的温度，而应用下加热为主（有的再流焊炉不适用），必要时可以在被焊 SMA 上增加罩子以降低高温对元器件的影响，对少量的元器件也可以采取补焊的方法来解决，当然最好采用耐热元器件。

总之，通孔元器件再流焊工艺具有明显的优越性，大有后来居上的态势，特别是配合无铅锡料的使用更显现出它的优越性。

8.3.6　各种再流焊设备及工艺性能比较

1．再流焊设备的主要技术指标

① 温度控制精度（传感器灵敏度）：应该达到±（0.1～0.2）℃。
② 温度均匀度：±（1～2）℃，炉膛内不同点的温差应该尽可能小。
③ 传送带横向温差：要求±5℃以下。
④ 温度曲线调试功能：如果设备无此装置，要外购温度曲线采集器。
⑤ 最高加热温度：一般为 300～350℃，如果考虑温度更高的无铅焊接或金属基板焊接，应该选择 350℃以上。
⑥ 加热区数量和长度：加热区数量越多，长度越长，越容易调整和控制温度曲线。一般中小批量生产，选择 4～5 个温区，加热长度 1.8m 左右即能满足要求。

⑦ 焊接工作尺寸：根据传送带宽度确定，一般为 30～400mm。

2．各种再流焊工艺主要加热方法的优缺点

各种再流焊工艺主要加热方法的优缺点见表 8-1。

表 8-1　各种再流焊工艺主要加热方法的优缺点

加热方式	原理	优点	缺点
气相	利用惰性溶剂的蒸汽凝聚时释放的潜热加热	(1) 加热均匀，热冲击小； (2) 升温快，温度控制准确； (3) 在无氧环境下焊接，氧化少	(1) 设备和介质费用高； (2) 不利于环保
热板	利用热板的热传导加热	(1) 减小对元器件的热冲击； (2) 设备结构简单，操作方便，价格低	(1) 对基板热传导性能影响大； (2) 不适用于大型基板、大型元器件； (3) 温度分布不均匀
红外	吸收红外线辐射加热	(1) 设备结构简单，价格低； (2) 加热效率高，温度可调范围宽； (3) 减少焊料飞溅、虚焊及桥接	元器件材料、颜色与体积不同，热吸收不同，温度控制不够均匀
热风	高温加热的气体在炉内循环加热	(1) 加热均匀； (2) 温度控制容易	(1) 容易产生氧化； (2) 能耗大
激光	利用激光的热能加热	(1) 聚光性好，适用于高精度焊接； (2) 非接触加热； (3) 用光纤传送能量	(1) 激光在焊接面上反射率大； (2) 设备昂贵
红外+热风	强制对流加热	(1) 温度分布均匀； (2) 热传递效率高	设备价格高

3．SMT 焊接设备与工艺性能比较

用波峰焊与再流焊设备焊接 SMT 电路板的有关工艺要求、焊接设备结构及各种加热焊接方法等内容，前面已经分别介绍，这里结合 SMT 电路板的组装方式做进一步比较。表 8-2 比较了各种设备焊接 SMT 电路板的性能。

表 8-2　各种设备焊接 SMT 电路板的性能比较

焊接方法		初始投资	生产费用	生产效率	温度稳定性	工作适应性					
						温度曲线	双面装配	工装适应性	温度敏感元器件	焊接误差率
再流焊	气相	中～高	高	中～高	极好	注①	能	很好	会损坏	中等
	热板	低	低	中～高	好	极好	不能	差	影响小	很低
	红外	低	低	中	取决于吸收	尚可	能	好	要屏蔽	注②
	热风	高	高	高	好	缓慢	能	好	会损坏	很低
	激光	高	中	低	要精确控制	实验确定	能	很好	极好	低
波峰焊		高	高	高	好	难建立	注③	不好	会损坏	高

注：① 调整温度曲线，停顿时改变温度容易，不停顿时改变温度困难。

② 经适当夹持固定后，焊接误差率低。

③ 一面插装普通元器件，SMC 在另一面。

除了上述一些焊接方法以外，在微电子器件组装中，超声波焊、热超声金丝球焊、机械热脉冲焊都有各自的特点。

随着计算机技术的发展，在电子焊接中使用微处理器控制的焊接设备已经普及。例如，微型计算机控制电子束焊接已在我国研制成功。还有一种光焊技术，已经应用在 CMOS 集成电路的全自动生产线上，其特点是采用光敏导电胶代替焊剂，将电路芯片粘在印制板上用紫外线固化焊接。

随着电子工业的不断发展，传统的方法将不断改进和完善，新的高效率的焊接方法也将不断涌现。

8.4 再流焊炉操作指导与焊接缺陷分析

8.4.1 全自动热风再流焊炉操作指导

1. 开机

（1）开机前检查准备。

① 检查电源供给（三相五线制电源）是否为本机额定电源。

② 检查设备是否良好接地。

③ 检查紧急停止按钮（机器前电箱上面左右各有一个红色按钮）是否弹开。

④ 查看炉体是否关闭紧密。

⑤ 查看运输链条及网带是否有刮、碰现象。

（2）合上主机电源开关。按下控制面板的电源延时开关 2s 以上，电源指示灯亮，同时听到"哗"的声音，即为开启，计算机自动进入再流焊主操作界面。

（3）待机器加热温度达到设定值时 10min 后，装配好的 PCB 才能过炉焊接或固化。

2. 再流焊接编程

再流焊接编程需设定的主要参数见表 8-3。

表 8-3 再流焊接参数设置

项　目	参　数	功　　能
设 置	炉温参数	设定各温区的炉温参数
	基板传送速度	设定基板过炉的速度
	上、下风机速度	设定风机速度大小，改善每个温区热量分布均匀程度
	温度报警设定	设定各温区控温偏差上、下限值
	定时设定	设定系统在一周内每天五个时间段开关机时间
	运输速度补偿值	若运输实际速度大于显示速度，则减小运输系数；若运输实际速度小于显示速度，则增大运输系数
	机器参数设定	设定运输方向、加油周期、产量检测、自动调宽窄等参数

续表

项目	参数	功能
操作	宽度调节	手动或自动进行导轨宽度值调节
	面板操作	选择系统在自动或手动状态下运行。选择手动运行时，依次单击"开机"、"加热打开"、"打开热风机"及"运输启动"按钮；选择自动运行时，先在"定时器"按钮中设定好系统运行的开关机时间后，再单击"自动"即可启动整个系统自动运行。单击加热区"开关"按钮，可单独控制每一加热区的加热状态
	I/O 检测	可进行 I/O 检测
	产量清零	清除炉子当前的生产记录

3．再流焊接首件检验

（1）目的。首件检验的目的是为确保在无品质异常的情况下投入生产，防止批量性品质问题的发生。

（2）内容。

① 取最先加工完成的组件（SMA）1～5 件，由检验员进行外观、尺寸、性能等方面的检查和测试。

② 依照标准对组件焊接效果进行检查。

③ 要检查 IC 和有极性的组件，判断极性方向是否正确。

④ 要检查是否有偏移、缺件、错件、多件、锡多、锡少、连锡、立碑、假焊、冷焊等缺陷。

⑤ 预检人员依外观图或样本作为首件检查及检验依据。

⑥ 从传送带上拿 1 件半成品进行目视检验，如目视不良不能判定时，应在放大镜下进行确认或上报线长。

⑦ 确认 Chip set 品名、规格等是否正确，并检查有无短路、偏移、空焊等不良现象。

⑧ 针对 0.5Pitch 零件脚表面，利用拨棒以 45°倾角、0.7m/min 的速度，不超过 0.5～1kg 的压力，于零件四边进行轻拨动作，注意脚位不能有脱落及松动现象。

⑨ 检查板面是否有异物残留、多件、缺件、PCB 刮伤等不良现象。

⑩ 检查 SMD 组件移位是否超出标准。

4．关机

手动状态下，关闭加热，20min 后关闭运输风机，退出主界面，关闭电源；自动状态下，关闭自动运行，20min 后关闭冷却指示，退出主界面，关闭电源。

5．操作注意事项

① UPS 应处于常开状态。

② 若遇紧急情况，可以按机器两端"应急开关"。

③ 控制用计算机禁止其他用途。

④ 在开启炉体进行操作时，务必要用支撑杆支撑上下炉体。

⑤ 在安装程序完毕后，对所有支持文件不要随意删改，以防止程序运行出现不必要的故障。

⑥ 同机种的 PCB，要求一天测试一次温度曲线。不同机种的 PCB 在转线时，必须测试一次温度曲线。

8.4.2 再流焊常见质量缺陷及解决方法

再流焊的品质受诸多因素的影响，最重要的因素是再流焊炉的温度曲线及焊锡膏的成分参数。现在常用的高性能再流焊炉，已能比较方便地精确控制、调整温度曲线，相比之下，在高密度与小型化的趋势中，焊锡膏的印刷就成了再流焊质量的关键，焊锡膏、模板与印刷三个因素均能影响焊锡膏印刷的质量。

1. 立碑现象

再流焊中，片式元器件常出现立起的现象，称为立碑，又称为吊桥、曼哈顿现象，如图 8-15 所示。这是在再流焊工艺中经常发生的一种缺陷。

产生原因：立碑现象发生的根本原因是元器件两边的润湿力不平衡，因而元器件两端的力矩也不平衡，从而导致立碑现象的发生，如图 8-16 所示。若 $M_1>M_2$，元器件将向左侧立起；若 $M_1<M_2$，元器件将向右侧立起。

图 8-15 立碑现象

图 8-16 元器件两端的力矩不平衡导致立碑现象

下列情形均会导致再流焊时元器件两边的润湿力不平衡。

（1）焊盘设计与布局不合理。如果焊盘设计与布局有以下缺陷，将会引起元器件两边的润湿力不平衡。

① 元器件的两边焊盘之一与地线相连接或有一侧焊盘面积过大，焊盘两端热容量不均匀；

② PCB 表面各处的温差过大以致元器件焊盘两边吸热不均匀；

③ 大型器件 QFP、BGA、散热器周围的小型片式元器件焊盘两端会出现温度不均匀现象。

解决办法：改善焊盘设计与布局。

（2）焊锡膏与焊锡膏印刷。焊锡膏的活性不高或元器件的可焊性差，焊锡膏熔化后，表面张力不一样，同样会引起焊盘润湿力不平衡。两焊盘的焊锡膏印刷量不均匀，多的一边会因焊锡膏吸热量增多，熔化时间滞后，以致润湿力不平衡。

解决办法：选用活性较高的焊锡膏，改善焊锡膏印刷参数，特别是模板的窗口尺寸。

（3）贴片。Z 轴方向受力不均匀，会导致元器件浸入到焊锡膏中的深度不均匀，熔化时会因时间差而导致两边的润湿力不平衡。元器件偏离焊盘会直接导致立碑，如图 8-17 所示。

解决办法：调节贴片机工艺参数。

图 8-17 元器件偏离焊盘而产生立碑

（4）炉温曲线。对 PCB 加热的工作曲线不正确，以致板面上温差过大，通常再流焊炉炉体过短和温区太少就会出现这些缺陷，有缺陷的炉温工作曲线如图 8-18 所示。

解决办法：根据每种产品调节好适当的温度曲线。

图 8-18 有缺陷的炉温工作曲线

（5）N_2 再流焊中的氧浓度。采用 N_2 保护再流焊会增加焊料的润湿力，但越来越多的报导说明，在氧含量过低的情况下发生立碑的现象反而增多；通常认为氧含量控制在（100～500）$\times 10^{-6}$ mg/m^3 左右最为适宜。

2．锡珠

锡珠是再流焊常见的缺陷之一，其原因是多方面的，不仅影响到外观而且会引起桥接。

锡珠可分为两类，一类出现在片式元器件一侧，常为一个独立的大球状；另一类出现在 IC 引脚四周，呈分散的小珠状，如图 8-19 所示。

（1）温度曲线不正确。再流焊曲线可以分为四个区段，分别是预热、保温、再流和冷却。预热、保温的目的是为了使 PCB 表面温度在 60～90s 内升到 150℃，并保温约 90s，这不仅可以降低 PCB 及元器件的热冲击，更主要的是确保焊锡膏的溶剂能部分挥发，避免再流焊时因溶剂太多引起飞溅，造成焊锡膏冲出焊盘而形成锡珠。

解决办法：注意升温速率，并采取适中的预热，使之有一个很好的平台使溶剂大部分挥发。升温速率及保温时间控制曲线如图 8-20 所示。

（2）焊锡膏的质量。

① 焊锡膏中金属含量通常在（90±0.5)%，金属含量过低会导致助焊剂成分过多，因此

过多的助焊剂会因预热阶段不易挥发而引起飞珠。

② 焊锡膏中水蒸气和氧含量增加也会引起飞珠。由于焊锡膏通常冷藏，当从冰箱中取出时，没有确保恢复时间，故会导致水蒸气的进入；此外，焊锡膏瓶的盖子每次使用后要盖紧，若没有及时盖严，也会导致水蒸气的进入。

图 8-19　锡珠

图 8-20　升温速率及保温时间控制曲线

放在模板上印制的焊锡膏在完工后，剩余的部分应另行处理，若再放回原来瓶中，会引起瓶中焊锡膏变质，也会产生锡珠。

解决办法：选择优质的焊锡膏，注意焊锡膏的保管与使用要求。

（3）印刷与贴片。

① 在焊锡膏的印刷工艺中，由于模板与焊盘对中会发生偏移，若偏移过大则会导致焊锡膏浸流到焊盘外，加热后容易出现锡珠。此外，印刷工作环境不好也会导致锡珠的生成，理想的印刷环境温度为（25±3）℃，相对湿度为 50%～65%。

解决办法：仔细调整模板的装夹，防止松动现象；改善印刷工作环境。

② 贴片过程中 Z 轴的压力也是引起锡珠的一项重要原因，往往不易引起人们的注意，部分贴片机 Z 轴头是依据元器件的厚度来定位的，如 Z 轴高度调节不当，会引起元器件贴到 PCB 上的一瞬间将焊锡膏挤压到焊盘外的现象，这部分焊锡膏会在焊接时形成锡珠。这种情况下产生的锡珠尺寸稍大，如图 8-21 所示。

图 8-21　贴片压力过大容易产生锡珠的示意图

解决办法：重新调节贴片机的 Z 轴高度。

③ 模板的厚度与开口尺寸。模板厚度与开口尺寸过大，会导致焊锡膏用量增大，也会引起焊锡膏漫流到焊盘外，特别是用化学腐蚀方法制造的模板。

解决办法：选用适当厚度的模板和开口尺寸的设计，一般模板开口面积为焊盘尺寸的 90%，建议使用如图 8-22 所示的模板开口形状。右侧钢板尺寸改进后，不再出现锡珠。

图 8-22 模板开口形状

3．芯吸现象

芯吸现象又称抽芯现象，是常见焊接缺陷之一，多见于气相再流焊中。芯吸现象是焊料脱离焊盘而沿引脚上行到引脚与芯片本体之间，通常会形成严重的虚焊现象。

产生原因：

主要原因是元器件引脚的热导率大，故升温迅速，以致焊料优先润湿引脚，焊料与引脚之间的润湿力远大于焊料与焊盘之间的润湿力；此外，引脚的上翘更会加剧芯吸现象的发生。图 8-23 所示是芯吸现象的示意图和发生芯吸现象的瓷片电容引脚。

解决办法：

① 对于气相再流焊，应将 SMA 首先充分预热后再放入气相炉中；

② 应认真检查 PCB 焊盘的可焊性，可焊性不好的 PCB 不应用于生产；

③ 充分重视元器件的共面性，对共面性不良的器件也不应用于生产。

在红外再流焊中，PCB 基材与焊料中的有机助焊剂是红外线良好的吸收介质，而引脚却能部分反射红外线，故相比而言焊料优先熔化，焊料与焊盘的润湿力就会大于焊料与引脚之间的润湿力，故焊料不会沿引脚上升，从而发生芯吸现象的概率就小得多。

图 8-23 芯吸现象

4. 桥接

桥接是 SMT 生产中常见的缺陷之一，它会引起元器件之间的短路，遇到桥接必须返修。桥接发生的过程如图 8-24 所示。

图 8-24　桥接产生的过程

引起桥接的原因很多，常见的有以下四种：

（1）焊锡膏质量问题。

① 焊锡膏中金属含量偏高，特别是印刷时间过久后，易出现金属含量增高，导致 IC 引脚桥接；

② 焊锡膏黏度低，预热后漫流到焊盘外；

③ 焊锡膏塌落度差，预热后漫流到焊盘外。

解决办法：调整焊锡膏配比或改用质量好的焊锡膏。

（2）印刷系统。

① 印刷机重复精度差，对位不齐（钢板对位不好，PCB 对位不好），致使焊锡膏印刷到焊盘外，多见于细间距 QFP 的生产；

② 钢板窗口尺寸与厚度设计不对，以及 PCB 焊盘设计 Sn-Pb 合金镀层不均匀，导致焊锡膏量偏多。

解决方法：调整印刷机，改善 PCB 焊盘涂覆层。

（3）贴放。贴放压力过大，焊锡膏受压后漫流是生产中多见的原因。另外，贴片精度不够，元器件出现移位，IC 引脚变形等也易导致桥接。

（4）预热。再流焊炉升温速度过快，焊锡膏中溶剂来不及挥发。

解决办法：调整贴片机 Z 轴高度及再流焊炉升温速度。

8.4.3　再流焊与波峰焊均会出现的焊接缺陷

8.4.2 节和第 7 章分别介绍了再流焊与波峰焊过程中容易出现的一些焊接缺陷，但也有一些焊接缺陷是两种焊接方式中均会出现的，现归纳如下。

1. 片式元器件开裂

在 SMT 生产中，片式元器件的开裂常见于多层片式电容器

图 8-25　多层片式电容器开裂

（MLCC），主要是热应力与机械应力所致，如图 8-25 所示。

（1）产生原因：

① 对于 MLCC 类电容，其结构上存在着很大的脆弱性，通常 MLCC 由多层陶瓷电容叠加而成，故强度低，极易受热与机械力的冲击，特别是在波峰焊中尤为明显。

② 贴片过程中，贴片机 Z 轴吸放高度的影响，特别是一些不具备 Z 轴软着陆功能的贴片机，由于吸放高度由片式元器件的厚度来决定，而不是由压力传感器来决定，因此会因为元器件厚度公差而造成开裂。

③ PCB 的曲翘应力，特别焊接后曲翘应力很容易造成元器件的开裂。

④ 拼板的 PCB 在分割时，如果操作不当会损坏元器件。

（2）解决办法：

① 认真调节焊接工艺曲线，特别是预热区温度不能过低；

② 贴片中应认真调节贴片机 Z 轴的吸放高度；

③ 注意拼板分割时的割刀形状，检查 PCB 的曲翘度，尤其对焊接后的曲翘度应进行针对性校正；

④ 如果是 PCB 板材质量问题，则需考虑更换。

2. 焊点不光亮/残留物多

通常焊锡膏中氧含量多时会出现焊点不光亮现象；有时焊接温度不到位（峰值温度不到位）也会出现不光亮现象。

SMA 出炉后，未能强制风冷也会出现不光亮和残留物多的现象。焊点不光亮还与焊锡膏中金属含量低有关，介质不容易挥发，颜色深，也会出现残留物过多的现象。

对焊点的光亮度有不同的理解，一般认为焊点以光亮为佳，但也有人认为光亮反而不利于目测检查，故有的焊锡膏中会使用消光剂。

3. PCB 扭曲

PCB 扭曲是 SMT 大生产中经常出现的问题，它会对装配及测试带来相当大的影响，因此在生产中应尽量避免这个问题的出现。

（1）产生原因：

① PCB 本身原材料选用不当，如 PCB 的 T_g 低，特别是纸基 PCB，如果加工温度过高，PCB 就容易变得弯曲。

② PCB 设计不合理，元器件分布不均会造成 PCB 热应力过大，外形较大的连接器和插座也会影响 PCB 的膨胀和收缩，以致出现永久性的扭曲。

③ PCB 设计问题，如双面 PCB，若一面的铜箔保留过大（如大面积地线），而另一面铜箔过少，也会造成两面收缩不均匀而出现变形。

④ 夹具使用不当或夹具距离太小。如波峰焊中，PCB 因焊接温度的影响而膨胀，由于指爪夹持太紧没有足够的膨胀空间而出现变形。其他如 PCB 太宽，PCB 预加热不均，预热温度过高，波峰焊时锡锅温度过高，传送速度慢等也会引起 PCB 扭曲。

（2）解决办法：

① 在价格和利润空间允许的情况下，选用 T_g 高的 PCB 或增加 PCB 厚度。

② 合理设计 PCB，以取得最佳长宽比；双面的铜箔面积应均衡，在没有电路的地方布满铜层，并以网格形式出现，以增加 PCB 的刚度。

③ 在贴片前对 PCB 预烘，其条件是在 125℃温度下预烘 4h。

④ 调整夹具或夹持距离，以保证 PCB 受热膨胀的空间；焊接工艺温度尽可能调低。已经出现轻度的扭曲时，可以放在定位夹具中升温复位，以释放应力，一般会取得满意的效果。

4．IC 引脚焊接后开路或虚焊

IC 引脚焊接后出现部分引脚虚焊是常见的焊接缺陷。

（1）产生原因：

① 共面性差，特别是 FQFP 器件，由于保管不当而造成引脚变形，如果贴片机没有检查共面性的功能，有时不易被发现。因共面性差而产生开路/虚焊的过程如图 8-26 所示，其中图 8-26（b）所示是翼形引脚开路的放大照片。

图 8-26 共面性差的器件焊接后出现虚焊

② IC 存放时间长，引脚发黄，可焊性不好是引起虚焊的主要原因。

③ 焊锡膏质量差，金属含量低，可焊性差，通常用于 FQFP 器件焊接的焊锡膏，金属含量应不低于 90%。

④ 预热温度过高，易引起 IC 引脚氧化，使可焊性变差。

⑤ 印刷模板窗口尺寸小，以致焊锡膏量不够。

（2）解决办法：

① 注意器件的保管，不要随便拿取元器件或打开包装。

② 生产中应检查元器件的可焊性，特别注意 IC 存放期不应过长（自制造日期起一年内），保管时应不受高温、高湿。

③ 仔细检查模板窗口尺寸，不应太大也不应太小，并且注意与 PCB 焊盘尺寸相配套。

8.5 思考与练习题

1．什么是再流焊？再流焊工艺有哪些特点？
2．简述再流焊技术的一般工艺流程。

3. 目前的再流焊设备大体可分为几类？再流焊炉一般都由哪几部分组成？
4. 简述红外热风再流焊炉的工作原理。画出典型的再流焊温度曲线。
5. 简述气相再流焊炉的工作原理。
6. 简述激光再流焊炉的工作原理。
7. 常见的通孔红外再流焊工艺有几种方式？写出工艺步骤。
8. 常见再流焊质量缺陷有哪些？如何解决？
9. 再流焊与波峰焊均会出现的焊接缺陷有哪些？如何解决？

第 9 章　SMT 手工焊接与实训

9.1　SMT 的手工焊接与拆焊

9.1.1　手工焊接 SMT 元器件的要求与条件

1. 手工焊接贴片元器件的基本要求

在生产企业里，焊接 SMT 元器件主要依靠自动焊接设备，但在维修电子产品或研发部门制作样机的时候，检测、焊接 SMT 元器件都可能需要手工操作。

在高密度的 SMT 电路板上，对于微型贴片元器件，如 BGA、CSP、倒装芯片等，完全依靠手工已无法完成焊接任务，有时必须借助半自动的维修设备和工具。

（1）焊接材料：焊锡丝更细，一般要使用直径 0.5～0.8mm 的活性焊锡丝，也可以使用膏状焊料（焊锡膏）；但要使用腐蚀性小、无残渣的免清洗助焊剂。

（2）工具设备：使用更小巧的专用镊子和电烙铁，电烙铁的功率不超过 20W，烙铁头是尖细的锥状，如图 9-1 所示；在要求较高的场合，应该备有热风工作台、SMT 维修工作站和专用工装。

图 9-1　锥状烙铁头

（3）要求操作者熟练掌握 SMT 的检测、焊接技能，积累一定的工作经验。

（4）要有严密的操作规程。

2. 检修及手工焊接贴片元器件的常用工具及设备

（1）检测探针。一般测量仪器的表笔或探头不够细，可以配用检测探针，探针前端是针尖，末端是套筒，使用时将表笔或探头插入探针，用探针测量电路会比较方便、安全。探针外形如图 9-2（a）所示。

（2）电热镊子。电热镊子是一种专用于拆焊 SMC 的高档工具，它相当于两把组装在一起的电烙铁，只是两个电热芯独立安装在两侧，接通电源以后，捏合电热镊子夹住 SMC 元器件的两个焊端，加热头的热量熔化焊点，很容易把元器件取下来。电热镊子的示意图如图 9-2（b）所示。

（a）检测探针　　　　　　　　　　　　（b）电热镊子

图 9-2　检测探针与电热镊子

（3）恒温电烙铁。SMT 元器件对温度比较敏感，维修时必须注意温度不能超过 390℃，所以最好使用恒温电烙铁。恒温电烙铁如图 9-3 所示。

图 9-3　恒温电烙铁

恒温电烙铁的烙铁头温度可以控制，根据控制方式不同，分为电控恒温电烙铁和磁控恒温电烙铁两种。

电控恒温电烙铁采用热电偶来检测和控制烙铁头的温度。当烙铁头的温度低于规定值时，温控装置控制开关使继电器接通，给电烙铁供电，使温度上升。当温度达到预定值时，控制电路就形成反动作,停止向电烙铁供电。如此循环往复,使烙铁头的温度基本保持一恒定值。

目前,采用较多的是磁控恒温电烙铁。它的烙铁头上装有一个强磁体传感器,利用它在温度达到某一点时磁性消失这一特性,作为磁控开关,来控制加热器元器件的通断以控制温度。因恒温电烙铁采用断续加热,它比普通电烙铁节电 1/2 左右,并且升温速度快。由于烙铁头始终保持恒温,在焊接过程中焊锡不易氧化,可减少虚焊,提高焊接质量。烙铁头也不会产生过热现象,使用寿命较长。

由于片状元器件的体积小,烙铁头的尖端应该略小于焊接面,为防止感应电压损坏集成电路,电烙铁的金属外壳要可靠接地。

(4)电烙铁专用加热头。在电烙铁上配用各种不同规格的专用加热头后,可以用来拆焊引脚数目不同的 QFP 集成电路或 SO 封装的二极管、晶体管、集成电路等。专用加热头外形如图 9-4 所示。

图 9-4 专用加热头外形

(5)真空吸锡枪。真空吸锡枪主要由吸锡枪和真空泵两大部分构成。吸锡枪的前端是中间空心的烙铁头,带有加热功能。按动吸锡枪手柄上的开关,真空泵即通过烙铁头中间的孔,把熔化了的焊锡吸到后面的锡渣储罐中。取下锡渣储罐,可以清除锡渣。真空吸锡枪的外观如图 9-5 所示。

图 9-5 真空吸锡枪的外观

(6)热风焊台。热风焊台是一种用热风作为加热源的半自动设备,用热风焊台很容易拆焊 SMT 元器件,比使用电烙铁方便得多,而且能够拆焊更多种类的元器件,热风焊台也能够用于焊接。热风焊台如图 9-6 所示。

热风焊台的热风筒内装有电热丝,软管连接热风筒和热风焊台内置的吹风电动机。按下热风焊台前面板上的电源开关,电热丝和吹风电动机同时开始工作,电热丝被加热,吹风电动机压缩空气,通过软管从热风筒前端吹出来,电热丝达到足够的温度后,就可以用热风进行焊接或拆焊;断开电源开关电热丝停止加热,但吹风电动机还要继续工作一段时间,直到热风筒的温度降低以后才自动停止。

热风焊台的前面板上除了有电源开关外，还有"HEATER（加热温度）"和"AIR（吹风强度）"两个旋钮，分别用来调整、控制电热丝的温度和吹风电动机的送风量。两个旋钮的刻度都是从1～8，分别指示热风的温度和吹风强度。一般在使用热风焊台焊接SMT电路板的时候，应该把"温度"旋钮置于刻度"4"左右，"送风量"旋钮置于刻度"3"左右。

热风焊台热风筒的前端可以装配各种专用的热风嘴，用于拆卸不同尺寸、不同封装方式的芯片。

（a）焊台主机　　　　　　　　（b）热风嘴

图9-6　热风焊台

3．电烙铁的焊接温度设定

焊接时，对电烙铁的温度设定非常重要。最适合的焊接温度，是让焊点上的焊锡温度比焊锡的熔点高50℃左右。由于焊接对象的大小、电烙铁的功率和性能、焊料的种类和型号不同，在设定烙铁头的温度时，一般要求在焊锡熔点温度的基础上增加100℃左右。

① 手工焊接或拆除下列元器件时，电烙铁的温度设定为250～270℃或（250±20）℃。
- 1206以下所有SMT电阻、电容、电感元器件。
- 所有电阻排、电感排、电容排元器件。
- 面积在5mm×5mm（包含引脚长度）以下并且少于8脚的SMD。

② 除上述元器件，焊接温度设定为350～370℃或（350±20）℃。在检修SMT电路板时，假如不具备好的焊接条件，也可用银浆导电胶粘接元器件的焊点，这种方法可避免元器件受热，操作简单，但连接强度较差。

9.1.2　SMT元器件手工焊接与拆焊工艺

1．用电烙铁进行焊接

用电烙铁焊接SMT元器件，最好使用恒温电烙铁，若使用普通电烙铁，烙铁的金属外壳应该接地，防止感应电压损坏元器件。由于片状元器件的体积小，烙铁头尖端的截面积应该比焊接面小一些，如图9-7所示。焊接时要注意随时擦拭烙铁尖，保持烙铁头洁净；焊接时间要短，一般不要超过2s，看到焊锡开始熔化就立即抬起烙铁头；焊接过程中烙铁头不要碰到其他元器件；焊接完成后，要用带照明灯的2～5倍放大镜，仔细检查焊点是否牢固，有无虚焊现象；假如焊件需要镀锡，先将烙铁尖接触待镀锡处约1s，然后再放焊料，焊锡熔化后立即撤回烙铁。

(a) 合适　　　　(b) 太小　　　　(c) 太大

图 9-7　选择大小合适的烙铁头

① 焊接电阻、电容、二极管一类两端 SMC 元器件时，先在一个焊盘上镀锡后，电烙铁不要离开焊盘，保持焊锡处于熔融状态，立即用镊子夹着元器件放到焊盘上，先焊好一个焊端，再焊接另一个焊端，如图 9-8 所示。

图 9-8　手工焊接两端 SMC 元器件

另一种焊接方法是，先在焊盘上涂敷助焊剂，并在基板上点一滴不干胶，再用镊子将元器件粘放在预定的位置上，先焊好一脚，后焊接其他引脚。安装钽电解电容器时，要先焊接正极，后焊接负极，以免电容器损坏。

② 焊接 QFP 封装的集成电路，先把芯片放在预定的位置上，用少量焊锡焊住芯片角上的 3 个引脚，如图 9-9（a）所示，使芯片被准确地固定，然后给其他引脚均匀涂上助焊剂，逐个焊牢，如图 9-9（b）所示。焊接时，如果引脚之间发生焊锡粘连现象，可按照如图 9-9（c）所示的方法清除粘连：在粘连处涂抹少许助焊剂，用烙铁尖轻轻沿引脚向外刮抹。

图 9-9　焊接 QFP 芯片的手法

有经验的技术工人会采用 H 型烙铁头进行"拖焊"——沿着 QFP 芯片的引脚，把烙铁头快速向后拖——能得到很好的焊接效果，如图 9-9（d）所示。

焊接 SOT 晶体管或 SO、SOL 封装的集成电路与此相似，先焊住两个对角，然后给其他引脚均匀涂上助焊剂，逐个焊牢。

如果使用含松香芯或助焊剂的焊锡丝，也可一手持电烙铁另一手持焊锡丝，烙铁与锡丝尖端同时对准欲焊接器件的引脚，在锡丝被融化的同时将引脚焊牢，焊前可不必涂助焊剂。

2. 用专用加热头拆焊元器件

在热风焊台普及之前，仅使用电烙铁拆焊 SMC/SMD 元器件是很困难的。同时用两把电烙铁只能拆焊电阻、电容等两端元器件或二极管、晶体管等引脚数目少的元器件，如图 9-10 所示；如果拆焊集成电路，要使用专用加热头。

采用长条加热头可以拆焊翼形引脚的 SO、SOL 封装的集成电路，操作方法如图 9-11 所示。

图 9-10 用两把电烙铁拆焊两端元器件或晶体管　　图 9-11 用长条加热头拆焊集成电路

将加热头放在集成电路的一排引脚上，按图中箭头方向来回移动加热头，以便将整排引脚上的焊锡全部熔化。注意当所有引脚上的焊锡都熔化并被吸锡铜网（线）吸走，引脚与电路板之间已经没有焊锡后，用专用起子或镊子将集成电路的一侧撬离印制板。然后用同样的方法拆焊芯片的另一侧引脚，集成电路就可以被取下来。但是，用长条加热头拆卸下来的集成电路，即使电气性能没有损坏，一般也不再重复使用，这是因为芯片引脚的变形比较大，把它们恢复到电路板上去的焊接质量不能保证。

S 型、L 型加热头配合相应的固定基座，可以用来拆焊 SOT 晶体管和 SO、SOL 封装的集成电路。头部较窄的 S 型加热片用于拆卸晶体管，头部较宽的 L 型加热片用于拆卸集成电路。使用时，选择两片合适的 S 型或 L 型加热片用螺丝固定在基座上，然后把基座接到电烙铁发热芯的前端。先在加热头的两个内侧面和顶部加上焊锡，再把加热头放在器件的引脚上面，约 3~5s 后，焊锡熔化，然后用镊子轻轻将器件夹起来，如图 9-12 所示。

使用专用加热头拆卸 QFP 集成电路，根据芯片的大小和引脚数目选择不同规格的加热头，将电烙铁头的前端插入加热头的固定孔。在加热头的顶端涂上焊锡，再把加热头靠在集成电路的引脚上，约 3~5s 后，在镊子的配合下，轻轻转动集成电路并轻轻提起，如图 9-13 所示。

3. 用热风焊台焊接或拆焊 SMC/SMD 元器件

使用热风焊台拆焊 SMC/SMD 元器件比使用电烙铁方便得多，不但操作简单，而且能够拆焊的元器件种类也更多。

（1）用热风焊台拆焊。按下热风焊台的电源开关，就同时接通了吹风电动机和电热丝的电源，调整热风焊台面板上的旋钮，使热风的温度和送风量适中。这时，热风嘴吹出的热风就能够用来拆焊 SMC/SMD 元器件。

热风焊台的热风筒上可以装配各种专用的热风嘴，用于拆卸不同尺寸、不同封装方式的芯片。

图 9-12　使用 S 型、L 型加热头拆焊集成电路的方法

图 9-13　专用加热头的使用方法

图 9-14 所示是用热风焊台拆焊集成电路示意图,其中,图 9-14（a）所示是拆焊 PLCC 封装芯片的热风嘴,图 9-14（b）所示是拆焊 QFP 封装芯片的热风嘴,图 9-14（c）所示是拆焊 SO、SOL 封装芯片的热风嘴,图 9-14（d）所示是一种针管状的热风嘴。针管状的热风嘴使用比较灵活,不仅可以用来拆焊两端元器件,有经验的操作者也可以用它来拆焊其他多种集成电路。在图 9-14 中,虚线箭头描述了用针管状的热风嘴拆焊集成电路时,热风嘴沿着芯片周边迅速移动,同时加热全部引脚焊点的操作方法。

使用热风焊台拆焊元器件时,要注意调整温度的高低和送风量的大小:温度低,熔化焊点的时间过长,让过多的热量传到芯片内部,反而容易损坏器件;温度高,可能烤焦印制板或损坏器件。送风量大,可能把周围的其他元器件吹跑;送风量小,加热的时间则明显变长。初学者使用热风台,应该把"温度"和"送风量"旋钮都置于中间位置（"温度"旋钮刻度"4"左右,"送风量"旋钮刻度"3"左右）。如果担心周围的元器件受热风影响,可以把待拆芯片周边的元器件粘贴上胶带,用胶带把它们保护起来。必须特别注意:全部引脚的焊点都已经被热风充分熔化以后,才能用镊子拾取元器件,以免印制板上的焊盘或线条受力脱落。

图 9-14 用热风焊台拆焊集成电路示意图

（2）用热风焊台焊接。使用热风焊台也可以焊接集成电路，不过，焊料应该使用焊锡膏，不能使用焊锡丝。可以先用手工点涂的方法往焊盘上涂敷焊锡膏，贴放元器件以后，用热风嘴沿着芯片周边迅速移动，均匀加热全部引脚焊盘，就可以完成焊接。

假如用电烙铁焊接时，发现有引脚"桥接"短路或者焊接的质量不好，也可以用热风焊台进行修整：往焊盘上滴涂免清洗助焊剂，再用热风加热焊点使焊料熔化，短路点在助焊剂的作用下分离，让焊点表面变得光亮圆润。使用热风枪要注意以下几点：

① 热风喷嘴应距欲焊接或拆除的焊点 1~2mm，不能直接接触元器件引脚，也不要过远，并保持稳定。

② 焊接或拆除元器件时，一次不要连续吹热风超过 20s，同一位置使用热风不要超过 3 次。

③ 针对不同的焊接或拆除对象，可参照设备生产厂家提供的温度曲线，通过反复试验，优选出适宜的温度与风量设置。

9.2 实训——SMT 电调谐调频收音机组装

9.2.1 实训目的

通过组装 SMT 电调谐调频收音机，体验 SMT 的技术特点，掌握手工 SMT 技术中的手动焊锡膏印刷，SMC、SMD 贴片及再流焊所用设备和操作方法。

9.2.2 实训场地要求与实训器材

本实训产品共有 23 个表面贴装元器件，实训室应设有至少 23 工位的手工 SMT 贴片操作台，操作台布置请参考图 9-15。

① 实训产品材料清单中的所有元器件、零部件，见表 9-1。
② 焊锡膏印刷机（全班共用）1 台。
③ 台式自动再流焊机（全班共用）1 台。
④ 手工焊接工具 1 套/人。
⑤ 万用表 1 只/人。
⑥ 放大镜台灯（全班共用）2 只。
⑦ 元器件盘、镊子 1 套/人。

第9章 SMT 手工焊接与实训

图 9-15 实训场地——贴片操作台

表 9-1 实训产品元器件、零部件清单

类　别	代　号	规　格	型号/封装	数　量	备　注
电阻	R_1	222	2012（2125）RJ1/8W	1	
	R_2	154		1	
	R_3	122		1	
	R_4	562		1	
	R_5	681		1	
电容	C_1	222	2012（2115）	1	
	C_2	104		1	
	C_3	221		1	
	C_4	331		1	
	C_5	221		1	
	C_6	332		1	
	C_7	181		1	
	C_8	681		1	
	C_9	683		1	
	C_{10}	104		1	
	C_{11}	223		1	
	C_{12}	104		1	
	C_{13}	471		1	
	C_{14}	330		1	
	C_{15}	820		1	
	C_{16}	104		1	
	C_{17}	332	CC	1	
	C_{18}	100	CD	1	
印制电路板	PCB			1	
芯片	IC		SC1088	1	
电感	L_1			1	
	L_2			1	
	L_3		70mH	1	8 匝
	L_4		78mH	1	5 匝

续表

类 别	代 号	规 格	型号/封装	数 量	备 注
晶体管	VL		LED	1	发光
	VD		BB910	1	变容
	V_1	9014	SOT-23	1	
	V_2	9012	SOT-23	1	
塑料件		前盖		1	
		后盖		1	
		电位器钮（内、外）		各1	
		开关钮（有缺口）		1	Scan 键
		开关钮（无缺口）		1	Reset 键
		卡子		1	
金属件		电池片		3	
		自攻螺钉		1	
		电位器螺钉		1	
其他	耳机	32Ω×2		1	
	RP	51kΩ		1	开关电位器
	SB_1、SB_2			各1	轻触开关

9.2.3 实训步骤及要求

SMT 装配工艺流程如图 9-16 所示。

图 9-16　SMT 装配工艺流程

1．安装前检查

（1）印制板检查。对照图 9-17 所示贴片焊接 SMB 板图检查。

- 图形是否完整，有无短、断缺陷。

第 9 章　SMT 手工焊接与实训

- 孔位及尺寸是否准确。
- 表面涂覆（阻焊层）是否均匀。

（2）外壳及结构件检查。

- 按材料表清查零件品种、规格及数量。
- 检查外壳有无缺陷及外观损伤。
- 耳机是否正常。

（3）THT 组件检测。用万用表检测 THT 组件，图 9-18 所示是 THT 元器件安装 SMB 板图。

- 电位器阻值调节特性是否正常。
- LED、线圈、电解电容、插座、开关的好坏。
- 判断变容二极管的好坏及极性。

图 9-17　贴片焊接 SMB 板图　　　　图 9-18　THT 元器件安装 SMB 板图

2．贴片及焊接

焊锡膏印刷及焊接所用的手动组装设备可参考图 9-19。

（1）用焊锡膏印刷机在 SMB 上印焊锡膏，并检查印刷情况。印刷焊锡膏的操作方法如图 9-20 所示。将 SMB 安放在焊锡膏印刷机上，刮板均匀涂上焊锡膏，以 60°角度在模板上刮过。注意漏过模板孔的焊锡膏要均匀，防止焊锡膏过量或不足。

（2）按工序流程贴片。模拟工厂流水作业，不同的元器件放在不同的工位，每个工位均应配有相应的工位图。将印好焊锡膏的 SMB 放在平底托盘上，按以下顺序在 SMB 上用真空吸笔或镊子依次装贴：

$C_1, R_1, C_2, R_2, C_3, V_1, C_4, V_2, C_5, R_3, C_6, SC1088, C_7, C_8, R_4, C_9, C_{10}, C_{11}, C_{12}, C_{13}, C_{14}, C_{15}, C_{16}$。

图 9-19 SMT 手动组装设备

注意：
① SMC 和 SMD 不得用手拿；
② 用镊子夹持元器件时不可夹到引线上；
③ 注意 SC1088 的标记方向；
④ 贴片电容表面没有标志，一定要保证准确贴到指定位置；
⑤ 贴片时不能颠倒顺序。

（3）用放大镜台灯检查贴片数量及位置。确认无缺、漏和错误。

（4）使用小型台式再流焊机进行 SMC 和 SMD 的焊接。注意已印上焊锡膏并经过贴片的 PCB 不要用手拿，应使用镊子夹到焊炉的托盘上，如图 9-21 所示。开启再流焊机，观察温度曲线变化，焊接完成，冷却后取出 SMB。

图 9-20 印刷焊锡膏的操作方法　　图 9-21 SMB 送入焊炉的操作方法

图 9-21 中的红外线热风再流焊机是内部只有一个温区的小加热炉，能够焊接的电路板最大面积为 400mm×400mm（小型设备的有效焊接面积会小一些）。炉内的加热器和风扇受

计算机控制，温度随时间变化，电路板在炉内处于静止状态，连续经历预热、再流和冷却的温度过程，完成焊接。这种简易设备适用于生产批量不大的小型企业。

（5）检查焊接质量。看有无虚焊、漏焊及桥接、飞溅、立片等缺陷并进行修补。

3. 安装THT元器件

检查焊接质量及修补后，在PCB上安装THT组件，安装位置如图9-18所示。
① 安装并焊接电位器RP，注意电位器与印制板平齐。
② 安装耳机插座XS。注意焊接时要将耳机插头插入插座帮助散热，以防塑料变形。
③ 安装轻触开关SB_1、SB_2（可用剪下的组件引线）。
④ 安装变容二极管VD（注意极性方向标记）。
⑤ 安装电感线圈$L_1 \sim L_4$（磁环L_1，红色L_2，8匝线圈L_3，5匝线圈L_4）。
⑥ 安装R_5、C_{17}、C_{18}、C_{19}，电解电容C_{18}（100μF）要贴板装。
⑦ 安装发光二极管VL，注意高度、极性。
⑧ 焊接电源连接线J_3、J_4，注意正负连线颜色。

9.2.4 调试及总装

1. 调试

（1）所有元器件焊接完成后先目视检查。
① 元器件检查：型号、规格、数量及安装位置、方向是否与图纸相符。
② 焊点检查：有无虚焊、漏焊及桥接、飞溅等缺陷。
（2）测整机总电流。
① 检查无误后将电源线焊到电池片上。
② 在电位器开关断开的状态下装入电池。
③ 插入耳机。
④ 将万用表200mA（数字表）或50mA挡（指针表）跨接在电源开关两端测电流，使用万用表时注意表笔极性。正常电流应为7～30mA（与电源电压有关）并且LED正常点亮。当电源电压为3V时，电流约为24mA。如果电流为零或超过35mA，则应检查电路。
（3）搜索电台广播。如果电流在正常范围，可按SB_1搜索电台广播。只要元器件质量完好，安装正确，焊接可靠，不用调任何部分即可收到电台广播。如果收不到广播，则应仔细检查电路，特别要检查有无错装、虚焊等缺陷。
（4）调接收频段（俗称调覆盖）。我国调频广播的频率范围为87～108MHz，调试时可找一个当地频率最低的FM电台，适度改变L_4匝间距，使按过Reset键后第一次按Scan键可收到这个电台。由于SC1088集成度高，元器件一致性较好，一般收到低端电台后均可覆盖FM频段，故可不调高端而仅做检查（可用一个成品FM收音机对照检查）。
（5）调灵敏度。本机灵敏度由电路及元器件决定，一般不用调整，调好覆盖后即可正常收听。

2. 总装

（1）蜡封线圈。调试完成后将适量泡沫塑料填入线圈内（注意，不要改变线圈形状及匝距），滴入适量蜡使线圈固定。

（2）固定 SMB/装外壳。

① 将外壳面板平放到桌面上（注意不要划伤面板）。

② 将两个按键帽放入孔内，注意 Scan 键帽上有缺口，放键帽时对准机壳上的凸起，Reset 键帽上无缺口。

③ 将 SMB 对准位置放入机壳内，注意对准 LED 位置，若有偏差可轻轻掰动，并注意三个孔与外壳螺柱的配合及注意电源线不妨碍机壳装配。

④ 装上中间螺钉，注意螺钉旋入手法。

⑤ 装电位器旋钮，注意旋钮上凹点的位置。

⑥ 装后盖，上两边的两个螺钉，装卡子。

3. 检查

总装完毕，装入电池，插入耳机进行检查试听，要求：
① 电源开关手感良好。
② 音量正常可调。
③ 收听正常。
④ 表面无损伤。

9.2.5 实训报告

总结安装、调试过程，并将组装步骤及出现的问题填入实训报告。

附：实训产品工作原理简介

实训产品电路的核心是单片 FM 收音机集成电路 SC1088，它采用先进的低中频（70kHz）技术，外围电路省去了中频变压器和陶瓷滤波器，使电路简单可靠，调试方便。SC1088 采用 SOT 16 脚封装，表 9-2 所示是 SC1088 的引脚功能，图 9-22 所示是电调谐 FM 收音机电原理图。如图所示，调频信号由耳机线馈入，经 C_{13}、C_{14}、C_{15} 和 L_1 的输入电路进入 IC 的⑪、⑫脚混频电路。此处的 FM 信号是没有调谐的调频信号，即所有调频电台均可进入。

表 9-2 集成电路 SC1088 引脚功能

引脚	功能	引脚	功能
1	静噪输出	9	IF 输入
2	音频输出	10	IF 限幅放大器的低通电容器
3	AF 环路滤波	11	射频信号输入
4	V_{CC}	12	射频信号输出
5	本振调谐回路	13	限幅器失调电压电容
6	IF 反馈	14	接地
7	1dB 放大器的低通电容器	15	全通滤波电容搜索调谐输入
8	IF 输出	16	电调谐 AFC 输出

本振电路中关键元器件是变容二极管，它是利用 PN 结的电容与偏压有关的特性制成的"可变电容"。本电路中，控制变容二极管 VD 的电压由 IC 第⑯脚给出。当按下扫描开关

SB$_1$ 时，IC 内部的 RS 触发器打开恒流源，由⑯脚向电容 C$_9$ 充电，C$_9$ 两端电压不断上升，VD 电容量不断变化，由 VD、C$_8$、L$_4$ 构成的本振电路的频率随之不断变化而进行调谐。当收到电台信号后，信号检测电路使 IC 内的 RS 触发器翻转，恒流源停止对 C$_9$ 充电，同时在 AFC 电路作用下，锁住所接收的广播节目频率，从而可以稳定接收电台广播，直到再次按下 SB$_1$ 开始新的搜索。当按下 Reset 开关 SB$_2$ 时，电容 C$_9$ 放电，本振频率回到低端。

电路的中频放大、限幅及鉴频电路的有源器件及电阻均在 IC 内。FM 广播信号和本振电路信号在 IC 内混频器中混频产生 70kHz 的中频信号，经内部 1dB 放大器、中频限幅器，送到鉴频器检出音频信号，经内部环路滤波后由②脚输出音频信号。电路中①脚的 C$_{10}$ 为静噪电容，③脚的 C$_{11}$ 为 AF（音频）环路滤波电容，⑥脚的 C$_6$ 为中频反馈电容，⑦脚的 C$_7$ 为低通电容，⑧脚与⑨脚之间的电容 C$_{17}$ 为中频耦合电容，⑩脚的 C$_4$ 为限幅器的低通电容，⑬脚的 C$_{12}$ 为限幅器失调电压电容，⑮脚的 C$_{13}$ 为滤波电容。

由于用耳机收听，所需功率很小，本机采用了简单的晶体管放大电路，②脚输出的音频信号经电位器 RP 调节后，由 V$_1$、V$_2$ 组成的复合管甲类放大电路放大。R$_1$ 和 C$_1$ 组成音频输出负载，线圈 L$_1$ 和 L$_2$ 为射频与音频隔离线圈。

图 9-22 电调谐 FM 收音机电原理图

9.3 思考与练习题

1. 手工焊接贴片元器件与焊接 THT 元器件有哪几点不同？
2. 如何正确焊接电阻、电容、二极管一类两端 SMC 元器件和 QFP 封装的集成电路？
3. 叙述用专用加热头拆焊元器件的方法。
4. 叙述用热风焊台焊接或拆焊 SMC/SMD 元器件的方法。

5. 对于 SMT 电调谐调频收音机组装实训，回答以下问题：
① 安装前要检查的项目和内容；
② 装配的工艺流程（画出流程图）；
③ 装配中要注意哪些问题；
④ 调试及总装的过程；
⑤ 实训产品的工作原理。

第 10 章　检测与返修工艺

随着电子技术的飞速发展，专业化的生产对生产线上的各类设备和工艺有了更高的要求，从而检测成为电子产品生产中不可缺少的一环。它最大限度地提高了电子产品的生产效率和产品的质量，对解决生产中元器件故障，插装、贴装故障，线路板故障及线路板整板的功能故障有着十分重要的作用。

表面组装检测工艺内容包括组装前来料检测、组装工艺过程检测（工序检测）和组装后的组件检测三大类，检测项目与过程如图 10-1 所示。

图 10-1　表面组装检测项目与过程

检测方法主要有目视检验、自动光学检测（AOI）、自动 X 射线检测（AXI）、超声波检测、在线检测（ICT）和功能检测（FCT）等。

具体采用哪一种方法，应根据 SMT 生产线的具体条件及表面组装组件的组装密度而定。

10.1　来料检测

来料检测是保障 SMA 可靠性的重要环节，它不仅是保证 SMT 组装工艺质量的基础，而且也是保证 SMA 产品可靠性的基础，因为有合格的原材料才可能有合格的产品。

来料检测的对象主要有 PCB、元器件和工艺耗材（如焊锡膏）。PCB 的来料检测是 SMT 组装工艺中不可缺少的组成部分，PCB 的质量检测包括 PCB 尺寸测量、外观缺陷检测和破坏性检测，应根据生产实际确定检测项目。其中，应特别注意 PCB 的边缘尺寸是否符合漏印的边对准精度要求；阻焊膜是否流到焊盘上；阻焊膜与焊盘的对准如何；还要注意焊盘图形尺寸是否符合要求。

元器件的检测是来料检测的关键部分。对组装工艺性、可靠性影响比较大的元器件问题是引线共面性、可焊性和片式元器件的制造工艺。

焊锡膏的检测，首先要根据设计时所选定的焊锡膏进行采购，必须注意焊锡膏的金属百分比、黏度、粉末氧化均量，焊锡的金属污染量，助焊剂的活性、浓度，黏结剂的黏性等。

来料检测项目见表10-1。

表 10-1 来料检测项目

来料类别	检测项目	检测方法
元器件	可焊性	润湿平衡试验、浸渍测试仪
	引线共面性	光学平面检查、贴片机共面性测试装置
	使用性能	抽样——专用仪器检测
PCB	尺寸与外观检查	目测，专业量具
	阻焊膜质量	
	翘曲与扭曲	热应力试验
	可焊性	旋转浸渍测试、波峰焊料浸渍测试、焊料球测试
	阻焊膜完整性	热应力试验
工艺耗材	焊锡膏 金属百分比	加热分离称重法
	焊锡膏 润湿性、焊料球	再流焊
	焊锡膏 黏度与触变系数	旋转式黏度计
	焊锡膏 粉末氧化均量	俄歇分析法
	焊锡 金属污染量	原子吸附测试
	焊锡 活性	铜镜试验
	助焊剂 浓度	比重计
	助焊剂 活性	铜镜试验
	助焊剂 变质	目测颜色
	黏结剂 黏结强度	黏结强度试验
	黏结剂 黏度与触变系数	旋转式黏度计
	黏结剂 固化时间	固化试验
	清洗剂 组成成分	气体包谱分析仪

10.2 工艺过程检测

表面组装工序检测主要包括焊锡膏印刷工序、元器件贴装工序、焊接工序等工艺过程的检测。

目前，生产厂家在批量生产过程中检测 SMT 电路板的焊接质量时，广泛使用人工目视检验、自动光学检测（AOI）、自动 X 射线检测（AXI）等方法。

10.2.1 人工目视检验

人工目视检验简便直观，是检验评定焊点外观质量的主要方法。目检借助带照明或不带照明、放大倍数 2～5 倍的放大镜（如图 10-2 所示），用肉眼观察检验 SMA 焊点质量。目视检验可以对单个焊点缺陷乃至线路异常及元器件劣化等同时进行检查，是采用最广泛的一种非破坏性检查方法。但它无法发现空隙等焊接内部缺陷，因此很难进行定量评价。目视检验的速度和精度同检查人员对焊接有关知识的掌握程度和识别能力有关。该方法的优点是简单，成本低；缺点是效率低，漏检率高，还与操作人员的经验和认真程度有关。

但无论具备什么检测条件，目视检验都是基本的检测方法，是 SMT 工艺和检验人员必须掌握的内容之一。

图 10-2　放大镜台灯

1．印刷工艺目视检验标准

焊锡膏印刷质量要执行标准 SJ/T 10670-1995 中 6.1.1.2 的规定。一般要求焊锡膏印刷要与焊盘图形重合，并呈立方体；焊盘上至少有 75%的面积有焊锡膏，焊锡膏超出焊盘，不应大于焊盘尺寸的 10%。印刷工艺目视检验标准见表 10-2。

表 10-2　印刷工艺目视检验标准

序　号	印刷状态	检验标准
1		焊锡膏与焊盘对齐且尺寸及形状相符；焊锡膏表面光滑，不带有受扰区域或空穴；焊锡膏厚度等于钢模板厚度±0.03mm，为最佳
2		过量的焊锡膏延伸出焊盘，但未与相邻焊盘接触；焊锡膏覆盖区域小于两倍的焊盘面积，判合格
3		焊锡膏量较少，但焊锡膏覆盖住焊盘 75%以上的面积，判合格
4		焊锡膏未和焊盘对齐，但焊盘 75%以上的面积覆盖有焊锡膏，判合格
5		焊锡膏量太少，不合格
6		焊锡膏溢出连接在一起，不合格

续表

序 号	印刷状态	检验标准
7		凹形,焊锡膏量太少,不合格
8		焊锡膏边缘不清,有拉尖,不合格
9		焊锡膏有粘连,不合格
10		焊锡膏错位,不合格

2. 贴装工艺目视检验标准

元器件贴装位置精度要求执行标准 SJ/T 10670—1995 中 6.3.1 的规定。元器件电极应与相应焊盘对准,片式元器件焊端宽度至少有一半或一半以上处于焊盘上,元器件引脚应全部处于焊盘上。贴装工艺目视检验标准见表 10-3。

表 10-3 贴装工艺目视检验标准

序 号	贴片状态	检验标准
1		元器件全部位于焊盘上居中,无偏移,为最佳
2		元器件焊端与焊盘交叠后,焊盘伸出部分不小于焊端高度的 1/3,判合格
3		元器件焊端宽度一半或以上位于焊盘上(仅在印制导线阻焊情况下适用),判合格
4		有旋转偏差,$D \geqslant$ 元器件宽度的一半,判合格
5		元器件焊端宽度一半或以上位于焊盘上,且与相邻焊盘或元器件相距 0.5mm 以上,判合格
6		元器件全部位于焊盘上居中,无偏移,为最佳
7		有旋转偏移,但引脚全部位于焊盘上,判合格
8		X、Y 方向有偏移,但引脚(含趾部和跟部)全部位于焊盘上,判合格

续表

序号	贴片状态	检验标准
9		引脚趾部及跟部全部位于焊盘上，所有引脚对称居中，为最佳
10		印刷时：有 XY 方向偏差，但 $A \geqslant$ 引脚宽度的一半且引脚跟部和趾部位于焊盘上，判合格
11		印刷时有旋转偏差，但 $A \geqslant$ 引脚宽度的一半，且引脚跟部和趾部位于焊盘上，判合格

3．再流焊工艺目视检验标准

由于诸多因素的影响，SMA 经再流焊后，有可能出现桥接、短路等缺陷，影响 SMA 的性能和可靠性，所以在焊接后，应对 SMA 进行全检，焊点质量的评定执行 SJ/T 10666－1995 标准的规定。一般要求在焊盘上形成完整、均匀、连续的焊点，接触角不大于 90°，焊料量适中，焊点表面圆滑，元器件焊端或引脚在焊盘上的位置偏差应在规定范围内。再流焊工艺目视检验标准见表 10-4。

表 10-4　再流焊工艺目视检验标准

序号	再流焊状态	检验标准
1		焊接面呈弯月状，且当元器件高度>1.2mm 时，焊接面高度 $H \geqslant$ 0.4mm；当元器件高度≤1.2mm 时，焊接面高度 $H \geqslant$ 元器件高度的 1/3，为最佳
2		当元器件高度>1.2mm 时，焊接面高度 $H \geqslant$ 0.4mm；当元器件高度 ≤1.2mm 时，焊接面高度 $H \geqslant$ 元器件高度的 1/3，且焊接面有一端为凸圆体状，判合格
3		SOP/QFP 器件引脚内侧形成的弯月形焊接面高度至少等于引脚的厚度，且整个引脚长度均被焊接，为最佳
4		SOP/QFP 器件引脚内侧形成的弯月形焊接面高度大于或等于引脚厚度的一半，且引脚长度至少有 75%被焊接，判合格

续表

序 号	再流焊状态	检验标准
5		SOJ/PLCC 器件引脚两边所形成的弯月形焊接面高度至少等于引脚两边弯度的厚度,为最佳
6		SOJ/PLCC 器件引脚两边所形成的弯月形焊接面高度至少等于引脚两边弯度厚度的一半,判合格
7	OK NG NG OK	残存于 PCB 上的孤立焊球最大直径应小于相邻导体或元器件焊盘最小间距的一半,或直径小于 0.15mm;残留在 PCB 上的焊球每平方厘米不超过一个;较小直径多个焊球,总体积则不允许超过上述孤立焊球的体积要求

10.2.2 自动光学检测（AOI）

SMT 电路的小型化和高密度化，使检验的工作量越来越大，依靠人工目视检验的难度越来越高，判断标准也不能完全一致。目前，生产厂家在大批量生产过程中检测 SMT 电路板的焊接质量，广泛使用自动光学检测（AOI）或自动 X 射线检测（AXI）。自动光学检测（AOI）主要用于工序检验，包括焊锡膏印刷质量、贴装质量及再流焊质量检验。

1．AOI 分类

AOI 是 Automated Optical Inspection 的英文缩写，中文含义为自动光学检测，可泛指自动光学检测技术或自动光学检查设备。

AOI 设备一般可分为在线式（在生产线中）和桌面式两大类。

（1）根据在生产线上的位置不同分类。AOI 设备通常可分为三种。

① 放在焊锡膏印刷之后的 AOI。将 AOI 系统放在焊锡膏印刷机后面，可以用来检测焊锡膏印刷的形状、面积及焊锡膏的厚度。

② 放在贴片机后的 AOI。把 AOI 系统放在高速贴片机之后，可以发现元器件的贴装缺漏、种类错误、外形损伤、极性方向错误，包括引脚（焊端）与焊盘上焊锡膏的相对位置。

③ 放在再流焊后的 AOI。将 AOI 系统放在再流焊之后，可以检查焊接品质，发现有缺陷的焊点。

图 10-3 所示是 AOI 在生产线中不同位置的检测示意图。显然，在上述每一工位都设置 AOI 是不现实的，AOI 最常见的位置是在再流焊炉之后。

图 10-3 AOI 在生产线中不同位置的检测示意图

（2）根据相机位置的不同分类。AOI 设备可分为纯粹垂直式相机和倾斜式相机的 AOI。

（3）根据 AOI 使用光源情况的不同分类可分为两种：

① 使用彩色镜头的机器，光源一般使用红、绿、蓝三色，计算机处理的是色比。

② 使用黑白镜头的机器，光源一般使用单色，计算机处理的是灰度比。

2．AOI 的工作原理

AOI 的工作原理与贴片机、焊锡膏印刷机所用的光学视觉系统的原理相同，基本有设计规则检测（DRC）和图形识别两种方法。

AOI 通过光源对 PCB 进行照射，用光学镜头将 PCB 的反射光采集进计算机，通过计算机软件对包含 PCB 信息的色彩差异或灰度比进行分析处理，从而判断 PCB 上焊锡膏印刷、元器件放置、焊点焊接质量等情况。可以完成的检查项目一般包括元器件缺漏检查、元器件识别、SMD 方向检查、焊点检查、引线检查、反接检查等。在记录缺陷类型和特征的同时通过显示器把缺陷显示/标示出来，向操作者发出信号，或者触发执行机构自动取下不良部件送回返修系统。AOI 系统还能对缺陷进行分析和统计，为调整制造过程的工艺参数提供依据。

图 10-4 所示为 AOI 的工作原理模型。

图 10-4　AOI 的工作原理模型

现在 AOI 系统采用了高级的视觉系统、新型的给光方式、高放大倍数和复杂的算法，从而能够以高测试速度获得高缺陷捕捉率。

3．AOI 的基本组成

目前 AOI 设备常见的品牌有 OMRON（欧姆龙）、Agilent（安捷伦）、Teradyne（泰瑞达）、MVP（安维普）、TRI（德律）、JVC、SONY（索尼）、PANASONIC（松下）等。

AOI 设备一般由照明单元、伺服驱动单元、图像获取单元、图像分析单元及设备接口单元等组成。图 10-5 所示为国产明富 MF-760VT 型自动光学检测仪。

图 10-5　MF-760VT 型自动光学检测仪

MF-760VT 的技术特点为：
① 照明系统：彩色环形四色 LED 光源。
② 自主研发的图像算法，检出率高。
③ CAD 数据导入自动寻找与元器件库匹配的元器件数据。
④ 智能高清晰数字 CCD 相机，图像质量稳定可靠。
⑤ 检测速度满足 1.5 条高速贴片线的需求。
⑥ 细小间距 0201 的检测能力，对应 01005 的升级方案。
⑦ 软件系统：操作系统 Windows 2000，中、英文可选界面。
⑧ 基板尺寸：20mm×20mm～300mm×400mm。基板上下净高：上方≤30mm，下方≤40mm。
⑨ X/Y 分辨率 1μm，定位精度 8μm，移动速度 700mm/s（max）。轨道调整：手动/自动。
⑩ 检测方法：彩色运算、颜色抽取、灰阶运算、图像比对等。检测结果输出：基板 ID、基板名称、元器件名称、缺陷名称、缺陷图片等。

MF-760VT 型自动光学检测仪适用 PCB 再流焊制程的检测，检查项目：再流焊炉后缺件、错件、坏件、锡球、偏移、侧立、立碑、反贴、极反、桥接、虚焊、无焊锡、少焊锡、多焊锡、元器件浮起、IC 引脚浮起、IC 引脚弯曲；再流焊炉前缺件、多件、错件、坏件、偏移、侧立、反贴、极反、桥接、异物。

4．AOI 的操作模式

（1）自动模式。提供自动检测，也就是所有检测动作都是由系统本身完成的，不需要任何人为干预。这个模式通常用在高产量的生产线上。它是一种无停止的检测模式，当出现 NG（缺陷、次品）时也不能进行编辑。

（2）排错模式。基本上与自动模式一样，只是它允许用户在检测到 NG 元器件时可以人工判断及编辑。

（3）监视模式。它允许检测出缺陷时停止检测，提供用户更多的关于 NG 元器件的信息。

（4）人工模式。完全由用户进行每一步操作（如进板、扫描、检测、退板等）。

（5）通过模式。在这种模式下 PCB 不进行检测，只进板、出板。它特别适用于某些不需要做光学检查的 PCB。

每一个操作都由人工模式开始，人工模式结束。也就是说，所有的操作都是在人工模式下从数据库中打开一个文件，然后用户可以根据检测要求（如重新扫描、重新检测、进板、出板或编辑 NG 的元器件数据）设置自动模式或通过模式。所有的文件必须在系统中人工存储。

5．AOI 操作指导

（1）启动系统。打开系统电源之前确认 AOI 安装完毕。启动系统分为三个步骤：打开电源（注意打开电源之前不可将电路板放入 AOI）；显示 Windows 界面；启动检测应用程序，关闭 AOI 的上盖及前门，然后按重启键来初始化硬件并读取最新的检测数据。注意：当硬件初始化时，AOI 的传送带会运转，LED 会闪亮几秒。

（2）检查 AOI 轨道与检测程序。检查 AOI 轨道是否与 PCB 宽度一致，确认 AOI 检测程序（名称和版本）是否正确。

（3）检测。接住从回流炉流出的 PCB，置于台面冷却后，将板的定位孔靠向 AOI 操作一侧，投入 AOI 进行检测。

（4）AOI 检查结果判定。

① 若屏幕右上角显示 OK，表明 AOI 判定此板为合格。

② 若屏幕右上角显示 NG，表明 AOI 判定此板为次品板或 AOI 误测。AOI 测试员将 AOI 判断为 NG 的板取出，对照屏幕显示红色位置逐一目检确认。无法确认时交目检工位确认。若是误测，则将此板按合格处理；若为次品，则标识不良位置并挂上不良品跟踪卡，传下一工位（AOI 后目检）。

③ 测试合格的板，在规定的位置用箱头笔打记号。

（5）注意事项。

① 每次上班前 IPQC（制程控制—品管部工作人员）用 NG 样板确认检测程序有效性，将检测结果记录在"AOI 样板检测表"中，如有异常，应及时通知 AOI 技术员调试程序。

② AOI 测试员必须戴静电腕带作业，每次下班前须清洁机器的外表面，并保持机器周围清洁。

③ AOI 测试员严禁在测试时按"ALLOK"窗口，必须对所有红色窗口认真确认，防止漏检。

④ 若发生异常情况或 AOI 漏测时，应及时通知 AOI 技术员调试处理，必要时按下"Emergency Stop"（紧急停止）按钮。

⑤ AOI 误测较多时，AOI 测试员应及时通知 AOI 技术员调试程序。

（6）退出系统。选择程序中的"退出"命令，保存当前数据后退出系统，回到 Windows 界面，然后关闭 Windows，当 Windows 显示关闭信息后，关闭 AOI 主电源和电源开关，PC 及显示器也会自动关闭。

10.2.3 自动 X 射线（X-Ray）检测（AXI）

AOI 系统的不足之处是只能进行图形的直观检验，检测的效果依赖光学系统的分辨率，它不能检测不可见的焊点和元器件，也不能从电性能上定量地进行测试。

X-Ray 检测利用 X 射线可穿透物质并在物质中有衰减的特性来发现缺陷，主要检测焊点内部缺陷，如 BGA、CSP 和 FC 中 Chip 的焊点检测。尤其对 BGA 组件的焊点检查，其作用无可替代，但对错件的情况不能判别。

1. X-Ray 检测工作原理

X 射线透视图可以显示焊点厚度、形状及质量的密度分布；能充分反映出焊点的焊接质量，包括开路、短路、孔、洞、内部气泡及锡量不足，并能做到定量分析。X-Ray 检测的最大特点是能对 BGA 等部件的内部进行检测。X-Ray 检测的基本工作原理如图 10-6 所示。

图 10-6 X-Ray 检测的基本工作原理

当组装好的线路板（SMA）沿导轨进入机器内部后，位于线路板下方有一个 X 射线发射管，其发射的 X 射线穿过线路板后被置于上方的探测器（一般为摄像机）接收，由于焊点中含有可以大量吸收 X 射线的铅，照射在焊点上的 X 射线被大量吸收。因此，与穿过其他材料的 X 射线相比，焊点呈现黑点产生良好图像，使对焊点的分析变得相当直观，故用简单的图像分析算法便可自动且可靠地检验焊点缺陷。

近几年 X-Ray 检测设备有了较快的发展，已从过去的 2D 检测发展到 3D 检测，具有 SPC 统计控制功能，能够与装配设备相连，实现实时监控装配质量。

2D 检验法为透射 X 射线检验法，对于单面板上的元器件焊点可产生清晰的视像，但对于目前广泛使用的双面贴装线路板，效果就会很差，会使两面焊点的视像重叠而极难分辨。而 3D 检验法采用分层技术，即将光束聚焦到任何一层并将相应图像投射到一高速旋转的接受面上。由于接受面高速旋转使位于焦点处的图像非常清晰，而其他层上的图像则被消除，故 3D 检验法可对线路板两面的焊点独立成像，其工作原理如图 10-7 所示。

3D X-Ray 检测技术除了可以检验双面贴装线路板外，还可对那些不可见焊点如 BGA 等进行多层图像"切片"检测，即对 BGA 焊接连接处的顶部、中部和底部进行彻底检验。同时，利用此方法还可测通孔焊点，检查通孔中焊料是否充实，从而极大地提高焊点连接质量。

图 10-7 3D 检验法工作原理

2. X-Ray 检测作业指导

（1）操作步骤。

① 检查机器并确认其前、后门都已完全关闭。
② 打开电源。
③ 等待机器真空度达到使用标准：真空状态指示灯变绿后，开始进行机器预热。
④ 装入样板。
⑤ 扫描并调节图像。
⑥ 将图像移到要检查的部位。
⑦ 保存或打印所需的图像文件。
⑧ 移动检查部位或更换样板进行检测，只需重复上述③～⑥步即可。
⑨ 检测完毕后，关闭全部电源。

（2）注意事项。

① 每天的第一次开机必须先做一次 WARM UP（预热）；两次使用间隔超过 1h，也必须做一次 WARM UP。
② 开启 X-Ray 后，等 X-Ray 功率上升到设定值并稳定后再开始做 Scan Board（扫描）。
③ 机器完成初始化设置后，不要立即关闭 X-Ray 应用软件，不要将开关钥匙打到 POWER ON（开启主机电源），也不要连续做两次 INITIALIZATION（初始化）。
④ 关闭应用程序时，单击"关闭"按钮后请等待程序完全关闭，不要再次单击"关闭"按钮。
⑤ 在紧急情况下应及时按下紧急开关。
⑥ 放入的样品高度不能超过 50mm。
⑦ 禁止非此设备操作人员操作。

⑧ 开后门时应注意不要将手放在门轴处，防止挤伤。
⑨ 开关门时请注意轻关轻放，避免由于碰撞导致损伤内部机构。

10.3　ICT 在线测试

ICT 是英文 In Circuit Tester 的简称，中文含义是"在线测试仪"。ICT 可分为针床式 ICT 和飞针式 ICT 两种。飞针式 ICT 基本只进行静态的测试，优点是不需制作夹具，程序开发时间短。针床式 ICT 可进行模拟器件功能和数字器件逻辑功能测试，故障覆盖率高；但对每种单板需制作专用的针床夹具，夹具制作和程序开发周期长。

在 SMT 实际生产中，除了焊点质量不合格导致焊接缺陷以外，元器件极性贴错，元器件品种贴错，数值超过标称值允许的范围，也会导致产品缺陷，因此生产中不可避免地要通过 ICT 进行性能测试，检查出影响其性能的相关缺陷，并根据暴露出的问题及时调整生产工艺，这对于新产品生产的初期就显得更为必要。

10.3.1　针床式在线测试仪

1. 针床式在线测试仪的功能与特点

针床式在线测试仪是通过对在线元器件的电性能及电气连接进行测试来检查生产制造缺陷及元器件不良的一种标准测试手段。ICT 使用专门的针床与已焊接好的线路板上的元器件焊点接触，并用数百毫伏（mV）电压和 10mA 以内电流进行分立隔离测试，从而精确地测量所装电阻、电感、电容、二极管、可控硅、场效应管、集成块等通用和特殊元器件的漏装、错装、参数值偏差、焊点连焊、线路板开/短路等故障，并将故障元器件或开路点准确地告诉用户。如图 10-8 所示为针床式在线测试仪的外观照片。

图 10-8　针床式在线测试仪的外观照片

由于 ICT 的测试速度快，并且相比 AOI 和 AXI 能够提供较为可靠的电性能测试，所以在一些大批量生产电子产品的企业中，成为了测试的主流设备。

但随着线路板组装密度的提高，特别是细间距 SMT 组装及新产品开发生产周期越来越短，线路板品种越来越多，针床式在线测试仪存在一些难以克服的问题：测试用针床夹具的制作、调试周期长，价格贵；对于一些高密度 SMT 线路板，由于测试精度问题无法进行测试。如图 10-9 所示是针床式在线测试仪的内部结构图。

图 10-9　针床式在线测试仪的内部结构图

2. 针床式在线测试仪操作指导

（1）操作步骤。

① 打开 ICT 电源，ICT 自动进入测试画面，打开测试程序。ICT 技术员须用 ICT 标准样件检测 ICT 的测试功能和测试程序，用 ICT 不良品样件核对 ICT 检测不良的功能，确认无误后，才可通知 ICT 测试员开始测试。测试员开始测试时须再次确认测试程序名及程序版本是否吻合。

② 取目检合格的 SMA，双手拿住板边，放置于测试工装内，以定柱为基准，将 PCB 正确安装于治具上，定位针与定位孔定位要准确，定位针不可有松动现象。

③ 双手同时按下气动开关"DOWN"和"UP/DOWN"（上升/下降）。

④ 气动头下降到底部后，开始自动测试。

⑤ 确认测试结果，若屏幕出现"PASSED"（合格）或"GO"则为良品，用记号笔在规定位置做标识，并转入下一道工序；若屏幕上出现"FAIL"字样或整个屏幕变成红色，则为不良品，打印出不良内容贴于板面上，置于不良品放置架中，供电子工程部分析不良原因后，送修理工位统一修理。同种不良出现三次以上必须通知生产线 PIE、ICT 技术员、品质工程师确认，并要采取相应对策。

⑥ 测试不良板经两次再测之后合格，则判为良品；若仍为次品，则判为不良品。

⑦ 按一下"UP/DOWN"开关，气动头上升，双手拿住板边取下 SMA，放到工作台面上。

⑧ 重复步骤②～④，测试另一个 SMA。

（2）注意事项。

① 操作时必须戴上手指套及静电环作业，拿取板边时，不可碰到部品。

② 每天接班时必须先用标准测试 OK 及 NG 板对测试架进行检测，结果相符后方可开始测试，如发现问题则通知 ICT 技术员检修，并做好测试架的状况记录。

③ 未经 ICT 技术员允许，不可变更程序。

④ 注意 SMA 的放置方向及定位 Pin 的位置，防止放错方向损坏 SMA。

⑤ 每测试完 30 块电路板后，应用钢刷刷一次测试针。

⑥ ICT 测试工装周围 10cm 内严禁摆放物品。

⑦ ICT 机上不可放状态纸、手套等杂物。

10.3.2 飞针式在线测试仪

现今电子产品的设计和生产承受着上市时间的巨大压力，产品更新的时间周期越来越短，因此，在最短时间内开发新产品和实现批量生产对电子产品制作是至关重要的。飞针测试技术是目前电气测试一些主要问题的最新解决办法，它用探针来取代针床，使用多个由电动机驱动，能够快速移动的电气探针同器件的引脚进行接触并进行电气测量。由于飞针测试不用制作和调试 ICT 针床夹具，以前需要几周时间开发的测试现在仅需几个小时，大大缩短了产品设计周期和投入市场的时间。

1．飞针测试系统的结构与功能

飞针式测试仪是对传统针床在线测试仪的一种改进，它用探针来代替针床，在 X-Y 机构上装有可分别高速移动的 4～8 根测试探针（飞针），最小测试间隙为 0.2mm。

工作时在测单元（UUT）通过皮带或其他传送系统输送到测试机内，然后固定，测试仪的探针根据预先编排的坐标位置程序移动并接触测试焊盘（test pad）和通路孔（via），从而测试在测单元的单个元器件，测试探针通过多路传输系统连接到驱动器（信号发生器、电源等）和传感器（数字万用表、频率计数器等）来测试 UUT 上的元器件。当一个元器件正在测试时，UUT 上的其他元器件通过探针在电气上屏蔽以防止读数干扰。工作中的飞针式在线测试仪如图 10-10 所示。

图 10-10　工作中的飞针式在线测试仪

飞针式测试仪可以检查电阻器的电阻值、电容器的电容值、电感器的电感值、器件的极性，以及短路（桥接）和开路（断路）等参数。

2. 飞针式测试仪的特点

① 较短的测试开发周期,系统接收到 CAD 文件后几小时内就可以开始生产,因此,原型电路板在装配后数小时即可测试。

② 较低的测试成本,不需要制作专门的测试夹具。

③ 由于设定、编程和测试简单,一般技术装配人员即可胜任测试工作。

④ 较高的测试精度,飞针在线测试的定位精度(10μm)、重复性(±10μm)及尺寸极小的触点和间距,使测试系统可探测到针床夹具无法达到的 PCB 节点。与针床式在线测试仪相比,飞针式 ICT 在测试精度、最小测试间隙等方面均有较大幅度的提高。以目前使用较多的四测头飞针式测试机为例,测头由三台步进电动机以同步轮与同步带协同组成三维运动。X 和 Y 轴运动精度达 2mil,足以测试目前国内最高密度的 PCB,Z 轴探针与板之间的距离为 160~600mil 可调,可适应 0.6~5.5mm 厚度的各类 PCB。每测针一秒可检测 3~5 个测试点。

⑤ 和任何事物一样,飞针测试也有其缺点,因为测试探针与通路孔和测试焊盘上的焊锡发生物理接触,可能会在焊锡上留下小凹坑。对于某些客户来说,这些小凹坑可能被认为是外观缺陷,造成拒绝接受;因为有时在没有测试焊盘的地方探针会接触到元器件引脚,所以可能会检测不到松脱或焊接不良的元器件引脚。

⑥ 飞针测试时间过长是另一个不足,传统的针床测试探针数目有 500~3 000 只,针床与 PCB 一次接触即可完成在线测试的全部要求,测试时间只要几十秒,针床一次接触所完成的测试,飞针需要许多次运动才能完成,时间显然要长得多。

另外,针床式测试仪可使用顶面夹具同时测试双面 PCB 的顶面与底面元器件,而飞针式测试仪要求操作员测试完一面,然后翻转再测试另一面,由此看出飞针测试并不能很好地适应大批量生产的要求。

3. 飞针式在线测试仪的维护保养

① 每天检查设备的清洁程度,特别是 Y 轴。应该使用真空吸尘器进行大型部件清洁,并使用酒精浸泡小型部件。不要使用压缩空气进行清洁,以避免将灰尘吹入设备内部而影响使用。

② 周期性地检查过滤器状态。检查频率应根据设备使用的空气类型而定,空气含有杂质越多检查应越频繁,并偶尔更换过滤器。为评价过滤器工作状态,关闭开关并拧开外壳。过滤器应干燥并颜色一致。如有痕迹则表示有油或水。如果污染痕迹比较明显,则应更换过滤器并检查气源。

③ 通过运行自检程序能够检查系统状态。从 VIVA 主窗口,单击 SELFTEST(自检)图标启动该程序,将显示出左边的对话窗口。在这个窗口中,操作者可以设置不同的选项来检查设备。

④ 定期检查探针及探针座的磨损情况,将其更换后,必须执行校准程序。

⑤ Y 轴上出现油或其他液体痕迹,表示空气过滤器出现问题。应停止设备操作并联系设备维护人员。

⑥ 重要的计算机软件及数据应当有备份;不得在计算机内安装其他应用软件;使用外盘时应进行杀毒,防止计算机被病毒感染,确保计算机与主机连线正确可靠。

10.4　功能测试（FCT）

组装阶段的测试包括生产缺陷分析（MDA）、在线测试（ICT）和功能测试（使产品在应用环境下工作时的测试）及其三者的组合。

ICT 能够有效地查找在组装过程中发生的各种缺陷和故障，但不能够评估整个 SMA 所组成的系统在时钟速度时的性能。功能测试就是测试整个系统是否能够实现设计目标。

功能检测用于表面组装组件的电功能测试和检验。功能检测就是：将表面组装组件或表面组装组件上的被测单元作为一个功能体输入电信号，然后按照功能体的设计要求检测输出信号，大多数功能检测都有诊断程序，可以鉴别和确定故障。最简单的功能检测是将表面组装组件连接到该设备相应的电路上进行加电，看设备能否正常运行。这种方法简单，投资少，但不能自动诊断故障。

功能测试仪（Functional Tester）通常包括三个基本单元：加激励、收集响应并根据标准组件的响应评价被测试组件的响应。通常采用的功能测试技术有以下两种。

1. 特征分析（SA）测试技术

SA 测试技术是一种动态数字测试技术，SA 测试必须采用针床夹具，在进行功能测试时，测试仪通常通过边界连接器（Edge Connector）同被测组件实现电气连接，然后从输入端口输入信号，并监测输出端信号的幅值、频率、波形和时序。功能测试仪通常有一个探针，当某个输出连接口上信号不正常时，就通过这个探针同组件上特定区域的电路进行电气接触来进一步找出缺陷。

2. 复合测试仪

复合测试仪是把在线测试和功能测试集成到一个系统的仪器，是近年来广泛采用的测试设备（ATE），它能包括或部分包括边界扫描功能软件和非矢量测试相关软件，特别能适应高密度封装以及含有各种复杂 IC 芯片组件板的测试。对于引脚级的故障检测可达到 100%的覆盖率，有的复合测试仪还具有实时的数据收集和分析软件，以监视整个组件的生产过程，在出现问题时能及时反馈以改进装配工艺，使生产的质量和效率能在控制范围之内，保证生产的正常进行。

10.5　SMA 返修技术

表面组装制造工艺一直在为满足一次组装通过率 100%的要求而努力，但是 100%的成品率仍然是一个可望而不可即的目标，不管工艺有多完善，总是存在着一些组装制造中无法控制的因素而产生出不良品。PCB 组装中必须对废品率有一定的估计，且可以用返修来弥补产品组装过程中出现的一些问题。

SMA 的返修，通常是为了去除失去功能、损坏引线或排列错误的元器件，重新更换新的元器件。或者说就是使不合格的电路组件恢复成与特定要求相一致的合格的电路组件。返修和修理是两个不同的概念，修理是使损坏的电路组件在一定程度上恢复它的电气机械性能，而不一定与特定要求相一致。

为了完成返修，必须采用安全而有效的方法和合适的工具。所谓安全，是指不会损坏返修部分的器件和相邻的器件，也指对操作人员不会有伤害。所以在返修操作之前必须对操作人员进行技术和安全方面的培训。习惯上返修被看做是操作者掌握的手工工艺，实际上，高度熟练的维修人员也必须借助返修工具才可以使修复的 SMA 产品完全令人满意。目前，倒装芯片、CSP、BGA 等新型封装器件对装配工艺提出了更高的要求，对返修工艺的要求也在提高，此时手工返修已无法满足这种新要求。

10.5.1 SMT 电路板维修工作站

维修工作站实际是一个小型化的贴片机和焊接设备的组合装置，对采用 SMT 工艺的电路板进行维修，或者对品种变化多而批量不大的产品进行生产。SMT 维修工作站都能够发挥很好的作用，但贴片、焊接元器件的速度比较慢。

大多数维修工作站装备了高分辨率的光学检测系统和图像采集系统，操作者可以从监视器的屏幕上看到放大的电路焊盘和元器件电极的图像，使元器件能够高精度地定位贴片；高档的维修工作站甚至有两个以上摄像镜头，能够把从不同角度摄取的画面叠加在屏幕上，操作者可以通过监视屏幕仔细调整贴装头，让两幅画面完全重合，实现多引脚器件在电路板上的准确定位。对于任何 BGA 器件、Flip-Chip、QFN、MLF、QFP、PLCC、SOP、金属屏蔽罩、通孔 IC 座、通孔器件、柔性板、塑料元器件、异形器件、连接器等，均具有优良的返修能力。

SMT 维修工作站都备有与各种元器件规格相配的红外线加热炉、电热工具或热风焊枪，不仅可以用来拆焊那些需要更换的元器件，而且还能熔融焊料，把新贴装的元器件焊接上去。

如图 10-11 所示是一款维修工作站的照片。

图 10-11 维修工作站

10.5.2 返修的基本过程

1. 取下故障元器件

成功的返修首先是将故障位置上的元器件取走。将焊点加热至熔点，然后小心地将元器件从板上拿下。注意焊料必须完全熔化，以免在取走元器件时损伤焊盘。返修系统应保证这部分工艺尽可能简单并具有重复性。加热喷嘴对准好元器件以后即可进行加热，一般先从底部开始，然后将喷嘴和元器件吸管分别降到 PCB 和元器件上方，开始顶部加热。加热结束时许多返修工具的元器件吸管中会产生真空，吸管升起将元器件从板上提起。在焊料完全熔化以前吸起元器件会损伤板上的焊盘，"零作用力吸起"技术能保证在焊料液化前不会取走元器件。

2. PCB 预处理

在将新元器件换到返修位置前，该位置需要先做预处理。预处理包括两个步骤：除去残留的焊料和添加助焊剂或焊锡膏。

（1）除去焊料。除去残留焊料可用手工或自动方法，手工方式的工具包括电烙铁和铜吸锡线，不过手工工具用起来很困难，对于小尺寸 CSP 和倒装芯片焊盘还很容易受到损伤。自动化焊料去除工具可以非常安全地用于高精度板的处理，如图 10-12 所示。有些清除器是自动化非接触系统，使用热风使残留焊料液化，再用真空将熔化的焊料吸入一个可更换的过滤器中。清除系统的自动工作台一排一排依次扫过线路板，将所有焊盘阵列中的残留焊料除掉。对 PCB 和清除器加热要进行控制，以提供均匀的处理过程，避免 PCB 过热。

图 10-12　自动化焊料去除工具

（2）添加助焊剂或焊锡膏。在返修工艺中，一般是用刷子将助焊剂直接刷在 PCB 上。CSP 和倒装芯片的返修很少使用焊锡膏，只要稍稍使用一些助焊剂就足够了。在 BGA 返修场合，焊锡膏涂敷的方法可采用模板或可编程分配器。许多 BGA 返修系统都提供一个小型模板装置来涂敷焊锡膏，该方法可用多种对中技术，包括元器件光学对中系统。

在 PCB 上使用模板是非常困难的，为了在相邻的元器件中间放入模板，模板尺寸必须很小，除了用于涂敷焊锡膏的小孔就几乎没有空间了，由于空间小，因此很难涂敷焊锡膏并取得均匀的效果。有一种工艺可以替代模板涂敷焊锡膏，即用元器件印刷台直接将焊锡膏涂在元器件上，该装置还可在涂敷焊锡膏后用做元器件容器，在标准工序中自动拾取元器件。焊锡膏也可以直接点到每个焊盘上，方法是使用 PCB 高度自动检测技术和一个旋转焊锡膏挤压泵，精确地提供完全一致的焊锡膏点。

3. 元器件更换

（1）元器件对位。新元器件和 PCB 必须正确对准，对于小尺寸焊盘和细间距 CSP 及倒装芯片器件而言，返修系统的放置能力必须要能满足很高的要求。放置能力由两个因素决定：精度（偏差）和准确度（重复性）。一个系统可能重复性很好，但精度不够，只有充分理解这两个因素才能了解系统的工作原理。重复性是指在同一位置放置元器件的一致性，然而一致性很好不一定表示放在所需的位置上；偏差是放置位置测得的平均偏移值，一个高精度的系统只有很小或根本没有放置偏差，但这并不意味放置的重复性很好。返修系统必须同时具有很好的重复性和很高的精度，以将器件放置到正确的位置。对放置性能进行试验时必须重视实际的返修过程，包括从元器件容器或托盘中拾取元器件、对准以及放置元器件。

（2）元器件放置。返修工艺选定后，PCB 放在工作台上，元器件放在容器中，然后用 PCB 定位以使焊盘对准元器件上的引脚或焊球。定位完成后元器件自动放到 PCB 上，放置力反馈和可编程力量控制技术可以确保正确放置，不会对精密元器件造成损伤。

（3）线路板和元器件加热。先进的返修系统采用计算机控制加热过程，使之与焊锡膏制造厂商给出的规格参数尽量接近，并且应采用顶部和底部组合加热方式，如图 10-13 所示。底部加热用以升高 PCB 的温度，而顶部加热则用来加热元器件。元器件加热时有部分热量会从返修位置传导流走，而底部加热则可以补偿这部分损失的热量，从而减少元器件在上部所需的总热量；另外，使用大面积底部加热器可以消除因局部加热过度而引起的 PCB 扭曲。

图 10-13 顶部和底部组合加热方式

加热曲线应精心设置，先预热，然后使焊点回焊。好的加热曲线能提供足够但不过量的预热时间，以激活助焊剂，时间太短或温度太低则不能做到这一点。

10.5.3 BGA、CSP 芯片的返修

BGA、CSP 等器件的返修设备主要是各种品牌的返修工作站。

1. BGA、CSP 芯片返修工艺

采用普通热风返修系统对 BGA、CSP 芯片进行返修的工艺流程是：拆卸 BGA、CSP→清洁焊盘→去潮处理→印刷焊锡膏→贴装 BGA、CSP→再流焊接→检验。

（1）拆卸 BGA、CSP。
① 将需要拆卸的 BGA、CSP 的表面组装板放在返修系统的工作台上。
② 选择与器件尺寸相匹配的喷嘴，装在加热器的连接杆上。
③ 将热风喷嘴扣在器件上，注意与器件四周的距离均匀。如果器件周围有影响操作的元器件，先将这些元器件拆卸，待返修完毕再复位。
④ 选择适合吸着待拆卸器件的吸嘴，调节吸取器件的真空负压吸管高度，将吸盘接触器件的顶面，打开真空泵开关。

⑤ 根据器件的尺寸、PCB 的厚度等具体情况设置拆卸温度曲线。

（2）清洁焊盘。

拆卸掉 BGA、CSP 器件后，需要去除 PCB 焊盘上的残留焊锡并清洗这一区域。

① 用电烙铁将 PCB 焊盘残留的焊锡清理干净、平整，可采用拆焊编织带和扁铲形烙铁头进行清理。操作时注意不要损坏焊盘和阻焊膜。

② 用异丙醇或乙醇等清洗剂将助焊剂残留物清洗干净。

（3）去潮处理。由于塑料封装的 BGA、CSP 对潮气敏感，因此在组装之前要检查器件是否受潮，如果已经吸湿，则需要对器件进行去潮处理。

（4）印刷焊锡膏。焊锡膏的印刷有下面两种方法：

① 将焊锡膏印在 PCB 焊盘上，可在返修台上或显微镜下进行对中印刷。

因为表面组装印制电路板上已经装有其他元器件，因此必须采用 BGA、CSP 专用小模板，模板厚度与开口尺寸要根据球径和球距确定，印刷完毕后必须检查印刷质量，如不合格，必须进行清洗后才能重新印刷。

② 将焊锡膏直接印在 BGA、CSP 焊盘上。

第二种方法比较灵活，而且比较科学，尤其适合手机板等高密度板。

（5）贴装 BGA、CSP。

① 将印好焊锡膏的表面组装印制电路板安放在返修系统的工作台上。

② 选择合适的吸嘴，打开真空泵，将 BGA、CSP 器件吸起来，用摄像机顶部光源照射已经印好焊锡膏的 BGA 焊盘，调节焦距使监视器显示的图像最清晰。然后拉出 BGA 专用的反射光源，照射 BGA 器件底部并使图像最清晰。最后调整工作台的 X、Y 角度旋钮，使 BGA 底部焊球和 BGA 焊盘完全对应重合。

③ 焊球和焊盘完全重合后，将吸嘴向下移动，把 BGA 器件贴装到 PCB 上，然后关闭真空泵。

（6）再流焊接。

① 设置焊接温度曲线。为避免损坏 BGA、CSP 器件，预热温度应控制在 100～125℃，升温速率和温度保持时间很关键。

② 选择与器件尺寸相匹配的四方形热风喷嘴，并将热风喷嘴安装在加热器的连接杆上，注意安装平稳。

③ 将热风喷嘴扣在 BGA 等器件上，要注意与器件四周的距离均匀。

④ 打开加热电源，调整热风量，开始焊接。

（7）检验。

① BGA 等器件的焊接质量检验需要 X 光或超声波检查设备。

② 在没有检查设备的情况下，可通过功能测试判断焊接质量。

③ 在没有以上设备的情况下，可以把焊好 BGA 的表面组装印制电路板举起来，对光平视 BGA 四周，观察焊锡膏是否完全熔化，焊球是否塌陷，BGA 四周与 PCB 之间的距离是否一致等，以经验来判断焊接效果。

2. BGA 植球工艺

经过拆卸的 BGA 器件一般情况下可以重复使用，但由于拆卸后 BGA 底部的焊球被不同程度地破坏，因此必须进行植球处理才能使用。根据植球工具和材料的不同，植球的方法也有所不同，不管采用什么方法，工艺过程都是相同的，其工艺流程是：清洁焊盘→涂敷助焊剂→选择焊球→植球→再流焊接→清洗。

（1）清洁焊盘。

① 用电烙铁将 BGA 底部焊盘残留的焊锡清洗干净、平整，可采用拆焊编织带和扁铲形烙铁头进行清理，操作时注意不要损坏焊盘和阻焊膜。

② 用清洗剂将助焊剂残留物清洗干净。

（2）涂敷助焊剂。

① 一般情况下采用涂敷（可以用刷子刷，也可以印刷）高黏度助焊剂的方法起到黏结和助焊作用，有时可以用焊锡膏代替，采用焊锡膏时焊锡膏的金属组分应与焊球的金属组分相匹配，应保证印刷后焊锡膏图形清晰、不漫流。

② 印刷时采用 BGA 专用小模板。印刷完毕必须检查印刷质量，如不合格，则必须清洗后重新印刷。

（3）选择焊球。

① 选择焊球时要考虑焊球的材料。

② 焊球尺寸的选择也很重要：如果使用高黏度的助焊剂，应选择与 BGA 器件焊球相同直径的焊球；如果使用焊锡膏，则应选择比 BGA 器件焊球直径小一些的焊球。

（4）植球。通常可以采用下面两种方法进行植球：

① 采用植球器植球法。

a. 如果有植球器，选择一块与 BGA 焊盘匹配的模板，模板的开口尺寸比焊球直径大 0.05～0.1mm，将焊球均匀地撒在模板上，摇晃植球器，把多余的焊球从模板上滚到植球器的焊球收集槽中，使模板表面恰好每个漏孔中保留一个焊球。

b. 把植球器放置在 BGA 返修设备的工作台上，把印好助焊剂和焊锡膏的 BGA 器件吸在 BGA 返修设备的吸嘴上（焊盘面向下）。

c. 按照贴装 BGA 的方法进行对准，使 BGA 器件底部图像与植球器模板表面每个焊球的图像完全重合。

d. 将吸嘴向下移动，把 BGA 器件贴装到植球器模板表面，然后将 BGA 器件吸起来。

e. 用镊子夹住 BGA 器件的外边框，关闭真空泵。

f. 将 BGA 器件的焊球面向上放置在 BGA 返修设备的工作台上。

② 不用植球器植球法。

a. 把印好助焊剂或焊锡膏的 BGA 器件放置在工作台上。

b. 准备一块与 BGA 焊盘匹配的模板，模板的开口尺寸比焊球直径大 0.05～0.1mm；把模板四周用垫块架高，放置在印好助焊剂或焊锡膏的 BGA 器件上，使模板与 BGA 之间的距离等于或略小于焊球的直径，在显微镜下或在 BGA 返修工作台上对准。

c. 将焊球均匀地撒在模板上，把多余的焊球用镊子从模板上取下来，使模板表面恰好每个漏孔中保留一个焊球。

d. 移开模板，个别没有放置好的焊球，可用镊子或小吸嘴的吸笔补完整。

（5）再流焊接。同 BGA 返修时的再流焊接一样进行焊球焊接，焊接时 BGA 器件的焊球面朝上，要把热风量调到最小，以防把焊球吹移位。再流焊的温度要比焊接 BGA 稍低一些，经过再流焊处理，焊球就固定在 BGA 器件上了。

（6）清洗。完成植球工艺之后，应将 BGA 器件清洗干净，并尽快进行贴装和焊接，以防止焊球氧化和器件受潮。

10.6 思考与练习题

1. 简述电子产品的检测内容与检测方法。
2. 简述贴装工序检测标准。
3. 简述 AOI 的基本操作过程。
4. 比较人工目检、AOI、AXI 三种检测方法的优缺点。
5. 在线测试和功能测试的测试内容有什么不同？

第 11 章　清洗剂与清洗工艺

电路板在焊接以后，其表面或多或少会留有各种残留污物。为防止由于残留污物的腐蚀而引起电路失效，必须通过清洗将其去除。

焊接和清洗是对电路组件高可靠性具有深远影响的相互依赖的组装工艺。在 SMT 中，由于所用元器件体积小，贴装密度高，间距小，当助焊剂残留物或其他杂质存留在印制板表面或空隙中时，会因离子污染或侵蚀而造成断路或短路。因此，清洗则显得更为重要。用于清洗的材料称为清洗剂。

11.1　清洗的作用与分类

1. 清洗的主要作用

清洗是一种去污染的工艺。SMA（表面组装组件）的清洗就是要去除组装后残留在 SMA 上影响其可靠性的污染物，排除影响 SMA 长期可靠性的因素。对 SMA 清洗的主要作用是：

（1）防止电气缺陷的产生。最突出的电气缺陷就是漏电，造成这种缺陷的主要原因是 PCB 上存在离子污染物、有机残料和其他黏附物。

（2）清除腐蚀物的危害。腐蚀会损坏电路，造成器件脆化；腐蚀物本身在潮湿的环境中能导电，会引起 SMA 短路故障。

（3）使 SMA 外观清晰。清洗后的 SMA 外观清晰，能使热损伤、层裂等一些缺陷显露出来，以便于进行检测和排除故障。

除非采用免洗工艺技术，SMA 组装后都有清洗的必要，特别是军事电子装备和空中使用电子设备（一类电子产品）等高可靠性要求的 SMA，以及通信、计算机等耐用电子产品（二类电子产品）的 SMA，组装后都必须进行清洗。家用电器等消费类产品（三类电子产品）和某些使用免洗工艺技术进行组装的二类电子产品可以不清洗。一般而言，在电路组件的制造过程中，从 PCB 上电路图形的形成直到电子元器件的组装，不可避免地要经过多次清洗工艺。特别是随着组装密度的提高，控制 SMA 的洗净度就更加显得重要了。焊接后 SMA 的洗净度等级关系到组件的长期可靠性，所以清洗是 SMT 中的重要工艺。

2. 清洗技术方法分类

根据清洗介质的不同，清洗技术有溶剂清洗和水清洗两大类；根据清洗工艺和设备不同，又可分为批量式（间隙式）清洗和连续式清洗两种类型；根据清洗方法不同，还可以分为高压喷洗清洗、超声波清洗等几种形式。对应于不同的清洗方法和技术，有不同的清洗设备系统，可根据不同的应用和产量的要求选择相应的清洗工艺技术和设备。

3．污染物类型

污染物是各种表面沉积物或杂质，以及被 SMA 表面吸附或吸收的一种能使 SMA 的性能降级的物质。

这些不同类型的污染物可归纳为极性和非极性两类。

（1）极性污染物。极性污染物的分子具有偏心的电子分布，即在分子中的原子之间"连接"的电子分布不均匀，这就叫做"极性"特征。如 HCl 或 NaCl 的极性分子分离时，产生正的或负的离子。

这种自由离子是良好的导体，能引起电路故障，还能与金属发生强烈反应，导致电路板腐蚀。另外，极性污染物也可以是非离子化的。当非离子化的极性污染物出现在电场中，同时又有高温或有其他应力存在时，不同的负电性分子自身就排成行形成电流。

（2）非极性污染物。非极性污染物是没有偏心电子分布的化合物，而且不分离成离子，也不带电流。这种类型的污染物大多数是由长链的碳氢化合物或碳原子的脂肪酸组成的。通常，非极性污染物是绝缘体，不产生腐蚀和电气故障，但使可焊性下降和妨碍 SMA 有效电测试。而且，极性污染物有可能夹杂在非极性污染物中，或被非极性污染物覆盖，如果极性污染物暴露在外面，就有可能出现电气故障。

从清洗角度来分析，焊剂主要有两种类型：可溶于有机溶剂的和可溶于水的。可溶于有机溶剂的焊剂是 SMA 用的标准型焊剂，并且广泛应用于再流焊接的焊锡膏和双波峰焊接工艺中。它们主要由天然树脂、合成树脂、溶剂、润湿剂和活化剂等成分组成。焊剂在去除焊接部位的氧化物和降低焊料表面张力，提高润湿性的同时，也是 SMA 上污染物的主要来源。这种污染物是焊接工艺之后加热改型的焊剂生成物。

4．污染物可能的来源

（1）有机化合物。来源于焊剂、焊接掩膜、编带、指印等。
（2）无机难溶物。来源于光刻胶、PCB 处理、编带、焊剂剩余物等。
（3）有机金属化合物。来源于焊剂剩余物、白剩余物等。
（4）可溶无机物。来源于焊剂剩余物、白剩余物、酸、水等。
（5）颗粒物。来源于空气中的物质、有机物残渣等。

11.2 清洗剂

11.2.1 清洗剂的化学组成

从清洗剂的特点考虑，选择 CFC-113 和甲基氯仿作为清洗剂的主体材料比较适宜。但由于纯 CFC-113 和甲基氯仿在室温尤其在高温条件下能和活泼金属反应，因而影响了使用和储存的稳定性。

为改善清洗效果，常常在 CFC-113 和甲基氯仿清洗剂中加入低级醇，如甲醇、乙醇等，但醇的加入会带来一些副作用，一方面 CFC-113 和甲基氯仿易于同醇反应，在有金属共存时更加显著；另一方面低级醇中带入的水分还会引起水解反应，由此产生的 HCl 具有强腐蚀性。

因此，在 CFC-113 和甲基氯仿中加入各类稳定剂显得十分重要。在 CFC-113 清洗剂中常用的稳定剂有乙醇酯、丙烯酸酯、硝基烷烃、缩水甘油、炔醇、N—甲基吗啉、环氧烷类化合物。

11.2.2 清洗剂的选择

早期采用的清洗剂有乙醇、丙酮、三氯乙烯等。现在广泛应用的是以 CFC-113（三氟三氯乙烷）和甲基氯仿为主体的两大类清洗剂。但它们对大气臭氧层有破坏作用，现已开发出 CFC 的替代产品。半水清洗替代技术中使用的半水洗溶剂，如 BIOACT EC-7、Marc lean R 等被认为是最有希望的替代材料，而另一种替代材料 HCFC（含氢氟氯），如 9434、2010、2004 都具有一定毒性。

一般说来，一种性能良好的清洗剂应当具有以下特点：
① 脱脂效率高，对油脂、松香及其他树脂有较强的溶解能力。
② 表面张力小，具有较好的润湿性。
③ 对金属材料不腐蚀，对高分子材料不溶解、不溶胀，不会损害元器件和标记。
④ 易挥发，在室温下即能从印制板上除去。
⑤ 不燃、不爆、低毒性，利于安全操作，也不会对人体造成危害。
⑥ 残留量低，清洗剂本身也不污染印制板。
⑦ 稳定性好，在清洗过程中不会发生化学或物理作用，并具有储存稳定性。

清除极性和非极性残留污物，要使用清洗溶剂。清洗溶剂分为极性和非极性溶剂两大类。极性溶剂包括酒精、水等，可以用来清除极性残留污物；非极性溶剂包括氯化物和氟化物两种，如三氯乙烷、F-113 等，可以用来清除非极性残留污物。由于大多数残留污物是非极性和极性物质的混合物，所以，实际应用中通常使用非极性和极性溶剂混合后的溶剂进行清洗，混合溶剂由两种或多种溶剂组成。混合溶剂能直接从市场上购买，产品说明书会说明其特点和适用范围。

选择溶剂，除了应该考虑与残留污物类型相匹配以外，还要考虑一些其他因素：去污能力、性能、与设备和元器件的兼容性、经济性和环保要求等。

11.3 清洗技术

11.3.1 批量式溶剂清洗技术

溶剂清洗设备用于清除电路板上的残留污物，按使用的场合不同，可分为连续式清洗器和批量式清洗器两大类，每一类清洗器中都能加入超声波冲击或高压喷射清洗功能。

这两类清洗设备的清洗原理是相同的，都采用冷凝—蒸发的原理清除残留污物。主要步骤是：将溶剂加热使其产生蒸汽，将较冷的被清洗电路板置于溶剂蒸汽中，溶剂蒸汽冷凝在电路板上，溶解残留污物，然后，将被溶解的残留污物蒸发掉，被清洗电路板冷却后再置于溶剂蒸汽中。循环上述过程数次，直到把残留污物完全清除。

批量式清洗器适用于小批量生产的场合，如在实验室中应用。它的操作是半自动的，溶剂蒸汽会有少量外泄，对环境有影响。

1. 批量式清洗系统结构特点

批量式溶剂清洗技术较普遍地用于清洗 SMA,其清洗系统有许多类型。最基本的有四种:环形批量式系统、偏置批量式系统、双槽批量式系统和三槽批量式系统。如图 11-1 所示是双槽批量式系统的示意图。这些溶剂清洗系统都采用溶剂蒸汽清洗技术,所以也称为蒸汽脱脂机。它们都设置了溶剂蒸馏部分,并按下述工序完成蒸馏周期:

图 11-1 双槽批量式系统的示意图

① 采用电浸没加热器使煮沸槽产生溶剂蒸汽;
② 溶剂蒸汽上升到主冷凝蛇形管处,冷凝成液体;
③ 蒸馏的溶剂通过管道流进溶剂水分离器,去除水分;
④ 去除水分的蒸馏溶剂通过管道流入蒸馏储存器,从该储存器用泵送至喷枪进行喷淋;
⑤ 流通管道和挡墙使溶剂流回到煮沸槽,以便再煮沸。

另一类批量式系统采用电转换加热器蒸发溶剂,用冷却水凝聚溶剂,该类系统也可利用可调加热致冷系统完成同样的过程。

2. 清洗原理

无论何种溶剂蒸汽清洗系统,其清洗技术原理都基本相同:将需清洗的 SMA 放入溶剂蒸汽中后,由于其相对温度较低,故溶剂蒸汽能很快凝结在上面,将 SMA 上面的污染物溶解再蒸发,并带走。若加以喷淋等机械力和反复多次进行蒸汽清洗,清洗效果会更好。

3. 清洗工艺要点

① 煮沸槽中应容纳足量的溶剂,以促进均匀迅速地蒸发,维持饱和蒸汽区。还应注意从煮沸槽中清除清洗后的剩余物。
② 在煮沸槽中设置有清洗工作台,以支撑清洗负载;要使污染的溶剂在工作台水平架下面始终保持安全水平,以便使装清洗负载的筐子上升和下降时,不会将污染的溶剂带进另一溶剂槽中。
③ 溶剂罐中要充满溶剂并维持在一定水平,以使溶剂总是能流入煮沸槽中。
④ 当设备启动之后,应有充足的时间(通常最少 15min)形成饱和蒸汽区,并进行检

查，确信冷凝蛇形管达到操作手册中规定的冷却温度，然后再开始清洗操作。

⑤ 根据使用量，周期性地用新鲜溶剂更换煮沸槽中的溶剂。

4．操作注意事项

① 操作人员应戴上安全眼镜，以免溶剂进入眼睛导致严重人身事故。

② 清洗装载装置若是托盘筐架式结构，待清洗 SMA 应垂直放在托盘上再装入筐架中，慢慢向下移动放入煮沸槽上面的蒸汽区内，一般不应把组件浸没在煮沸槽中。

③ 采用喷枪喷淋的场合，应待被清洗 SMA 在蒸汽中停留到溶剂停止在组件上凝聚后再进行喷枪喷淋。

④ 喷淋时，溶剂蒸汽消失。当组件需继续在溶剂蒸汽中再进行一个清洗周期时，需要附加时间以重新形成饱和蒸汽区（通常为 60~90s）。

⑤ 清洗周期完毕，应缓慢从清洗机中提出装载筐架。机器停机后，应盖上机盖防止溶剂损失。

11.3.2 连续式溶剂清洗技术

连续式清洗器用于大批量生产的场合。它的操作是全自动的，它有全封闭的溶剂蒸发系统，能够做到溶剂蒸汽不外泄。连续式清洗器可以加入高压倾斜喷射和扇形喷射的机械去污方法，特别适用于表面安装电路板的清洗。

1．连续式溶剂清洗技术特点

连续式清洗机一般由一个很长的蒸汽室组成，内部又分成几个小蒸汽室，以适应溶剂的阶式布置、溶剂煮沸、喷淋和溶剂储存，有时还把组件浸没在煮沸的溶剂中。通常，把组件放在连续式传送带上，根据 SMA 的类型，以不同的速度运行，水平通过蒸汽室。溶剂蒸馏和凝聚周期都在机内进行，清洗程序、清洗原理与批量式清洗类似，只是清洗程序是在连续式的结构中进行。连续式溶剂清洗技术适用范围广泛，对量小或量大的 SMA 清洗都适用，其清洗效率高。

采用连续式清洗技术清洗 SMA 的关键是选择满意的溶剂和最佳的清洗周期。清洗周期由连续清洗的不同设计决定。

2．连续式溶剂清洗系统类型

连续式清洗机按清洗周期可分为以下三种类型：

（1）蒸汽－喷淋－蒸汽周期。这是在连续式溶剂清洗机中最普遍采用的清洗周期，组件先进入蒸汽区，然后进入喷淋区，最后通过蒸汽区排除溶剂送出。在喷淋区从底部和顶部进行上下喷淋。不论采用哪一种清洗周期，通常在两个工序之间都对组件进行喷淋。开始和最终的喷淋在倾斜面上进行，以利于提高 SMD 下面溶剂流动的速度。随着高压喷淋的采用，这种清洗周期取得了很大的改进，提高了喷淋速度。典型的喷淋压力范围为 4 116~13 720Pa，这种类型的清洗机常采用扁平、窄扇形和宽扇形等喷嘴相结合，并辅以高压、喷射角度控制等措施进行喷淋。

（2）喷淋－浸没煮沸－喷淋周期。采用这类清洗周期的连续式溶剂清洗机主要用于难清洗的 SMA 的清洗。要清洗的组件先进行倾斜喷淋，再浸没在煮沸的溶剂中，然后再倾斜喷淋，最后排除溶剂。

（3）喷淋－带喷淋的浸没煮沸－喷淋周期。采用这类清洗周期的清洗机与第二类清洗机类似，只是在煮沸溶剂上面附加了溶剂喷淋。有的还在浸没煮沸溶剂中设置喷嘴，以形成溶剂湍流。这些都是为了进一步强化清洗作用。这类清洗机，在煮沸浸没系统的溶剂液面降低到传送带以下时，清洗周期就变成蒸汽－喷淋－蒸汽周期。

11.3.3 水清洗工艺技术

水是一种成本较低且对多种残留污物都有一定清洗效果的溶剂，特别是在目前环保要求越来越高的情况下，有时只能使用水溶液进行清洗。水对大多数颗粒性、非极性和极性残留污物都有较好的清洗效果，但对硅脂、树脂和纤维玻璃碎片等电路板焊接后产生的不溶于水的残留污物没有效果。在水中加入碱性化学物质，如肥皂或胺等表面活性剂，可以改善清洗效果。除去水中的金属离子，将水软化，能够提高这些添加剂的效果并防止水垢堵塞清洗设备。因此，清洗设备中一般使用软化水。

水清洗技术是替代 CFC 清洗 SMA 的有效途径。如图 11-2 所示为常用的两种类型水清洗技术工艺流程。一种是采用皂化剂的水溶液，在 60～70℃的温度下，皂化剂和松香型焊剂剩余物反应，形成可溶于水的脂肪酸盐（皂），然后用连续的水漂洗去除皂化反应产物。另一种是不采用皂化剂的水清洗工艺，用于清洗采用非松香型水溶性焊剂焊接的 PCB 组件。采用这种工艺时，常加入适当中和剂，以便更有效地去除可溶于水的焊剂剩余物和其他污染物。

图 11-2 水清洗技术工艺流程

如图 11-3 示出了简单水洗工艺流程图。这种水洗工艺适用于结构简单的通孔 PCB 组件的清洗。预冲洗部分从 PCB 组件上去除可溶的污染物，冲洗用水来自循环漂洗用过的水。预冲洗用过的水，从清洗系统排出。冲洗部分由冲洗槽和泵组成，冲洗槽内设有浸没式加热器。冲洗槽一天排污水一次，或根据 PCB 组件的污染情况酌定。漂洗部分结构和冲洗部分相同，只是不设置浸没式加热器。最后用高纯度水进行漂洗。清洗过的 PCB 组件要进行吹干和红外加热烘干。

对于大批量电路组件的水清洗，可采用如图 11-4 所示的连续式水洗系统。对于结构复杂的电路组件，可采用如图 11-5 所示的大而复杂的水洗系统工艺流程和相应的水洗系统进行水洗。采用这种工艺流程的水洗系统，其基本结构与简单水洗系统相同，也是由预冲洗、冲洗、漂洗、最终漂洗和干燥五部分组成。但是，为了对 SMA 进行成功的水清洗，增加了强力冲洗和漂洗。另外，还采用了闭环水流系统，实现了水的循环处理和再使用，比普通水洗系统节省水，并节省热能 60%～70%。该类水洗系统有的还设计了进水处理器，它不仅用来处理新水，而且还可以对来自预冲洗槽的水进行再处理和再使用。进水处理包括水的软化和去离子,通过这种处理去除来自水系统和预冲洗槽水中的离子污染物,其中包括钙和镁离子。这些离子污染物沉积到 SMA 上,不仅有腐蚀性,而且会造成电气故障。这种水洗系统在冲洗和漂洗之间采用了化学隔离或脱水工序,以防止冲洗工序中污染了的水被带入漂洗槽,影响漂洗效果。

图 11-3 简单水洗工艺流程图

图 11-4 连续式水洗系统

水洗系统有三个十分重要的辅助部分。第一是一个非常纯净的水源,这是成功进行水洗的充分条件;第二是水加热系统,一般要求清洗用水的温度是 54~74℃;第三是公用水处理。清洗电路组件排放的污水必须按照环保要求,按规定处理到排放水的指标。

图 11-5 大而复杂的水洗系统工艺流程

11.3.4 超声波清洗

适用于 SMA 焊后的清洗技术还有超声波清洗和离心清洗，这两种清洗技术在替代 CFC 的清洗方法中可适用于多种溶剂，并能显著地提高清洗效果。

超声波清洗是一种洗净效果好，价格经济，有利于环保的清洗工艺。超声波清洗机可以应用于清洗各式各样体形大小，形状复杂，清洁度要求高的工件，特别是 SMA 的焊后清洗。

1．超声波清洗原理

超声波清洗的基本原理是"空化效应"，当高于 20kHz 的高频超声波通过换能器转换成高频机械振荡传入清洗液中时，超声波在清洗液中疏密相间地向前辐射，使清洗液流动并产生数以万计的微小气泡，这些气泡在超声波纵向传播的负压区形成、生长，而在正压区迅速闭合（熄灭）。这种微小气泡的形成、生长及迅速闭合称为空化现象。在空化现象中，气泡闭合时形成约 1 000 个大气压力的瞬时高压，就像一连串的小"爆炸"，不断地轰击被清洗物表面，并可对被清洗物的细孔、凹位或其他隐蔽处进行轰击，使被清洗物表面及缝隙中的污染物迅速剥落。

2．超声波清洗的优点

① 效果全面，清洁度高，工件清洁度一致；
② 清洗速度快，清洗效果好，提高了生产率；

③ 不损坏被清洗物表面；
④ 减少了人手对溶剂的接触机会，提高工作安全度；
⑤ 可以清洗其他方法达不到的部位，对深孔、细缝和工件隐蔽处也能清洗干净；
⑥ 节省溶剂、热能、工作面积、人力等。

3．超声波清洗机

（1）超声波清洗机的构成。超声波清洗机主要由超声波清洗槽和超声波发生器两部分构成。超声波清洗槽用坚固弹性好、耐腐蚀的优质不锈钢制成，底部安装有超声波换能器振子；超声波发生器产生高频高压，通过电缆连接线传导给换能器，换能器与振动板一起产生高频共振，从而使清洗槽中的溶剂受超声波作用对污垢进行洗净。大型企业使用的超声波清洗机如图 11-6 所示。

图 11-6　超声波清洗机

（2）超声波清洗机的使用方法。

① 超声波清洗机安装。参照超声波清洗机安装说明书连接清洗机的电控柜与主机间的温控传感器信号线、超声驱动线、加热器控制线等线路，并接通 380V 电源，安装清洗机的上水管、放水管与溢流排放管。

② 超声波清洗机加水。向清洗池内加入适量清水，液面高度以浸没将要清洗的零部件为准，一般不超过清洗池的 3/4。

③ 超声波清洗机加温。启动电控加热开关，将水温调节旋钮上的白色刻度线指向适当的温度（应为 60℃左右）。清洗机在使用过程中，清洗剂的最高温度不应超过 70℃。

④ 超声波清洗机加入清洗剂。待水温升至 40℃左右时，将清洗剂加入清洗池中，徐徐搅动清水使其充分溶解（此时也可启动超声波或开启鼓气装置进行搅拌）。

⑤ 超声波清洗机零件摆放。将零部件置于料筐中轻轻放入清洗池内，当一次性放入的零件很多时，应尽量使它们在料筐中均匀分布，不相互重叠。

⑥ 超声波清洗机开机。超声波清洗机正常工作时，超声波由三个方向同时发射，按下侧超声启动按钮，两侧的超声波即已启动，向右旋转功率调节旋钮，并将其旋至合适的功率，此时 LED 显示器显示当前底部超声工作功率值。

⑦ 超声波清洗机停机。在清洗过程中若要停机，应先将功率旋钮调至最小，再按下停止按钮。清洗时间根据清洗表面情况掌握。

⑧ 超声波清洗机后处理。取出清洗好的零部件，用压缩空气将各孔中的残留清洗液彻底吹净，并将表面吹干。若有条件，在清洗机附近最好配置水池，以便对取出的零部件进行漂洗。

⑨ 超声波清洗机清洗剂的处理。当清洗机洗了过多的零件后，清洗剂中污物的含量会相当高，加之超声波的乳化作用，清洗剂会因过脏发黏而减弱空化的能力，不宜继续使用。可配置储水桶与清洗机配合使用，以沉淀过脏的清洗剂，用于再循环使用以降低成本。

（3）使用注意事项。

① 超声波清洗机电源及电热器电源必须有良好的接地装置。

② 超声波清洗机严禁无清洗液开机，即清洗缸没有加一定数量的清洗液，不得闭合超声波开关。

③ 有加热设备的清洗设备严禁无液时打开加热开关。

④ 禁止用重物（铁件）撞击清洗缸缸底，以免换能器晶片受损。

⑤ 超声波发生器电源应单独使用一路 220V/50Hz 电源并配装 2 000W 以上稳压器。

⑥ 清洗缸缸底要定期冲洗，不得有过多的杂物或污垢。

⑦ 每次换新液时，待超声波启动后，方可洗件。

⑧ 清洗笼的使用。在清洗小零件物品时，常使用网笼，由于网眼会引起超声衰减，要特别注意。当频率为 28kHz 时使用 10mm 以上的网眼为好。

（4）超声波清洗的工艺参数设置。

① 功率的选择。超声清洗效果不一定与（功率×清洗时间）成正比，有时用小功率，花费很长时间也没有清除污垢。而如果功率达到一定数值，有时很快便将污垢去除。若选择功率太大，空化强度将大大增加，清洗效果是提高了，但这时使较精密的零件也产生蚀点，而且清洗缸底部振动板处空化严重，在采用水或水溶性清洗液时，易于受到水点腐蚀，因此要按实际使用情况选择超声功率。

② 频率的选择。超声清洗频率在十几 kHz 到 100kHz 之间，在使用水或水清洗剂时，由空穴作用引起的物理清洗力低频时效果最好，一般使用 15～30kHz。频率高则超声波方向性强，适用于精细的物件清洗，对小间隙、狭缝、深孔的零件清洗，一般采用 40kHz 以上，甚至几百 kHz 的超声波。若采用宽带调频清洗，则效果更好。

③ 清洗液温度的选择。水清洗液最适宜的清洗温度为 40～60℃，清洗液温度低空化效应差，清洗效果也差。因此清洗机一般均带有清洗液加热装置，在清洗缸外边绕上电热丝进行温度控制，以提高清洗效果。

④ 清洗液量的多少和清洗零件的位置。一般清洗液液面高于振子表面 100mm 以上为佳。由于单频清洗机受驻波场的影响，波节处振幅很小，波幅处振幅大造成清洗不均匀。因此，最佳清洗物品位置应放在波幅处。

（5）超声波清洗机的故障判断。

① 超声波清洗机打开电源开关，指示灯不亮，没有超声输出。可能原因：电源开关损坏，没有电源输入或熔断器 AC FU 熔断。

② 超声波清洗机打开电源开关后，指示灯亮，但没有超声波输出。可能原因：换能器与超声波功率板的连接插头松脱或熔断器 DC FU 熔断；否则可能是超声功率发生器或换能器故障。

③ 超声波清洗机直流熔断器 DC FU 熔断。可能原因：整流桥堆、功率管烧毁或换能器故障。

④ 机器有超声波输出，但清洗效果不理想。可能原因：清洗槽内清洗液液位不当；超声波频率没有调好；清洗槽内液体温度过高或过低；清洗液选用不当或超声波发生器老化。

11.4 免清洗焊接技术

清洗工艺要消耗能源、人力和清洗材料，特别是清洗材料带来的废气、废水排放和环境污染，已经成为必须重视的问题。

近年来，在大多数电子产品制造企业中，采用免清洗助焊剂进行焊接已经成为主流工艺。除非是制造航天、航空类高可靠性、高精度产品，一般电子产品的生产过程中，都改用了免清洗材料（主要是免清洗助焊剂）和免清洗工艺，为降低生产成本和保护环境做出了有益的尝试。

传统的清洗工艺中通常要用到 CFC 类清洗剂，而 CFC 对臭氧层有破坏作用，所以被逐渐禁用。这样，免清洗焊接技术就成为解决这一问题的最好方法。对于一般电子产品，采用免清洗助焊剂并在制造过程中减少残留污物，例如保持生产环境的清洁，工人戴手套操作避免油污、水汽沾染元器件和电路板，焊接时仔细调整设备和材料的工艺参数，就能够减除清洗工序，实现免清洗焊接。但对于高精度、高可靠性产品，上述方法还不足以实现免清洗焊接，必须采取进一步的技术措施。

目前有两种技术可以实现免清洗焊接，一种是使用采用低固体成分的免清洗焊剂，另一种是在惰性气体中焊接或在反应氮中焊接。实际上，只有免洗焊剂和适当的免洗焊接工艺及设备相结合，才能完成免清洗焊接，实现焊后免洗。

在惰性气体中进行波峰焊或再流焊，使 SMT 电路板上的焊接部位和焊料的表面氧化被控制到最低限度，形成良好的焊料润湿条件，再用少量的弱活性助焊剂就能获得满意的效果。常用的惰性气体焊接设备有开放式和封闭式两种。

开放式惰性气体焊接适用于采用通道式结构的波峰焊和再流焊设备。用氮气降低通道中的氧气含量，从而降低氧化程度，提高焊料润湿性能，提高焊接的可靠性。但开放式惰性气体焊接设备的缺点是要用到甲酸物质，会产生有害气体；并且其工艺复杂，成本高。

封闭式惰性气体焊接设备也采用通道式结构，只是在通道的进出口设置了真空腔。在焊接前，将电路板放入真空腔，封闭并抽真空，然后注入氮气，反复进行抽真空、注入氮气的操作，使腔内氧气浓度小于 $5×10^{-6}$ mg/m³。由于氮气中原有氧气的浓度也小于 $3×10^{-6}$ mg/m³，所以腔内总的氧气浓度小于 $8×10^{-6}$ mg/m³。然后让电路板通过预热区和加热区。焊接完毕后，电路板被送到通道出口处的真空腔内，关闭通道门后，取出电路板。这样，整个焊接在全封闭的惰性气体中进行，不但可以获得高质量的焊接，而且可以实现免清洗。

封闭式惰性气体焊接可用于波峰焊或红外线热风再流焊，由于在氮气中焊接，减少了焊料氧化，使润湿时间缩短，润湿能力提高，提高了焊接质量而且很少产生飞溅的焊料球，电路极少污染和氧化。由于采用封闭式系统，能有效地控制氧气及氮气浓度。在封闭式惰性气体焊接设备中，风速分布和送风结构是实现均匀加热的关键。

11.5 思考与练习题

1. 说明焊接残留污物的种类以及每种残留污物可能导致的后果。
2. 说明清洗溶剂的种类。选择清洗溶剂时应该考虑哪些因素？
3. 性能良好的清洗剂应当具有哪些特点？
4. 连续式清洗机按清洗周期可分为哪几种类型？
5. 水清洗工艺技术有什么特点？叙述其工艺过程。
6. 简述超声波清洗的原理及超声波清洗机的使用注意事项。
7. 什么是免清洗焊接技术？如何实现免清洗焊接？

第 12 章　SMT 的静电防护技术

随着超大规模集成电路和微型器件的大量生产和广泛应用，集成度提高，器件尺寸进一步变小，芯片内部的栅氧化膜更薄，致使器件承受静电放电的能力下降。

摩擦起电、人体静电已成为电子工业中两大危害。在电子产品的生产中，从元器件的预处理、贴装、焊接、清洗、测试直到包装，都有可能因静电放电造成对器件的损害，因此静电防护显得越来越重要。

12.1　静电及其危害

人们都知道当用丝绸摩擦玻璃棒或用毛皮摩擦硬橡胶棒时，棒端上就会吸引小纸屑，这是人类最初对静电的认识，并设定玻璃棒上所带的电荷为"正电荷"，硬橡胶棒上所带的电荷为"负电荷"。由于摩擦使机械能转变为电能，因此说静电是一种电能，它留存于物体表面，包含正电荷和负电荷。随着对原子内部这一微观世界的研究，才揭开电荷的真正面目：物质是由分子组成的，而分子又由原子组成，金属则直接由原子组成，而原子由带正电的原子核和绕核旋转的带负电的电子构成。通常情况下，原子核所带的正电荷与电子所带的负电荷相等，原子本身不显电性，整个物质对外也就不显电性。

当两个物体互相摩擦时，一种物体中一部分电子会转移到另一个物体上，于是这个物体失去了电子，并带上"正电荷"，另一个物体得到电子并带上"负电荷"。电荷不能创造，也不能消失，它只能从一个物体转移到另一个物体。

防静电的基本概念是防止产生静电荷或在已经存在静电荷的地方如何迅速而可靠地消除。为了弄清哪些地方可能会产生静电，首先应知道静电产生的原因。

12.1.1　静电的产生

除了摩擦会产生静电外，接触、高速运动/冲流、温度、压电、电解也会产生静电。

1. 接触摩擦起电

除了不同物质之间的接触摩擦会产生静电外，在相同物质之间也会发生，例如，当把两块密切接触的塑料分开时能产生高达 10kV 以上的静电，有时干燥的环境中当人快速在桌面上拿起一本书时，书的表面也会产生静电。几乎常见的非金属和金属之间的接触分离均产生静电，这也是最常见的产生静电的原因之一。静电能量除了取决于物质本身外，还与材料表面的清洁程度、环境条件、接触压力、光洁程度、表面大小、摩擦分离速度等有关。

2. 剥离起电

当相互密切结合的物体剥离时，会引起电荷的分离，出现分离物体双方带电的现象，称为剥离起电。剥离带电根据不同的接触面积、接触面积的黏着力和剥离速度而产生不同的静电量。

3. 断裂带电

材料因机械破裂使带电粒子分开，断裂为两半后的材料各带上等量的异性电荷。

4. 高速运动中的物体带电

高速运动的物体，其表面会因与空气的摩擦而带电。最典型的案例是高速贴片机贴片过程中因元器件的快速运动而产生静电，其静电压在 600V 左右。特别是贴片机的工作环境通常湿度相对较低，器件因高速运动会产生静电，这对于 CMOS 器件来说，有时是一个不小的威胁，而且人们往往并没有认真重视它。与运动有关的还有如清洗过程中，有些溶剂在高压喷淋过程中也会产生静电。

此外，温度、压电效应及电解均会产生不同程度的静电现象。

12.1.2 静电放电（ESD）对电子工业的危害

电子工业中，摩擦起电和人体带电常有发生，电子产品在生产、包装运输及装联成整机的加工、调试、检测的过程中，难免受到外界或自身的接触摩擦而形成很高的表面电位。如果操作者不采取静电防护措施，人体静电电位可高达 1.5～3kV。因此无论摩擦起电还是人体静电，均会对静电敏感电子器件造成损坏。根据静电的力学和放电效应，其静电损坏大体上分为两类，这就是由静电引起的尘埃的吸附，以及由静电放电引起的敏感元器件的击穿。

1. 静电吸附

在半导体和半导体器件制造过程广泛采用 SiO_2 及高分子物质的材料，由于它们的高绝缘性，在生产过程中易积聚很高的静电，并易吸附空气中的带电微粒，导致半导体介面击穿、失效。为了防止危害，半导体和半导体器件的制造必须在洁净室内进行。同时，洁净室的墙壁、天花板、地板和操作人员及一切工具、器具均应采取防静电措施。

2. 静电击穿和软击穿

超大规模集成电路集成度高，输入阻抗高，这类器件受静电的损害越来越明显。特别是金属氧化物半导体（MOS）器件，受静电击穿的概率更高。

现以 MOS 场效应晶体管（MOSFET）为例予以说明：MOS 场效应管的铝栅覆盖在 SiO_2 膜上，并盖住整个沟道，由于硅氧化膜绝缘性能好，使器件的输入阻抗高达 $10^{12}\Omega$ 以上，当铝栅上出现静电时，SiO_2 薄膜的高阻抗使其无从泄漏，于是就积聚在铝栅上。此时铝栅和 SiO_2 膜以及半导体沟道三者相当于一个平板电容器，且 SiO_2 膜的厚度仅有 $10^3 Å$，其耐压值仅为 80～100V，而场效应管输入电容值只有 3pF，即使是微量的电荷也会使电压升高，当电压超过 100V 时，会导致 SiO_2 膜被击穿，致使栅沟相通，器件受损。电压击穿时，往往是 SiO_2 膜的个别点上在某一过电压下出现网点击穿，以后只要在较低的电压下，即出现大片区域的雪崩式击穿，造成永久性失效。有时高压静电会直接将芯片内引线损坏，使 IC 永久性失效。

静电放电对静电敏感器件的损害主要表现为：

(1) 硬击穿。一次性造成整个器件的失效和损坏。

(2) 软击穿。造成器件的局部损伤，降低了器件的技术性能，而留下不易被人们发现的隐患，以致设备不能正常工作。软击穿带来的危害有时比硬击穿更危险，软击穿初期器件性能稍有下降，在使用过程中，随着时间的推移，发展为元器件的永久性失效，并导致设备受损。

静电导致器件失效的机理大致有下面两个原因：因静电电压而造成的损害，主要有介质击穿、表面击穿和气弧放电；因静电功率而造成的损害，主要有热二次击穿、体积击穿和金属喷镀熔融。

在生产中，人们又常把对静电反应敏感的电子器件称为静电敏感器件（Static Sensitive Device，SSD）。这类电子器件主要是指超大规模集成电路，特别是金属氧化膜半导体（MOS）器件。

12.2 静电防护

在现代化电子工业生产中，在一般情况下不产生静电是不可能的，但产生静电并非危害所在，真正的危险在于静电积聚，以及由此而产生的静电放电。因此，静电积聚的控制和静电泄放尤为重要。

12.2.1 静电防护方法

在电子产品生产过程中，对 SSD 进行静电防护的基本原则有两个：一是对可能产生静电的地方要防止静电的积聚，即采取一定的措施，减少高压静电放电带来的危害，使之边产生边"泄放"，以消除静电的积聚，并控制在一个安全范围之内；二是迅速、安全、有效地消除已经产生的静电荷，即对已存在的静电荷积聚采取措施，使之迅速地消散掉，即时"泄放"。

因此，电子产品生产中静电防护的核心是"静电消除"。当然这里的消除并非指"一点不存在"，而是控制在最小限度之内。

1. 静电防护中所使用的材料

对于静电防护，原则上不使用金属导体，因导体漏放电流大，会造成器件的损坏，而是采用表面电阻为 $1\times10^5\Omega$ 以下的所谓静电导体，以及表面电阻为 $1\times10^5\sim1\times10^8\Omega$ 的静电亚导体。例如，在橡胶中混入导电碳黑后，其表面电阻可控制在 $1\times10^6\Omega$ 以下，即为常用的静电防护材料。

2. 泄漏与接地

对可能产生或已经产生静电的部位，应提供通道，使静电即时泄放，即通常所说的接地。通常防静电工程中，均需独立建立"地线"工程，并保证"地线"与大地之间的电阻小于 10Ω，"地线"埋设与检测方法参见 GBJ 79—1985《工业企业通信接地设计规范》或 SJ/T 10694—1996《电子产品制造防静电系统测试方法》。

静电防护材料接地的方法是：将静电防护材料如防静电桌面台垫、地垫，通过 1MΩ 的电阻连接到通向地线的导体上，详情见 SJ/T 10630—1995《电子元器件制造防静电技术要求》。

IPC-A-6100 标准中推荐的防静电工作台接地方法如图 12-1 所示。

图 12-1　IPC-A-6100 标准中推荐的防静电工作台接地方法

通过串接 1MΩ 电阻的接法确保对地泄放电流小于 5mA，通常又称软接地；而对设备外壳，静电屏蔽罩通常是直接接地，则称为硬接地。

3．导体带静电的消除

导体上的静电可以用接地的方法使其泄漏到大地，一般要求在 1s 内将静电泄漏至电压降至 100V 以下的安全区，这样可以防止因泄漏时间过短，泄漏电流过大对 SSD 造成损坏。所以，在静电防护系统中通常有 1MΩ 的限流电阻，将泄放电流控制在 5mA 以下。这也是为操作者的安全而设计的。如果操作人员在静电防护系统中不注意而触及到 220V 的工业电压，也不会带来危险。

4．非导体带静电的消除

对于绝缘体上的静电，由于电荷不能在绝缘体上流动，故不能用接地的方法排除其静电荷，而只能用下列方法来控制。

（1）使用离子风机。离子风机可以产生正、负离子以中和静电源的静电，用于那些无法通过接地来泄放静电的场所，如空间、贴片机头附近，使用离子风机排除静电通常有良好的防静电效果，如图 12-2 所示。

图 12-2　离子风机

(2) 使用静电消除剂。静电消除剂是各种表面活性剂，通过洗擦的方法，可以去掉一些物体表面的静电，如仪表表面。当采用静电消除剂的水溶液擦洗后，能快速地消除仪表表面的静电。

(3) 控制环境湿度。湿度的增加可以使非导体材料的表面电导率增加，故物体不易积聚静电。在有静电的危险场所，在工艺条件许可时，可以安装增湿机来调节环境的湿度，如在北方的工厂，由于环境湿度低容易产生静电，采用增湿的方法可以降低静电产生的可能，这种方法效果明显而且价格低廉。

(4) 采用静电屏蔽。静电屏蔽是针对易散发静电的设备、部件、仪器而采取的屏蔽措施。通过屏蔽罩或屏蔽笼将静电源与外界隔离，并将屏蔽罩或屏蔽笼有效地接地。

5. 工艺控制法

目的是在生产过程中尽量少产生静电荷，为此应从工艺流程、材料选用、设备安装和操作管理等方面采取措施，控制静电的产生和积聚。当然具体操作时应有针对性地采取相关措施。

在上述的各项措施中，工艺控制法是积极的措施，其他措施有时应综合考虑，以便达到有效防静电的目的。

12.2.2 常用静电防护器材

电子产品生产过程中使用的防静电器材可归纳为人体静电防护系统、防静电地坪、防静电操作系统和特殊用品。

1. 人体静电防护系统

人体静电防护系统包括防静电的腕带、工作服、鞋袜、帽、手套等，这种整体的防护系统兼具静电泄漏与屏蔽功能，如图 12-3 所示。有关它们的技术标准与使用要求详见 SJ/T 10694—1996《电子产品制造防静电系统测试方法》，所有的防静电用品通常应在专业工厂或商店购买。

① 直接接触静电敏感器件的人员均应戴防静电腕带，腕带应与人体皮肤有良好接触，腕带必须对人体无刺激、无过敏影响，腕带系统对地电阻值应在 $10^6 \sim 10^8 \Omega$ 范围内。

② 防静电桌垫上应有不少于两个腕带接头，一个供操作人员使用，另一个供技术人员、检验人员或其他人员使用。如图 12-4 所示是工人操作时佩戴的防静电腕带和腕带插座。

图 12-3 人体静电防护系统　　　　图 12-4 防静电腕带和腕带插座

③ 进入防静电工作区或接触 SSD 的人员应穿防静电工作服，防静电工作服面料应符合 GB 12014—2009 的规定。在相对湿度大于 50%的环境中，防静电工作服允许选用纯棉制品。

④ 进入防静电工作区或接触 SSD 的人员应穿防静电工作鞋，防静电工作鞋应符合 GB 4385—1995 的有关规定；一般情况下允许穿普通鞋，但应同时使用导电鞋束或脚跟带。

2．防静电地坪

防静电地坪是为了有效地将人体静电通过地面尽快地泄放到大地，特别是因移动操作而不宜使用腕带的人体静电。同时，它也能泄放设备、工装上的静电。地面防静电性能参数的确定既要保证在较短的时间内将静电电压降至 100V 以下，又要保证人员的安全，系统电阻应控制在 $10^5 \sim 10^8 \Omega$ 之间。

常用于防静电地坪的材料有下列几种：

① 防静电橡胶地面：施工简单，抗静电性能优良，但易磨损。
② PVC 防静电塑料地板：防静电效果好，持久强度高，使用广泛。
③ 防静电地毯：防静电效果好，使用方便，但成本高。
④ 防静电活动地板：防静电效果好，美观，成本极高。
⑤ 允许使用经特殊处理过的水磨石地面，如事先敷设地线网、渗碳或在地面喷涂抗静电剂等。防静电水磨石地面寿命长，成本低，适用于新厂房。

有关防静电地坪的材料铺设方法及验收标准参见 SJ/T 10694－1996《电子产品制造防静电系统测试方法》相关要求。

3．防静电操作系统

防静电操作系统是指各工序经常会与元器件、组件成品发生接触、分离或摩擦作用的工作台面、生产线体、工具、包装袋、储运车及清洗液等。由于构成上述操作系统所用的材料均是高绝缘的橡胶、塑料、织物、木材，极易在生产过程中产生静电，因此都应进行防静电处理，即操作系统应具备防静电功能。

防静电操作系统包括：

（1）防静电台垫。操作台面均设有防静电台垫，表面电阻在 $10^5 \sim 10^9 \Omega$ 之间，并通过 $1M\Omega$ 电阻与地相接，周转箱、盒等一切容器应用防静电材料制作，并贴有标志。

（2）防静电包装袋。一切包装电路板或器件的塑料袋均应为防静电袋。表面电阻为 $10^5 \sim 10^9 \Omega$，在将电路板放入或拿出袋中时，人手应戴防静电腕带。

（3）防静电物流车。用于运送器件、组件的专用物流车，应具备防静电功能，特别是物流车的橡胶轮，应采用防静电橡胶轮，表面电阻为 $10^5 \sim 10^9 \Omega$。

（4）防静电工具。特别是电烙铁、吸锡枪等应具有防静电功能，通常电烙铁应在低电压下操作（24/36V），烙铁头应良好接地。

总之，一切与电路板或器件相接触的物体，包括高速运动的空间，都应有防静电措施。特别 SMT 高速贴片过程中，器件的高速运行会导致静电的升高，对静电敏感器件会产生影响。防静电的操作系统应符合 SJ/T 10694－1996《电子产品制造防静电系统测试方法》的要求。

12.3 SMT 制程中的静电防护

电子整机生产作业过程中的静电防护是一个系统工程,SMT 车间首先应建立和检查防静电的基础工程,如地线与地垫及台垫、环境的抗静电工程等。因为一旦设备进入车间后,若发现环境不符合要求而重新整改,则会带来很大麻烦。基础环节建好后,若是长线产品的专用场地,则应根据长线产品的防静电要求配置防静电装备;若是多品种产品,则应根据最高等级的防静电要求配备。

12.3.1 生产线内的防静电设施

1. 防静电工作区场地

生产线内的防静电区域禁止直接使用木质地板或铺设毛、麻、化纤地毯及普通地板革。应选用由静电导体材料构成的地面,如防静电活动地板或在普通地面上铺设防静电地垫,并有效接地。

防静电区域内的天花板材料应选用抗静电型制品,一般情况下允许使用石膏板制品,禁止使用普通塑料制品。墙壁面料应使用抗静电型墙纸,一般情况下允许使用石膏涂料或石灰涂料墙面,禁止使用普通墙纸及塑料墙纸。

生产线内的防静电设施应有独立地线,并与防雷线分开;地线可靠,并有完整的静电泄漏系统,车间内保持恒温、恒湿的环境,一般温度控制在(25±2)℃,湿度为 65%±5%(RH);入门处配有离子风,防静电工作区应标明区域界限,并在明显处悬挂警示标志,警示标志应符合 GJB 1649—1993 的规定,工作区入口处应配置离子化空气风浴设备。防静电警示标志如图 12-5 所示。

图 12-5 防静电警示标志

如图 12-6 所示是 GJB 1649—1993 规定的防静电标志,图 12-6(a)所示标志是对 ESD 敏感的符号,呈三角形,里面画有一只被拉一道痕的手,用来表示该物体对 ESD(静电放电)引起的伤害十分敏感。图 12-6(b)所示标志是对 ESD 防护的符号,它和敏感符号的区别是在三角形外面围着一个弧圈,三角形内手上的那道痕没有了,用来表示该物体经过专门设计,具有静电防护能力。

防静电标志可以贴在设备、器件、组件及包装上,以提示人们在对这些东西进行操作时，可能会遇到静电放电或静电过载的危险。通过防静电标志可以识别哪些是 ESD 敏感物，哪些具有 ESD 防护能力，在操作时一定要分别对待。这两个标志首先由 ESD 协会提出，美国电子工业协会（EIA）已将其列入 EIA 标准 RS-471。

需要提醒的是，没有贴标志的器件，不一定说明它对 ESD 不敏感。在对组件的 ESD 敏感性存有怀疑时，必须将其当做 ESD 敏感器件处置，直到能够确定其属性为止。

(a)　　　　(b)

图 12-6　防静电标志

2．生产过程的防静电

① 车间外的接地系统每年检测一次，电阻要求在 2Ω 以下，改线时需要重新测试。地毯/板、桌垫接地系统每 6 个月测试一次，要求接地电阻为零。检测机器与地线之间的电阻时，要求电阻为 1MΩ，并做好检测记录。

② 车间内的温度、湿度每天测两次，并做有效记录，以确保生产区恒温、恒湿。

③ 任何人员（操作人员、参观人员）进入生产车间之前必须穿好防静电工作服、防静电鞋。对于直接接触 PCB 的操作人员，要戴防静电腕带并要求戴腕带的操作人员，每天上、下午上班前各测试一次，以保证腕带与人体良好接触。同时，每天安排工艺人员监督检查。必要时对员工进行防静电方面的知识培训和现场管理。

④ 贴装过程中，需要手拿 PCB 时，规定只能拿在 PCB 边缘无电子元器件处，而不能直接接触电子元器件引脚或导电条。贴装后的 PCB 必须装在防静电塑料袋中，然后放在防静电周转箱中，方可运到安装区。安装时，要求一次拿一块，不允许一次拿多块 PCB。

⑤ 返工操作，必须将要修理的 PCB 放在防静电盒中，再拿到返修工位。修理过程中应严格注意工具的防静电，修理后还要用离子风机中和，方可测试。在手工焊接时，应采用防静电低压恒温电烙铁。对 GJB 1649—1993 规定的 Ⅰ 类 SSD 的焊接，还应在拔掉烙铁电源插头后进行。

3．SSD 的存储

元器件库房必须是静电安全工作区，库房管理人员应掌握 SSD 一般保护常识，拒绝接收未包装在静电防护容器里的 SSD；工作时穿防静电工作服、鞋、袜，在防静电工作台面工作。

SSD 应原包装存放，需要拆开时应严格按防静电要求处理，SSD 入库、出库都必须装在防静电包装内，并遵守基本操作规程。禁止重复使用器件包装管包装 SSD。

SSD 在转到生产部门的过程中要放在防静电周转箱中，方可移动到生产区。在任何场合均不允许未采取防静电措施的人员接触 SSD 及其零部件。

4．其他部门的防静电要求

（1）设计部门。设计人员应熟悉 SSD 种类、型号、技术性能及防护要求，应尽量选用带静电保护的 IC。在线路设计时应考虑静电抑制技术的应用，如静电屏蔽接地技术等。编制含有 SSD 的设计文件中，必须有警示符号。

涉及的主要设计文件有：使用说明书（用户手册）、技术说明书、明细表、PCB 图（引出端头处理）、装配图和调试、检验说明（包括 SSD 进厂检验）。

（2）工艺部门。对设计文件进行工艺性审查时，应审查上述文件的有关内容。编制防静电工程的专用工艺文件、指导性文件及有关制度，提出并检查所需要的防静电器材的齐配性。负责指导装配车间对防静电器材的应用及注意事项。

（3）物资部门。对外购件汇总表中有关 SSD 应会同设计、工艺部门共同选定生产厂家。供货时应明确 SSD 的包装，以及运输过程中的防静电要求。

（4）检验部门。检查 SSD 器件的包装是否完整。SSD 的测试、老化筛选应在静电安全区进行，操作人员应穿防静电工作服和防静电鞋。

12.3.2 管理与维护

1．防静电工作区的管理

① 防静电工作区应有专门管理人员及管理制度。

② 设有防静电工作区的部门应备有个人用防静电用品（如防静电工作服、防静电工作鞋、防静电腕带等），以备外来人员使用。

③ 进入防静电工作区的任何人员必须先进行离子空气风浴，并接触静电放电设施，经静电安全检查合格后方可进入。

④ 管理人员应随时检查进入工作区内的人员是否遵守有关规定。

2．防静电设施的维护检查

（1）防静电工作区总体效果检查：

① 防静电工作区总体效果由硬件（区内防静电设施）及软件（防静电操作）共同保证；

② 操作人员在工作区内进行正常操作时，用静电电压表检查各处及各种情况下的静电电压值一般应小于 100V，特殊要求情况下，静电电压值小于 25V。

（2）操作人员进行的日常检查：

① 防静电腕带与连线及防静电桌垫的接触应可靠，桌垫接地线、地垫接地线应完好，与地线连接可靠；

② 离子风静电消除器工作时，把手放在其窗口前应有微风感觉；

③ 以上两项检查应在每次正式操作前进行。

（3）维护管理人员进行的定期检查（电气性能检查）：

① 腕带的防静电性能每周检查一次，如果配备有腕带监视器，则可随时检查；

② 桌垫、地垫接地性能每周检查一次；

③ 离子风静电消除器性能每月检查一次；
④ 材料的防静电性能六个月检查一次；
⑤ 防静电元器件架、印制板架、周转箱、元器件袋等的防静电性能每六个月检查一次。

3. 防静电教育

① 对工作中与 SSD 有关的人员必须经常进行防静电知识、防静电操作的教育及训练。

② 防静电教育的内容包括静电的产生、静电放电原因及其产生的危害，静电安全工作台组成，防静电工艺技术，防护包装及防静电操作规程等。

③ 防静电教育必须列入操作人员上岗培训教育及考核内容之一。

总之，静电防护工程在电子装配行业中越来越重要，特别是它的涉及面广，是一项系统工程，某一个环节的失误都会导致不可挽回的损失。

因此，首先要抓好人的教育，使各级人员认识到它的重要性，培训合格后方能上岗操作；同时，要严格防静电的工艺纪律和管理，完善防静电设施，把握好每个环节，切实做好 SMT 生产中的防静电工作。

12.4 思考与练习题

1. 除了摩擦会产生静电外，还有哪些因素也会产生静电？
2. 静电放电（ESD）对电子工业的危害有哪些？
3. 简述电子工业中的静电防护方法。
4. 人体静电防护系统所用的器材有哪些？
5. SMT 制程中的静电防护应采取哪些措施？
6. 防静电的管理与维护包括哪些内容？

第 13 章　SMT 的无铅工艺制程

铅是一种银灰色金属，质地较软，因为熔点比较低，很容易被冶炼、加工和制造成各种合金。在生产生活中使用的电池、电缆、电子产品焊接用的焊锡里面都含有铅。

近年来，铅对人体的毒害正越来越受到重视，许多国家立法禁止在电子、汽车和飞机制造业中使用含铅焊料。开发绿色环保电子产品，采用无铅焊接已是大势所趋，国内一些大型电子加工企业，为推进中国无铅焊接的加速发展，也都在积极进行无铅焊料的研究开发和推广使用，与焊接过程相关的 SMT 无铅工艺制程也在深入探讨研究之中。

13.1　无铅焊料

13.1.1　铅的危害及"铅禁"的提出

1. 铅的危害与铅污染

铅是一种对神经系统有害的重金属元素，在人体内易于积累，由于铅是多亲和性毒物，主要损害神经系统、造血系统、心血管及消化系统，是引发多种重症疾病的因素。并且，铅对水、土壤和空气都能产生污染，人体吸收过量会导致铅中毒，少量吸收也会影响人的认识能力，甚至损伤人的神经系统。与成人相比，儿童更容易受到铅的威胁，当儿童体内铅含量超过 100μg/L 时，脑发育就会受到不良影响。世界卫生组织 1994 年报告，儿童血铅水平每增加 100μg/L，IQ 值平均降低 1～3 分，血铅水平为 140μg/L 时，IQ 值降低 3～7 分。国际上公认，儿童血铅含量超过 100μg/L 就称为铅中毒。铅中毒对儿童的危害主要体现在智力发育、学习能力、心理行为、生长发育等方面。儿童体内铅含量过高的反应是面色发黄、生长迟缓、腹泻、恶心、呕吐、注意力不集中。

铅对地球的污染问题日趋严重，主要是由于大量含铅的电子产品均无回收约束机制。以美国为例，每年随着电子产品丢弃的 PCB 约 1 亿块，若按每块含 Sn-Pb 焊料 10g，其中铅含量为 40%计算，则每年随 PCB 丢弃的铅量即为近 400t。

目前，电子产品带来的铅污染增长在我国主要表现为三种形式：第一，人民群众对电子产品的消费需求迅速增长，计算机、电视机、手机、音像产品的社会保有量已经占世界第一位，并且每年有数千万台的旧产品以非正常回收的方式淘汰；第二，我国沿海地区已经成为全世界电子产品的加工厂，发达国家纷纷把电子制造企业搬迁到中国；第三，国外的电子垃圾被大量走私进入我国，而现在我们既不能有效地全面遏止这种走私，又缺乏把这些电子垃圾进行无害化处理的手段。这三种形式都可能加剧铅污染对我国环境和人民健康的危害。

2. "铅禁"的提出

早在 1978 年美国就禁止在商业中使用含铅颜料，1986 年又立法禁止在饮用水供应网中使用铅管，20 世纪 80 年代起，许多国家明令要求使用无铅汽油。1992 年，美国国会提出了 Reid 法案，这是一个多方面的环境保护法案，其中一点就是在电子组装行业中禁止使用含铅物质。

由于日本的无铅电子制造技术在世界处于领先地位，日本政府从 2003 年 1 月开始全面推行无铅化。日本的松下、NEC、SONY、东芝、富士通、先锋等公司均于 2000 年开始采用无铅制造技术，到 2002 年年底基本或全部无铅化。这样日本各电子企业就大打"绿色"、"环保"牌，以有利于进入西欧、北美市场，迎合当地绿色和环保组织的要求，从而进一步增强其电子产品的竞争力。2003 年起日本推行无铅化后，用"无铅"牌阻止或限制美、中、韩和中国台湾地区及欧洲有铅电子产品的进口。日本一些大电子公司已开始对中国国内的电子配套制造企业提出无铅化要求。

如今，全球范围内从法律上对无铅产品有严格要求并加以强制执行的当数欧盟。2003 年，欧盟公布了欧洲议会和欧盟部长理事会共同批准的《报废电子电气设备指令》（简称 WEEE 指令）和《关于在电子电气设备中禁止使用某些有害物质指令》（简称 RoHS 指令），以降低电子设备所含有害物质对环境的影响。其中 RoHS 指令（Restriction of Use of Hazardous Substances）也被称为《无铅条例》（2002/95/EC 号决议），此两项指令在欧盟成员国生产和进口的电子设备中适用。它要求在 2006 年 7 月 1 日之后在欧盟地区上市销售的电子产品一律不得超标含有以铅为首的六种有害物质。

RoHS 指令明确规定了铅（Pb）、镉（Cd）、汞（Hg）、六价铬（Cr^{6+}）四种重金属和多溴苯酚（PBB）及多溴二苯醚（PBDE）等溴化阻燃剂的含量。具体来说，铅、汞、六价铬的含量应低于 0.1%；镉的限量标准为 0.01%；而两种溴化阻燃剂的限量标准为 0.1%。

无铅并不是含铅量为零，狭义的无铅或者说无铅的本意是指电子产品中铅含量不得超过 0.1%（质量百分比）。RoHS 针对所有生产过程中及原材料中可能含有以铅为首的六种有害物质的电气电子产品，主要包括电冰箱、洗衣机、微波炉、空调、吸尘器、热水器等家电，还包含 DVD、CD、电视接收机等音/视频产品，IT 产品，数码产品，通信产品等。电动工具、电动电子玩具、医疗电气设备也在此列。共涉及 8 大类、100 小类、数万种电子电气设备。

我国相关政府部门积极应对欧盟 RoHS 指令，并于 2005 年 1 月公布了中国版 RoHS 指令——《电子信息产品污染控制管理办法》。这是中国首部防治电子产品污染环境的法规，它是我国政府从源头抓起，保护环境，造福人类的体现，也是按照 WTO 规则，制定保护环境的技术性贸易措施，同时又是应对欧盟两个指令的必要措施，这将有利于电子信息产品的升级换代。因此，国内的电子加工企业应该积极地支持政府的立法，以实际行动为保护环境做出贡献。

中国版 RoHS 与欧盟版 RoHS 内容大体相同，不同之处在于所限制的设备种类要少一些。中国版 RoHS 于 2007 年 3 月 1 日起实行。随着国内行业标准的提升与 RoHS 规范的实施，国内电子产品厂商已经将无铅生产提上了议事日程，逐步推出采用无铅制程的电子产品。

3. 无铅的豁免条件案例

（1）在 RoHS 指令的 2002/95/EC 号决议附录中豁免的产品清单。

① 小型日光灯中的汞含量不超过 5mg 者。

② 一般用途的直管日光灯中汞含量未超过以下规定：卤磷酸盐灯 10mg，正常寿命的三磷酸盐灯 5mg，长寿命的三磷酸盐灯 8mg。

③ 含汞的特殊用途直管日光灯。

④ 含汞的其他未特别提及的照明灯。

⑤ 含铅的阴极射线管、电子元器件和荧光灯管玻璃。

⑥ 以合金成分存在于钢中的铅含量未超过 0.35%（质量百分比）的钢；以合金成分存在于铝中的含铅量不超过 0.4%（质量百分比）的铝制品；以合金成分存在于铜中的铅含量不超过 4%（质量百分比）的合金制品。

⑦ 高温熔化型焊料中的铅（铅含量大于 85%的锡铅焊料合金）；服务器、存储器和存储矩阵系统用焊料中的铅（豁免批准到 2010 年）；转换、信号传输、发射及通信网络管理的网络基础设备用焊料中的铅；电子陶瓷部件中的铅（压电装置）。

⑧ 镉镀层，但指令 91/338/EEC（该指令是对指令 76/769/EEC"关于限制销售和使用某些危险物质和工艺方法"的修订）所禁止的应用除外。

⑨ 用于吸收型冰箱碳钢制冷系统耐腐蚀的六价铬。

（2）在 RoHS 指令的 2005/717/EC 号修改决议附录中豁免的产品清单。

在 2005 年 10 月 15 日发布的 2005/717/EC 号决议（指令）中：

① 在附录中增加十溴二苯醚（Deca-BDE）被豁免。

② 在附录中增加含铅青铜的外壳和衬套被豁免。

（3）G/TBT/N/EEC/103 号 TBT 通报中新增的五项铅用途的豁免。

2006 年 3 月 27 日，欧盟发出 G/TBT/N/EEC/103 号 TBT 通报，列出了 2002/95/EC 号指令中新增的五项铅用途的豁免，这也是欧盟对该指令的第三次豁免，于 2006 年 7 月 1 日实施。此次欧盟 TBT 通报中列出的涉及铅用途五项豁免的具体内容如下：

① 管状白炽灯硅酸盐涂层灯管中的铅。

② 专业复印设备用的高强度放电（HID）灯中作为发光剂的卤化铅。

③ 当放电灯被用做含磷仿日晒灯（Sun Tanning Lamps），比如 BSP（$BaSi_2O_5:Pb$），或重氮复印、平版印刷、捕虫器，以及含磷光化学和含磷食物加工过程的专业灯时，比如 SMS 放电灯中的荧光粉触媒剂的铅（铅含量1%或以下）。

④ 紧凑型节能灯（ESL）中作为主要汞合金的特定成分中 PbBiSn-Hg 和 PbinSg-Hg 中的铅，以及作为辅助汞合金中 PbSn-Hg 中的铅。

⑤ 液晶显示器（LCD）中用于连接水平荧光灯前后基片的玻璃中的氧化铅。

原则上，RoHS 豁免项目须于 2010 年 7 月 1 日修订。但是，若业界有充分理由，修订可提前进行。（以上译文中，当汉语意义发生歧义时，以英文原文内容为准。）

13.1.2 无铅焊料应具备的条件及其定义

无铅焊料的推广涉及方方面面，包括元器件行业、PCB 行业、助焊剂行业、焊料行业和设备行业,即元器件引脚及内部连接也要采用无铅焊料和无铅镀层;PCB 基材应适合更高的温度,焊盘表面涂敷层也应适应高温焊接;助焊剂在高温情况下不应变色;焊接设备中机械材料、传动、控制系统也应适应在较高温场合下使用等。

由于纯锡熔点高(232℃),在铜上电镀的纯锡镀层在低温下长期暴露之后,可能会发生相变,在较高温度和潮湿环境下会诱发晶须的生长,同时,纯锡的焊接工艺性也较差,因此不便直接作为无铅焊料使用。

然而锡(Sn)仍是作用优良的焊料基材,这是因为 Sn 和其他许多金属之间有良好的亲和作用,它的熔点低,无毒无公害,特别是在地球上储藏量大,价格低,仍是一种无法取代的焊料基材,因此所谓的无铅焊料仍是以 Sn 为基材的焊料。

1. 无铅焊料应具备的条件

众所周知,Sn-Pb 合金具有优良的焊接工艺、优良的导电性、适中的熔点等综合性能。一个可以取代目前通用的 Sn-Pb 合金的无铅焊料通常应满足以下条件:

① 无公害,无毒或毒性很低;某些金属如 Cd、Te 等因有毒而不列入考虑范围。
② 熔点应与 Sn-Pb 焊料相接近,要能在现有的加工设备上和现有的工艺条件下操作。
③ 机械强度和耐热疲劳性能要与 Sn-Pb 合金相当。
④ 焊料熔化后应对许多材料(目前在电子行业中已经使用的)有很好的润湿性,形成优良的焊点,如 Cu、Ag-Pd、Au、Ni、42 号合金及焊盘保护涂层 OSP 等。
⑤ 可接受的市场价格,价格应接近 Sn-Pb 焊料或不应超过太多。
⑥ 储量丰富,应有充足的原料来源以满足越来越多的电子产品制造需求;某些元素,如 In 和 Bi 储量较小,因此只能作为无铅焊料的添加成分。
⑦ 可以和现有元器件基板/引线及 PCB 材料在金属学性能上兼容。
⑧ 合适的物理性能(如电导率、热导率、热膨胀系数),足够的力学性能(剪切强度、蠕变抗力、等温疲劳抗力、热机疲劳抗力、金属学组织的稳定性)和良好的润湿性。
⑨ 可容易地制成条、丝、膏等。不是所有的合金都能够被加工成所有形式,如铋(Bi)的含量增加将导致合金变脆而不能拉拔成丝状。

不难看出,要满足上述诸多条件是一件不容易的事。

2. 无铅焊料的定义

铅常以杂质的形式存在于锡或其他金属中,其质量比小于 0.1%。目前无铅焊料仍是以锡为主体的焊料,因此在此类焊料中仍含有微量的铅,并且它用一般冶金技术难以去除。

无铅焊料的定义目前世界上尚无统一的标准,但可以用欧盟、美国、日本知名的协会组织提出的无铅焊料定义加以说明,即欧盟 EUELVD 协会的标准是:Pb 质量含量小于 0.1%;美国 JEDEC 协会的标准是:Pb 质量含量小于 0.2%;日本 JEIDA 协会的标准是:Pb 质量含量小于 0.1%。

无论 0.1%还是 0.2%均是很低的数值,故通常又可理解为只要不是故意在焊料中加铅都可以称为无铅焊料。目前国际公认的无铅焊料的定义为:以 Sn 为基体,添加了其他金属元素,而 Pb 的含量在 0.1%~0.2%以下的主要用于电子组装的软钎料合金。

13.2 无铅焊料的研发

13.2.1 几种实用的无铅焊料

根据无铅焊料应具备的条件，最有可能替代 Sn-Pb 焊料的是以 Sn 为主，添加 Ag、Zn、Cu、Sb、Bi、In 等金属元素组成的无毒合金，通过改变焊料中不同金属元素的质量比来改善合金性能，提高可焊性。

应该说，到目前为止，尽管有很多品种的无铅焊料正在加紧研制，一些品种已经进入实用阶段，但至今还没有哪种无铅焊料在各方面的性质上都优于并可以完全取代 Sn-Pb 共晶焊料。研究正沿着如下三个方向展开：

（1）主要重视安全性和可靠性：在 Sn 里添加 Ag 或 Cu，焊接在高温度区域实现。

（2）主要追求焊接温度接近 Sn-Pb 共晶焊料：在 Sn 里添加 Zn。

（3）重点追求低熔点焊接温度：以上述两个研究方向为基础，在 Sn-Ag-Cu 合金里添加微量金属 Bi 可以适当降低焊接温度；在 Sn-Zn 合金里加大 Bi 的添加量，可以制成低温焊料。

目前常用的无铅焊料主要是以 Sn-Ag、Sn-Zn、Sn-Bi 为基体，添加适量其他金属元素组成三元合金和多元合金。表 13-1 汇总了投入使用或正在研究并取得进展的无铅焊料。

表 13-1 典型无铅焊料及其特征

合金系	名 称	主成分	熔点/℃	抗拉强度	扩展率/(%)	润湿性（大气中）
锡银系	Sn96	Sn/Ag	约 221	4.7kgf/mm^2	33	良好
锡银铜系	Sn96Cl	Sn/Ag/Cu	约 217	5.3kgf/mm^2	27	良好
锡铜系	Sn100C	Sn/Cu/Ni	约 227	3.3kgf/mm^2	48	良好
锡铋系	Bi57	Sn/Bi	约 139	7.6kgf/mm^2	33	良好
锡铋锑系	LF-B2	Sn/Bi/Sb 等	144~200	8.2kgf/mm^2	4	良好
锡银铋铜系	LF－C2	Sn/Ag/Bi/Cu	208~213	5.1kgf/mm^2	25	良好
锡锌系	LF-A	Sn/Zn	约 199	—	—	良好
锡锑系	95A	Sn/Sb	236~243	4.7kgf/mm^2	38	良好

1. Sn-Ag 系焊料

Sn-Ag 合金是人们很早就已熟悉的高温焊料，它具有较好的焊接性能，早期就开始用在厚膜技术中，曾在 20 世纪 80 年代初用在双面再流焊的第一面再流工艺上；但由于焊接温度高，故未能广泛应用。Sn、Ag 互熔后会生成金属间化合物 Ag$_3$Sn，即 Sn-Ag 的组织是以"Ag$_3$Sn"的形式分散在母相 Sn 中的。Sn、Ag 共晶点的成分是 Sn 为 96.5%，Ag 为 3.5%，合金的熔化温度是 221℃。它具有优良的机械性能、拉伸强度及蠕变特性，其耐热老化比 Sn-Pb 共晶焊料稍差，但不存在延展性随时间加长而劣化的问题。缺点：熔点偏高，比 Sn-Pb 焊料高 30～40℃，润湿性差，成本高。

2. Sn-Ag-Cu 系焊料

近几年来，通过对 Sn-3.5Ag 的改进性研究，发现通过添加少量或微量的 Cu、Bi、In 等元素，可以降低合金的熔点，并且润湿性和可靠性得到提高，特别是 Cu 的加入，焊料在波峰焊时可以有效地减少对 PCB 焊盘上 Cu 的溶蚀。现在已经投入使用最多的无铅焊料就是这种合金，配比为 Sn96.3-Ag3.2-Cu0.5，其熔点为 217～218℃，市场价格是 Sn-Pb 共晶焊料的 3 倍以上。

研究表明 Sn-Ag-Cu 的机械性能，如抗拉强度及抗疲劳等明显好于 Sn-3.5Ag，合金组织均匀、致密。进一步的研究还表明，无论 Cu 含量变化（从 0.5%变化到 3.0%），还是 Ag 含量变化（从 3.0%变化到 4.7%），对其合金的熔化温度影响并不明显，但 Ag 含量的变化与 Cu 含量的变化对其合金的机械性能有明显的影响，当 Ag 含量在 3.0%～3.1%，Cu 含量为 1.5%时，合金有最佳的机械性能，包括抗拉强度、耐疲劳寿命。但当 Ag 的含量超过 4.7%时，其机械性能没有任何明显的提高，反而在受到热冲击时焊点容易出现开裂现象。

3. Sn-Zn 系焊料

Zn 在元素周期表中是第四周期过渡元素，由于元素结构的特殊性，Zn 的熔点仅为 419℃，Zn 有良好的导热性和导电性，化学活性较高，由于 Sn-9Zn 合金的熔点仅有 199℃，是熔点最接近于 Sn-Pb 焊料熔点的合金，这意味着 Sn-9Zn 如果用做无铅焊料，则它的焊接工艺条件基本上接近于 Sn-Pb 焊料。此外，金属 Zn 资源广泛，不属于高价的贵金属，因此国外许多大公司，多年来一直在从事 Sn-Zn 合金的研究。

Sn-Zn 焊料的共晶组成是 Sn-8.8Zn，其共晶温度为 199℃，而偏离共晶点比例的合金熔点迅速升高，Sn、Zn 元素以固溶体的形式构成合金，说明 Sn-Zn 有较好的互熔性，Zn 能均匀致密地分散在 Sn 中。Sn-Zn 系焊料是无铅焊料中唯一与 Sn-Pb 共晶熔点接近的焊料，适合用于耐热性差的电子器件的焊接。它的机械性能好，拉伸强度比 Sn-Pb 共晶焊料好，可拉制成丝材使用；具有良好的蠕变特性。

缺点：Zn 极易氧化，润湿性和稳定性差，具有腐蚀性，尤其 Sn-Zn 合金配制的焊锡膏保存期短。该焊料在大气中熔融时，表面将形成厚的锌氧化膜，必须使用氮基气氛，或使用能熔解锌氧化膜的强活性焊剂，才能确保焊接质量。但由于 Sn-Zn 的多种优点，人们仍极力对它进行改进，目前改进的方法有两种，一是助焊剂的改进，二是对合金成分的改进。Sn-Zn 焊锡膏合金中可加入 Bi、P 和 Al 等微量元素来改进，Sn-Zn 系（添加 Bi）改进后的无铅焊料的熔化温度明显比 Sn-Ag 系合金低，并接近 Sn-37Pb 焊料，此外机械性能也能接近 Sn-37Pb，焊点的剪切强度好于 Sn-37Pb。用 Sn-8Zn-3Bi 合金研制的焊锡膏具有优良的焊接性能，特别是在 N_2 中的润湿扩展率已达到 Sn-37Pb 的水平，因此，可以说 Sn-8Zn-3Bi 焊料是一种前途极为广阔的无铅焊料，尤其在不适应高温再流焊的情况下。

4. Sn-Bi 系焊料

Bi 是一种低熔点金属，熔点为 271℃，由于它在元素周期表中排在第 V 主族的末位，故具有脆性，是一种金属性弱的表现。42Sn-58Bi 是人们早已熟悉的低温（139℃）焊料，但因为熔点过低而未能大规模地用于电装行业。42Sn-58Bi 是 Sn-Bi 的共晶组成，此时合金的共晶温度为 139℃，因此 42Sn-58Bi 通常用做低温焊料。缺点：延展性不好，由于硬而脆，加工性差，不能加工成线材使用。

研究表明，在 Sn-58Bi 中添加 1%的 Ag，即 Sn-57Bi-1Ag 可以明显改进 Sn-58Bi 合金的

机械性能。在 Sn-58Bi 合金中添加 1%的 Ag 后，其合金的组织形态比不加 Ag 时要细化。试验表明，Sn-57Bi-1Ag 的延伸率可以增加 40%，弹性模量优于 Sn-37Pb 焊料。特别值得一提的是，Sn-57Bi-1Ag 的熔点只有 139℃，其常温上的抗蠕变性明显优于 Sn-37Pb。另外，与 Sn-Pb 焊料同样，不形成金属间化合物，所以表面张力低，扩展性和流动性好；以前曾作为焊锡膏用于再流焊中，在基材是铜的焊接中使用，但不能用于 42 号合金等铁系基材的连接。经 1%Ag 改进后的 Sn-58Bi 焊料，实际应用的效果已能达到 Sn-37Pb 的性能，但由于已探明的 Bi 金属的储藏量不是太高，Bi 的价格明显较高，这些均不利于 Sn-57Bi-1Ag 的推广。

5. Sn-Cu 系焊料

Cu 和 Zn 一样，也是第四周期第一过渡系元素，Cu 的熔点为 1 083℃，远比 Zn 的熔点高，Cu 与 Sn 在元素周期表中位置相距较远，故 Sn、Cu 间电极电位差较大，Sn、Cu 会形成金属间化合物。Sn-0.7Cu 为 Sn-Cu 合金的共晶点，它表明在纯 Sn 中加入 0.7%的 Cu 后可以使 Sn 的熔点由 231.9℃降为 227℃，此温度即为 Sn-Cu 合金的共晶温度。但由于 Cu 和 Sn 合金是以两种金属间化合物 Cu_6Sn_5 和 Cu_3Sn 的形态分散在 Sn 中（连续相）的，它们会导致 Sn-Cu 合金组成结构粗化，使机械性能变差。特别是表征焊接性能的润湿时间远远长于 Sn-37Pb 合金，故早期人们没有采用 Sn-0.7Cu 合金做焊料使用。

随着焊料无铅化的推广，人们又重新审视 Sn-0.7Cu 合金作为焊料使用的可能性，特别是用做波峰焊料。研究表明，在 Sn-0.7Cu 合金中添加少量的 Ni 可以增加焊接中焊料的流动性；添加少量的 Ag 可以改善焊料的机械性能；添加少量的 Sb 则可以减少焊料中残渣的产生。

由于 Sn-Cu 系焊料构成简单，供给性好且成本低，因此大量用于基板的波峰焊、浸焊，适合作为松脂芯软焊料。其中添加 Ni 构成的 Sn-Cu-Ni 焊料（产品名为 SN100C），在熔融时流动性得到明显改善。在细间距 QFP 的 IC 波峰焊中无桥接现象，也没有无铅焊料特有的针状晶体和气孔，得到了有光泽的焊点。

此外，Sn-Cu-Ni 焊料还有延伸性好和蠕变强度高，以及电阻低的特点。焊接时焊料不产生气体，经热冲击试验可以确认焊料的抗断裂性强，焊接可靠性优异。

Sn-0.7Cu（Ni）合金主要用做波峰焊焊料，其原因一是波峰焊接的成本主要来自焊料本身，而 Sn-0.7Cu（Ni）的成本比 Sn-Ag-Cu 低；其二，虽然 Sn-0.7Cu（Ni）合金的机械性能相对 Sn-37Pb 来说低了很多，但通孔焊点的结构赋予焊点有较强的机械强度，故足以补充焊料的不足；其三，波峰焊时焊料温度虽然高，但通孔元器件引脚在焊料槽停留时间短，元器件受到的影响相对较小，而在再流焊中则由于元器件停留时间长，焊接温度高（245℃），以及无引线引脚焊点强度不如通孔元器件焊点，所以 Sn-0.7Cu（Ni）不推荐用在再流焊工艺中。

13.2.2　无铅焊料引发的新课题

随着无铅焊料的研制，焊料的成分和性能发生了变化，与焊接过程相关的新课题也在探讨研究之中。

1. 元器件问题

① 因为多数无铅焊料的熔点都比较高,焊接过程的温度比使用 Sn-Pb 焊料高,这就要求元器件以及各种结构性材料能够耐受更高的加工温度。

② 目前还有很多元器件的焊端或引线表面采用 Sn-Pb 镀层,在推广无铅焊接的同时,这些镀层也必须采用无铅材料。

2. 印制电路板问题

① 要求印制电路板的板材能够承受更高的焊接温度,焊接以后不产生变形或铜箔脱落。

② 要求焊盘表面镀层无铅化,与无铅焊料兼容,并且成本低。

3. 助焊剂问题

目前所用的助焊剂不能帮助无铅焊料提高润湿性,必须研制润湿性更好的新型助焊剂,其温度特性应该与无铅焊料的预热温度和焊接温度相匹配,而且满足环境保护的要求。

4. 焊接设备问题

① 要适应更高的焊接温度,再流焊设备要改变温区设置,预热区必须加长或更换新的加热元器件;波峰焊设备的焊料槽、焊料波喷嘴和传输导轨的爪钩材料要能够承受高温腐蚀。

② 由于焊料成分不同使熔点及性能不同,焊接温度和设备的控制变得比 Sn-Pb 焊料复杂。

③ 在焊接高密度、窄间距 SMT 电路板时,有必要采用新的抑制焊料氧化技术或采用惰性气体保护焊接技术。

④ 采用 N_2 气保护焊接,有利于价格昂贵的无铅焊料减少氧化,但气体的产生、保管、防泄漏、回收问题都需要解决。

⑤ 无铅焊接设备的售价往往是普通焊接设备的 2.5~4 倍,购置新设备带来的成本压力导致无铅焊接在电子产品制造企业推进缓慢。

5. 工艺流程中的问题

在 SMT 工艺流程中,无铅焊料的涂敷印刷、元器件的贴片、焊接、助焊剂残渣的清洗以及焊接质量的检验都是新的课题。

6. 废料回收问题

从无铅焊料的残渣中回收 Bi、Cu、Ag 金属,也是一个新课题。

13.3 无铅波峰焊

无铅波峰焊接工艺同锡铅波峰焊接工艺有类似之处,但也有不同之处,类似的是其工艺流程相同;不同之处是由于无铅焊料的焊接温度通常比传统的锡铅焊高(为 30℃ 左右),并且润湿性低,可焊性差,因此波峰焊机结构及参数均应做相应的调整。

13.3.1 无铅焊料的选择

当前用于无铅波峰焊焊料的合金主要有两大类，一是 Sn-Ag-Cu 系列，二是 Sn-0.7Cu。Sn-Ag-Cu 合金的综合性能好于 Sn-0.7Cu 合金，尤其是机械性能，但 Sn-0.7Cu 最大的优点是价格便宜，它改性后的品种如 Sn-0.7Cu（Ni），在高温下也有好的流动性和焊接性能，因此选择谁作为无铅波峰焊焊料完全取决于所组装的电子产品的性能要求及经济价值。对于消费类电子产品，当产品仅采用波峰焊工艺生产时，为了降低成本，可以用 Sn-0.7Cu 合金或改性后的品种 Sn-0.7Cu（Ni）作为波峰焊焊料；而用于工业类电子产品时，特别是当这类产品采用双面焊接工艺组装，并且一侧已采用 Sn-Ag-Cu 焊锡膏再流焊工艺，另一面若采用波峰焊工艺时，则仍应采用 Sn-Ag-Cu 合金作为波峰焊焊料。同一块 PCB 中使用两种不同焊料，在需要维修时易出现焊料混用现象，Sn-Ag-Cu 和 Sn-Cu 不宜混合使用，否则会造成合金焊点连接不均匀而产生疲劳失效。

13.3.2 无铅波峰焊工艺对波峰焊机的要求

1. PCB 预热温度/锡锅温度

如果采用 Sn-0.7Cu 作为波峰焊焊料，则波峰焊机锡锅温度应设置为 265～270℃。在此高温下 Sn-0.7Cu 也有好的流动性和焊接性能（此时润湿时间仅为 0.5s），为减少对 PCB 及片式元器件的热冲击，要相应提高 PCB 预热温度，通常 PCB 预热温度应达到 130～150℃（比传统的锡铅焊要高出 30℃），只有达到预期的预热温度才能加速助焊剂溶剂的挥发和使焊剂活化，得到好的焊接效果。如果预热温度和预热时间调整不当，则会造成较多的焊后残留物，或由于焊剂活性不足，造成焊点润湿性变差。当预热温度偏低时还可能导致气体放出而产生焊料球和飞溅。为了不降低设备的生产能力，波峰焊机的预热烘道要适当加长。目前无铅波峰焊机的预热烘道已由原来的一段改为两段式加热，并且长度达到 1.8m 以上，预热的功率一般不低于 15kW，这样确保了 PCB 进入锡锅前有一个理想的预热温度。由于无铅焊接工艺对温度精度要求较高，锡锅温度的精度应控制在±1℃之内。此外，还要做好锡锅周围的保温，防止环境温度变化对它产生影响。

2. 助焊剂喷涂系统

在无铅波峰焊实施过程中，对助焊剂喷涂系统没有特别要求，目前以雾化喷涂为多见，因为它比传统的发泡式涂布要均匀并且价格适中。

3. 焊接时间与锡锅的喷嘴

无铅波峰焊过程中已提高了 PCB 预热温度和锡锅温度，从理论上说可以减少焊接时间，但是因 Sn-Ag-Cu 的润湿能力偏低，因此，在实际生产中焊接时间仍控制在 4～5s 为最好。在双波峰焊机中，焊接时两波峰之间的温度跌落（下降）最大不超过 50℃。因此通常可将锡锅的喷嘴适当加宽，两喷嘴之间的距离适当减小，以保证做到焊接时波谷的温度不低于 200℃。

4. 焊料的防氧化

波峰焊工艺中焊料的防氧化一直是件麻烦的事，同 Sn-Pb 合金焊料相比，高 Sn 含量的无铅焊料在高温焊接中更容易氧化，锡锅中形成氧化物残渣（SnO_2），会影响焊接质量。设备厂家采用改善锡锅喷嘴结构的方法来减少氧化物，但最好的办法是采用氮气保护，虽然增加氮气保护的设备前期投入较大，但从长远利益考虑还是合算的，用氮气保护既提高了焊接质量又可以防止无铅焊料因氧化带来损失。

5. 锡锅的防腐蚀

无铅焊料的锡含量高，例如，Sn-0.7Cu 几乎是纯锡，在高温时对铁（Fe）有很强的浸析能力，传统的波峰焊机的锡锅及喷嘴大多采用不锈钢材料，从而易发生溶蚀反应，随着时间的推移，最终会导致部件的溶蚀损坏，特别是喷嘴及泵系统。

因此，目前国外的无铅波峰焊机中的锡锅及泵系统已采用铸铁系统，并在其部件的外侧涂敷专用涂料，以达到防腐蚀的功能，国内则采用钛金属制造相应的部件，以预防高锡的腐蚀性。

6. 焊后冷却系统

快速冷却有两重作用，一是可减少无铅焊料的枝状晶体生成，以保证无铅波峰焊焊点外观光亮；二是在无铅波峰焊接后主板常常会发生焊盘"剥离"（Lift-of）缺陷，产生的原因在于冷却过程中焊料合金的冷却速率与 PCB 的冷却速率不同。因此加速焊好的 SMA 冷却有助于克服此缺陷。目前在新型的无铅波峰焊机中常采用冷水或强制冷风对焊接后的 SMA 进行冷却。冷却速率一般控制在 5~6℃/s，应注意的是过快的冷却速率又会造成片式电容的损坏，因此在调节冷却速度时要对其他方面予以兼顾。

13.3.3 无铅波峰焊工艺对生产要素的影响

无铅波峰焊因为温度高，不仅对设备有新的要求，而且对相关的生产要素也有新要求。

1. PCB

高的焊接温度会使 PCB 变形，因此在 PCB 设计时应考虑到 PCB 厚度与长宽比是否得当；在波峰焊机中应设置中央支撑，这些都可有效地防止 PCB 在无铅波峰焊中因高温引起的凹陷变形。选择 T_g 值较高的基板，可从根本上防止 PCB 变形。

2. 元器件

在无铅波峰焊接中，焊接高温对通孔元器件来说影响不太大，但对片式元器件会有较大的影响，如片式电容，塑封 SOT、SOIC 等，严重时会造成这类器件的损坏。预防损坏的办法是适当调高 PCB 预热温度及适当降低锡锅温度，必要时对元器件进行预烘处理以去除元器件内部的潮气。

3. 助焊剂

传统的免清洗助焊剂多数不适用于无铅波峰焊的需要，因为它在高温下很快就会失去活化能力，也不能有效地防止焊盘的二次氧化。目前已研制出用于无铅波峰焊的水溶性无 VOC 助焊剂，如 IF2005，它在高温时也有优良的助焊能力。在传统的助焊剂中有部分中固含量的助焊剂也能满足无铅波峰焊的需要，因此在并未要求使用特定成分的助焊剂的前提下，只要其活性温度范围符合无铅焊的要求，而且润湿效果又好，也可以用于无铅焊接的生产。

4．PCB 焊盘设计

波峰焊焊点形成机理是流动的融熔焊料提高了焊盘和引脚的温度使之能够润湿，然后依靠焊盘孔与元器件引脚之间的间隙所形成的毛细现象而使焊料穿透到元器件引脚上，因此其间隙大小很重要。由于 Sn-0.7Cu（Ni）等无铅焊料的表面张力大，穿透力不强，因此无铅波峰焊中焊盘孔与元器件引脚之间的间隙要适当加大。

5．波峰焊工艺曲线

若以 Sn-0.7Cu（Ni）为无铅波峰焊焊料，则与它相适应的波峰焊工艺曲线如图 13-1 所示。

图 13-1 Sn-0.7Cu（Ni）波峰焊工艺曲线

图中 S_1 是预热时间，一般为 80～120s，PCB 到锡锅前的预热温度为 135～145℃；锡锅温度为（270±5）℃；S_2 是第一波峰时间，一般为 1～2s；S_3 是第二波峰时间，一般为 3.5～5s，则 SMA 总的焊接时间为 4.5～5.5s（S_2+S_3），两波峰之间的最低温度不低于 200℃；若是焊接镍/金 PCB，则整个的波峰焊接触时间应大于 6s。这样在焊料波峰顶部的氧化物能很好地被排除掉，焊料波会产生一个向上的推力，提高 PCB 通孔的润湿性。此外，还要精心调整好焊锡波峰的各项参数，首先要将导轨的倾斜角度调整到 5°～7°之间。在焊接高密度板和混装板时，如果倾角太小则容易出现桥接，特别是在 SMT 器件的"遮蔽区"；倾角太大会造成焊点吃锡量太小，产生虚焊。其次是波峰高度的调整，一般波峰的液面高度要在 PCB 厚度的 1/2～1/3，在实现无铅波峰工艺时，焊接后冷却速率应控制在 5～6℃/s，以保证焊点外观较为光亮。

13.4 无铅再流焊

13.4.1 无铅再流焊工艺要素

1. 无铅焊锡膏选择

由于无铅焊锡膏同锡铅焊锡膏的性能有明显的不同,因此无铅焊锡膏再流焊工艺的相关参数应随之改变,要做好无铅焊锡膏再流焊工艺,首先要熟悉无铅焊锡膏的性能,特别是其同锡铅焊锡膏的不同之处。

在现已开发的三大系列无铅焊料中,首选 Sn-Ag-Cu 系无铅焊料已得到业界普遍认可,在 Sn-Ag-Cu 系无铅焊锡膏中选用低 Ag 的配比,如 Sn-3.0Ag-0.5Cu,Sn-2.5Ag-0.7Cu-0.55Sb 的无铅焊锡膏也已是大多数公司的选择。确定了无铅合金后,焊锡膏印刷性、可焊性的关键在于助焊剂。不同焊锡膏公司其生产的焊锡膏性能不同,因此要通过试验对比,看看印刷时焊锡膏的滚动、填充、脱模性能,以及定时观察印刷质量及 8h 后的黏度变化等。再流焊工艺过程也可以理解为选好和用好焊锡膏的过程。

2. 无铅再流焊工艺中的 PCB 设计

由于 PCB 设计的人为影响因素较多,出现的问题也较多,在实施无铅工艺时应牢记高温容易造成 PCB 的热变形。因此无铅再流焊工艺中,对 PCB 焊盘设计时除了要遵守常规的设计原则外,在既可单面布线也可双面布线的情况下,应尽可能采用单面布线工艺,这样可以有效地防止二次高温对 PCB/元器件的伤害。布线时应注意器件分布的均匀性,在没有器件的板面可设置空白网格以减小 PCB 热应力的影响。

此外,设计多层板时,层数设置应保持其对称性,这样可以有效减小 PCB 焊接过程中引起的热变形,焊盘可稍大于用传统方法设计的焊盘,以保持焊盘二次维修强度。总之,应结合无铅焊料的可焊性差,以及焊接温度高的缺点,从设计方面提高焊点的可靠性。

3. 无铅焊锡膏印刷模板窗口的设计

由于无铅焊锡膏的润湿性和铺展性低于有铅焊锡膏,所以在焊盘上没有印到焊锡膏的地方,焊料是铺展不到的,可能会导致焊盘长期暴露在空气中,在潮气、高温等恶劣环境下,造成焊点被腐蚀失效,影响产品的寿命和可靠性。另外,由于缺少铅的润滑作用,焊锡膏印刷时填充性和脱模性较差,故无铅模板窗口设计应适当大一些,以使焊锡膏尽可能完全覆盖焊盘。通常,对于 Pitch>0.5mm 的器件,一般采取 1:(1.05~1.08)的开口;对于 Pitch≤0.5mm 的器件和 0402 的阻容元器件,通常采用 1:1 开口;模板厚度可与有铅模板相同,由于无铅焊锡膏中助焊剂含量高一些,同体积焊锡膏其合金含量会少一些,故必要时也可适当增加模板厚度。

4. 元器件应能适应无铅工艺的要求

由于高温对元器件的不利影响,在片式元器件中,1206 以上的大元器件发生开裂失效的机会较多;铝电解电容对温度极其敏感,损坏的概率也很大;连接器和其他塑料封装元器件（如 QFP、PBGA）在高温时损坏明显增加。除了器件来料本身要有足够的适应性外，元器件吸湿性也是决定因素，解决办法是尽量降低焊接峰值温度，严格按元器件湿敏感度要求操作。理论上无铅焊接时元器件焊端表面镀层也应无铅化，但在过渡期尚难做到。一般说消费类产品中元器件焊端表面镀层的含铅镀层尚能适应无铅工艺的要求；但在 BGA 器件的使用中应注意锡球合金成分与焊锡膏合金成分的一致性，否则焊点中易出现空洞缺陷。即当使用无铅焊锡膏时，如果 BGA 仍为铅锡焊球，则铅锡焊球会在比焊锡膏熔点低 35℃处熔化；在焊锡球是液态而焊锡膏不是液态时，助焊剂放出的气体将直接进入熔化的焊锡球中，从而可能产生大量的空洞。

5．无铅工艺对 PCB 基材和表面镀层的耐热要求

高温容易造成 PCB 的热变形，因树脂老化变质而降低强度，特别是 PCB 的 Z 轴与"X-Y"方向的 CTE 不匹配，造成金属化孔镀层断裂失效等可靠性问题。因此在 PCB 选材时应做到消费类产品可以采用 FR-4 基材，工业类及投资类产品需要采用耐高温的 FR-5 基材。

PCB 焊盘表面镀层常用锡铅热风整平技术，由于镀层含铅，在无铅再流焊中不再使用。一些已使用的无铅材料和技术，如 OSP、电镀镍金、化镍浸金、浸镀银、浸镀锡等都能支持在无铅技术中的应用。但在化镍浸金工艺中应注意预防"黑盘"的发生，它会严重影响焊点（尤其是 BGA/CSP）的可靠性和电气性能。此外，金镀层的厚度和密度直接影响焊点的可靠性。金层太厚，焊接后形成的焊点变脆；金镀层太稀疏，内部的镍容易氧化，导致焊接不良（焊点是 Sn-Ni 金属间化合物）。

6．印刷过程注意事项

在印刷中应注意无铅焊锡膏黏度的变化，特别是 Sn-Ag-Cu 焊锡膏密度比 Sn-Pb 焊锡膏密度低，故 Sn-Ag-Cu 焊锡膏印刷性差，易粘印刷刮刀，在印刷微细焊盘时感觉明显。通常解决这类问题的最好办法是对不同厂家的焊锡膏做全面评估。此外，由于无铅焊锡膏的润湿力小，再流时自校正（self-align）作用比较小，因此，无铅焊锡膏的印刷精度应比有铅时更高，以保证良好的焊接效果。

7．贴片工艺

贴片工艺在无铅技术中受到的影响较小。焊锡膏在贴片工艺中的唯一作用是固定住贴片后的器件，使它不会在焊接前偏移原位。焊锡膏是否能够很稳定地固定贴后的器件，其关键在于焊锡膏的黏结力。

8．焊接工艺

无铅技术在焊接工艺上变化最大，也是整个工艺技术中最难处理的部分。原因来自无铅焊锡膏在熔点和表面张力上的变化。

图 13-2 所示是无铅焊锡膏（Sn-Ag-Cu）典型的温度曲线，它的形态与 Sn-Pb 焊锡膏温度曲线基本相同，即也可划分为预热区、保温区、再流区、冷却区。由于无铅焊锡膏焊接过程中对温度均匀要求较高，故工艺窗口比较窄，在预热区升温速率控制在 1.2～1.6℃/s，保温区温度控制在 160～170℃（比 Sn-Pb 焊锡膏相应高出 10℃）。但在再流区峰值温度一般应控制在 235～240℃，并要求温度维持时间为 10～15s，从升温到峰值温度的时间仍

维持在 3.5~4min，不宜时间过长，否则会使焊接界面上 Cu₃Sn 的厚度增加而影响到焊点质量。

再流峰值温度会直接影响到焊点的焊接强度，随着峰值温度的提高，焊接强度提高，因此无铅再流焊工艺中峰值温度是非常重要的。

如图 13-2 所示曲线的特点是 SMA 在加热时有一段保温时间，故 SMA 表面温度较均匀，即 SMA 表面不同位置的温差 ΔT 较小，显然当所焊接的器件大小不均匀时，SMA 表面温度仍较均匀，随着继续升温会获得满意的焊接效果，但在保温后期至峰值温度时，升温速率较快对元器件有一定的热冲击。

图 13-2 Sn3.5Ag0.7Cu 焊锡膏再流焊工艺曲线

无铅再流焊中不仅工艺窗口的缩小会给生产带来挑战，而且高温焊接过程中元器件的氧化会使焊接困难，润湿不良会造成焊点的虚焊。如果焊锡膏的助焊剂性能不良，或再流温度曲线在保温段的工艺设置不当，那么再流焊时就可能出现"爆米花"、"立碑"及"气孔"等焊接不良的问题。

9．氮气再流焊

无铅焊接工艺窗口比含铅焊接工艺窗口小，氮气焊接能防止预热期间造成的氧化，能增加其润湿性。有条件的工厂应考虑实施氮气焊接工艺。

10．无铅焊锡膏焊点的形态

无铅焊料在常温冷却过程中，焊点表面无光亮感，呈"凝固线条"或"橘皮形状"，没有锡铅焊料焊点那样光亮、流畅，以致早期的 AOI 检测系统都难以判别焊点的质量。但这并不影响焊点的可靠性，Sn-Ag-Cu 无铅焊锡膏焊点的形态如图 13-3 所示。

图 13-3 Sn-Ag-Cu 无铅焊锡膏焊点的形态

11．再流焊炉

再流焊炉应能满足无铅焊锡膏再流焊的工艺要求，用于无铅工艺的再流炉，通常应满足下列要求：保持炉温的均匀，应采用高精度温度控制系统，控温的精度应为±1℃，PCB板面温度应控制在±2℃之内。此外，再流焊炉做成多温区便于温度的调节；好的无铅焊接再流炉带有快速冷却系统以保证焊点的光亮度，带有充氮的控制系统保证得到高质量的焊接效果。

13.4.2 无铅再流焊工艺中的常见问题

1．无铅焊锡膏印刷中常见的问题

（1）堵孔。印刷时堵孔现象主要发生在0201元器件模板的印刷之中，用于0201元器件的模板窗口只有 0.3mm×0.15mm（12mil×6mil）大小，模板厚度通常是 0.125mm（5mil）。在焊锡膏印刷过程中高黏性的焊锡膏很容易粘在小孔壁上，印刷后不容易通过小孔而完整地落在电路板上。这是因为 Sn-Ag-Cu 焊锡膏的密度（7.49g/cm^3）比 Sn-Pb 焊锡膏（8.4g/cm^3）的小，也就是说无铅焊锡膏要轻些，因此无铅焊锡膏不容易从小孔中脱落出来而造成堵孔。由于 0201 模板开孔大小和焊锡膏密度几乎无法调整，所以选择一个适当黏度的焊锡膏就显得比较重要了。

（2）桥接。桥接就是印制电路板上的相邻焊锡膏连在一起。调整印刷机的操作参数，增加模板的擦洗频率，适当提高印刷速度以及降低刮刀的压力可以帮助改善桥接。但对细密间距的器件焊盘，通常元器件之间的距离仅在 0.1mm 左右，为了避免发生焊锡膏印刷桥接现象，除采取以上措施外，还应选择低塌落系数的焊锡膏。

由于有的焊锡膏随着印刷时间的延长，塌落系数会变大，这样焊锡膏在印刷一段时间后，发生桥接的概率增大，因此在印刷过程中还应定时补充新焊锡膏，以保证焊锡膏工艺性能的稳定性。

（3）焊锡膏易粘刮刀。焊锡膏粘刮刀也是无铅焊锡膏在印刷工艺中常见的缺陷，造成焊锡膏粘刮刀的主要原因是焊锡膏黏度太高。引起焊锡膏黏度增高的原因很多，除了无铅焊锡膏密度较轻以外，还有一个更重要的原因是从化学的角度来讲的，它包括 Sn 合金粉和焊剂两部分，Sn 合金粉又以超细微粒分散在焊剂中，因此 Sn 合金粉会和焊剂密切结合而发生缓慢的化学反应，使其性能变坏。因此，无铅焊锡膏更应遵循低温（0~10℃）存放，使用时不要超过存放期的要求。

2．元器件贴装中常见的问题

在 0201 元器件贴片过程中，由于 0201 的焊盘小，易出现元器件偏离或元器件丢失现象，其原因一方面是微量的焊锡膏本身易发干，失去黏性；另一方面是焊锡膏中助焊剂质量也是重要一环，因此还应通过试验来选择适合的无铅焊锡膏。

3．无铅焊锡膏在焊接中的缺陷

无铅焊锡膏在再流焊中常出现不熔化缺陷，引起的原因常有下列几种：

① 比起大块焊锡膏，微量焊锡膏在再流焊过程中不太容易熔化在一起。微量焊锡膏与空气接触的表面积比大块焊锡膏要大。所以微量焊锡膏的焊剂不太容易覆盖住金属颗粒，也不能够充分保护金属颗粒在再流焊的保温区内不被氧化。一旦金属颗粒被部分氧化，其熔点就会比未氧化金属颗粒熔点高很多，故在再流焊的熔化区很难熔化在一起。

② 从热传递的角度看，在升温初期及保温阶段，微量焊锡膏很容易传热，温度很快升高。高温则加强了金属颗粒的氧化，同样导致不能很好熔化。实际生产中许多焊锡膏可以用在普通 SMT 生产中，但不能用于 0201 元器件的焊接工艺，因为它不能很好地熔化。

无铅焊锡膏的熔点和氧化活性都比含铅焊锡膏高，所以增加了它在 0201 工艺中正常熔化的难度。

③ 在热容量大的 IC 器件附近由于温度很难上升，导致再流焊接质量不良。此时通过肉眼观察，能够见到无铅焊料熔化后的焊点光亮度差、飞珠多，有时像豆腐渣一样，表面粗糙不规则。

对于上述现象，通常可以适当调节再流焊温度曲线来解决，但温度曲线如果不允许调整太大，那么比较容易的办法是找到一个好的焊锡膏配方，能够保证在 0201 工艺中正常熔化。此外，在氮气氛围中焊接是解决这一问题的好方法。

④ 焊点中有孔。焊点中有孔的现象通常用目测法很难发现，随着 X-Ray 检测技术的使用，这种隐性焊接缺陷逐步引起人们的广泛重视。焊点中的孔特别是一些大孔会使接触性能变差，导致电性能变坏，严重时会由于焊点的疲劳强度下降而引起焊点断裂，这也是整机工作一段时间后易出现毛病的原因之一。

无铅焊料形成的焊点中，出现孔洞的概率明显高于 Sn-Pb 焊料，有孔焊点的 X-Ray 图像如图 13-4 所示。

翼形引脚焊点孔洞　　　　　BGA焊点孔洞

图 13-4　有孔焊点的 X-Ray 图像

对于元器件品种来说，按出现孔洞的概率大小依次排列是 CSP、BGA、TSOP、片式电阻电容。当元器件焊点与焊料成分不一致时，出现孔洞的概率比元器件焊点与焊料成分一致时焊接后出现孔洞的概率大。对于 CSP、BGA 器件来说，本体与 PCB 距离越近其出现焊点孔洞的概率越大，这与焊料的加热过程气体及助焊剂不易排放有直接关系。

不同焊料在互熔过程中，因 Sn-Pb 焊料的熔点仅为 183℃，而 Sn-Ag-Cu 焊料的再流温度至少为 235℃，其时间约在 30s 以上，这意味着 Sn-Pb 液化时间在 2min 以上，在这么长的时间里，Sn-Pb 焊料极易氧化，焊料互熔过程容易夹带空气，若此时再遇到焊锡膏的活性不够，助焊剂的量偏少，不耐高温，则均会加剧孔洞的发生。

减少孔洞出现概率的方法是适当控制保温时间及改善助焊剂的质量，特别是活性温度，防止在再流区因温度过高助焊剂过早老化或变质，由此也不难推断，采用 N_2 再流焊仍是最有效的减少孔洞的手段之一。

13.5 无铅手工焊接

无铅手工焊接是无铅焊接的一个重要组成部分。无铅手工焊接产品的开发、生产和应用，与无铅自动焊接技术一样，被业界视为中国电子工业的又一次革命。但我国无铅手工焊接技术的研究起步较晚，商业化的无铅焊接产品在国内更是寥寥无几。所以，开发、生产无铅焊接产品，的确面临着一次难得的机遇和挑战。

与一般手工焊接相比，无铅手工焊接需要解决的问题仍然是无铅焊料带来的影响：

（1）扩展能力差：无铅焊料在焊接时，润湿、扩展的面积只有 Sn-Pb 共晶焊料的 1/3 左右。

（2）熔点高：无铅焊料的熔点一般比 Sn-Pb 共晶焊料的熔点高 34～44℃。

1. 无铅手工焊接面临的困难

以下是一些进行无铅手工焊接时所遇到的问题：

① 烙铁头寿命缩短。一般烙铁头结构，内部主要由铜制成，外面镀上铁（镀铁层），而镀铁层前端再镀上锡（镀锡层），后端则会镀上抗氧化的铬。由于锡和铁同样属于高活动性的金属，所以它们很容易会结合成混合金属，特别是在高温的状态下。而且在焊接时所使用的助焊剂（特别是高活性的）也是加速它们产生混合金属反应的催化剂。当使用 Sn-Pb 共晶焊料时是几乎不会产生混合金属的，但当使用 Sn-3.7Ag-0.7Cu 的无铅焊锡时便会产生 15μm 厚度的混合金属了。

混合金属的产生速度会因不同的焊接温度而改变。温度越高，产生速度越快，特别在 400℃或以上的情况下更为明显。进行焊接时，锡与铁会不断产生混合反应，而由于所产生的混合金属会从烙铁头镀层表面剥落，因此烙铁头镀层会逐渐被浸蚀掉，继而锡会很快地浸蚀烙铁头内的铜，最后会在很短时间内造成烙铁头穿洞。

不同成分的焊锡会对烙铁头有不一样的浸蚀速度。Sn-0.7Cu 对烙铁头的浸蚀速度最快，然后是 Sn-3.5Ag-0.75Cu、Sn-2Ag-0.75Cu-3Bi，最后是 Sn-37Pb。

在 400℃的焊接温度下，无铅焊锡 Sn-3.5Ag-0.75Cu 对烙铁头的浸蚀速度比传统的共晶焊锡要快 3 倍，而 Sn-0.7Cu 要快 4 倍。除了浸蚀以外，无铅焊接还会加速烙铁头的氧化。

② 由于无铅焊料的熔点较高，高温焊接会加速焊料氧化，影响焊料的扩散性及润湿性。

③ 高温焊接会破坏一些电子组件，包括塑料连接器、继电器、发光二极管、电解电容及多层陶瓷电容；甚至会使塑料组件熔解或变形。

④ 高温会使电路板弯曲，导致多层陶瓷电容损毁。

⑤ 需要使用活性较高（腐蚀性强）的助焊剂。

⑥ 要提供较多热量及焊接较长时间才可以达到理想的焊接效果。

⑦ 容易产生桥接及虚焊，且不易修正。

⑧ 容易产生锡球及助焊剂飞散。

2. 克服无铅手工焊接缺陷的措施

① 在满足无铅焊料熔化温度的前提下，应尽量使用低温焊接，一般设定在 350℃左右进行焊接为宜。提高焊接温度有可能会造成焊接困难，因为高温会加速氧化，影响无铅焊料的扩散性及润湿性。虽然使用某些助焊剂可以有效改善焊接效果，但是会对环境造成一定的污染，实践中还是应该偏向保护环境，使用"免清洗"助焊剂。

实际上，如果选择正确的烙铁头形状，操作控制得当，现有的烙铁头温度大多可以适应无铅手工焊接的需要。只有当待焊部位的热容很大时，才需要提高烙铁头温度。无铅合金的应用比以前更需要注意工艺控制。手工焊接工艺必须进行全面定义，包括烙铁头形状、输出功率、热传递效率及绝对烙铁头温度规格等。

② 使用高热回复性的焊台，使烙铁头温度相对稳定。普通烙铁功率一般在 60W 以下，焊接一个焊点大约需要消耗使烙铁头温度降低 50～100℃的热量，要焊接下一个焊点需要迅速进行温度补偿，但是普通烙铁补偿焊接所需要的温度大约需要 5s 或更长时间，很难满足焊接需要，生产效率低下，产能下降。为满足焊接需要，往往通过提高烙铁的设定温度来实现，然而，单纯追求设定高温会导致上述其他负面影响。所以，普通焊台根本无法实现高频无铅焊接。

目前，市场上已有很多专门用于无铅手工焊接使用的无铅焊台和无铅电烙铁，以及不同形状的无铅烙铁头，如图 13-5 所示。

图 13-5 无铅手工焊接设备

如图 13-6 所示是一种专为无铅焊接而设计的 PS-800E 型无铅焊接系统的烙铁头和烙铁手柄及其使用实况。PS-800E 型系统采用具有过程控制的智能加热（SmartHeat®）技术，烙铁头加热快，焊接效率高，不会因过热而损坏 PCB 和元器件。SmartHeat®技术可以在不提高烙铁头温度的情况下满足无铅合金对热量的苛刻要求。整个主机系统由主机电源、烙铁手柄（含 PS-CA1、AC-CP2）、烙铁加热组件、自动休眠烙铁支架和功率表等组成，可为大规模的生产应用提供高效率和更经济的焊接解决方案。

图 13-6 PS-800E 型无铅焊接系统的烙铁头和烙铁手柄及其使用实况

③ 采用带有氮气（N_2）环境的手工焊接，也就是焊接中在烙铁头的周边喷出保护性的氮气。通过对焊接部位的覆盖，可起到改善焊接润湿性，防止基板氧化的作用，这种做法在

使用 Sn-Zn 系焊料时是很有效果的。另外，采用氮气保护焊接时，喷出的氮气具有一定的温度，还具有对元器件、基板预热的作用。在烙铁设定温度相同情况下，使用氮气进行焊接，烙铁头温度会有所下降，测定得到的温度差约为 15℃。

④ 配合焊点大小的同时，应尽量选择相对较大的烙铁头进行焊接，因烙铁头越大，设定温度可以越低，热量流失越少。PS-800E 就是大功率增强型无铅焊台，它拥有较大的功率输出，以及加大几何尺寸和加厚镀层的烙铁头。如图 13-7 所示是几种 PS-800E 型烙铁头的形状和尺寸。

尺寸	型号	尺寸	型号
0.43″/11.0mm, 0.04′/1.0mm	SXV-CH10 凿形30°	0.51″/13.0mm, 0.02″/0.5mm	SXV-CNB05 弯锥形
0.39″/10.0mm, 0.8″/2.0mm	SXV-CH20 凿形	0.53″/13.6mm, 0.016″/0.4mm	SXV-CNL04 长锥形
0.4″/10.0mm, 0.2″/5.0mm	SXV-CH25 凿形	0.51″/13.0mm, 0.04″/1.0mm	SXV-CNL10 长锥形
0.4″/10.0mm, 0.2″/5.0mm	SXV-CH50 超大凿形	0.59″/15.0mm, 0.056″/1.4mm	SXV-CNL14 长锥形
0.06″/1.5mm, 0.48″/12.2mm	SXV-CHB15 凿形（弯30°）	0.34″/8.5mm, 0.02″/0.5mm	SXV-CN05 锥形

图 13-7 几种 PS-800E 型烙铁头的形状和尺寸

3．提高烙铁头使用寿命的方法

① 使用尽量低的温度进行焊接，进行无铅焊接时不要使烙铁头的温度超过 400℃。实验证明，当烙铁头的温度超过 400℃进行连续焊接时，烙铁头的寿命大约缩短 1/4～1/3；虽然无铅焊锡的熔点较高，但这并不代表必须要使用较高的温度来进行焊接。

② 进行无铅焊接时，烙铁头必须经常保持清洁，原因是相比传统焊锡，无铅焊锡是不能够容忍杂质污染的。

③ 使用烙铁头清洁海绵清洁。清洁海绵保持潮湿状态，请勿加水太多或太干燥，加水过多，会加速烙铁头的氧化；太干燥，会破坏烙铁头最表面的镀锡和镀铬层。

④ 当烙铁头停止使用时，一定要加上新锡层，以保护烙铁头，防止其氧化。

⑤ 不使用烙铁头时，不要让焊铁长时间处于高温状态，烙铁头处于高温状态，会使烙铁头上的焊剂转化为氧化物，致使烙铁头导热功能大为减弱，并加速其氧化。

⑥ 当发现烙铁头头部有黑色氧化物时，应及时进行氧化物去除处理。方法是：调整烙铁头温度至 200~250℃，用清洁海绵进行反复清理，直至黑色氧化物去除。然后立即进行使用或加上新锡层。

⑦ 使用高质量的免清洗助焊剂可以延长烙铁头的寿命。

4．烙铁的不当使用

① 为了导热更快，将小烙铁头生硬地插入焊接处，将导致烙铁头镀层破裂。

② 为了去除烙铁头上的助焊剂氧化残留物，一个小时之内几次将烙铁头用磨损性材料进行过分清洗，这样烙铁头镀层会很快被磨损掉。

③ 烙铁头上锡不当也会对烙铁头寿命造成危害。因为要清除烙铁头上厚厚的氧化物，烙铁头上锡时会使用活性助焊剂，如果烙铁头上完锡后不进行除酸，烙铁头也会很快被腐蚀。正确的方法是先上锡清洗烙铁头，清除氧化残留物；然后，用海绵清洗烙铁头，清除残留的酸，海绵必须用去离子水浸湿，不能用自来水，因为自来水中的污染物会粘污烙铁头，在加热后形成黑斑点；最后，再将烙铁头上锡，用焊料覆盖，以保证其与空气隔绝，避免再次氧化。

13.6 思考与练习题

1. 简述铅的危害及电子产品带来的铅污染增长在我国的主要表现形式。
2. 无铅焊料的定义是什么？
3. 目前投入使用或正在研究并取得进展的无铅焊料有哪些？
4. 简述无铅波峰焊工艺对波峰焊机的要求。
5. 简述无铅波峰焊工艺对生产要素的影响。
6. 简述无铅再流焊的工艺要素。
7. 无铅再流焊工艺中常见的问题有哪些？
8. 简述克服无铅手工焊接缺陷的措施。

附录　本书部分专业英语词汇

A

AXI（Automatic X-Ray Inspection）自动 X 射线检测
AOI　自动光学检测

B

BUS　总线
BGA（Ball Grid Array）球状栅格阵列
blind via　盲孔
buried via　埋孔

C

CAD　计算机辅助设计
CASIO　卡西欧（日本公司名称及产品品牌）
CBGA（Ceramic BGA）陶瓷 BGA 封装
CSP（Chip Size Package 或 Chip Scale Package）芯片尺寸封装
CAD/CAM　计算机辅助设计和制造系统
CCD（Charge-Coupled Device）电荷耦合元件（泛指 CCD 图像传感器）
convection-dominant　强制对流（加热）
CTE　热膨胀系数
CIMS　计算机集成制造系统
CCL　覆铜箔层压板
Chips　集成芯片
Cycle　循环，周期

D

DIP　双列直插封装
DRC（Design Rule Cheek）设计规则检测法
DSP　数字信号处理
dip soldering　浸焊
Design for excellent　优化设计

E

ESD　静电放电
ERP（Enterprise Resource Planning）企业资源计划

emergency stop　紧急停止

F

FC（Flip Chip）倒装芯片
feeder　供料架，进料器（SMT贴片机的配件）
flow soldering　流动焊接
FMS　柔性制造系统
FUJI　富士（日本公司名称及产品品牌）
FCT　功能检测

I

IC　集成电路
Inch（in）长度单位，英寸
Intel　英特尔（美国电脑公司及产品品牌）
I/O（Input/Output）输入/输出（电极引脚）
ICT　在线测试仪
IR（Infra Red ray re-flow）红外线辐射再流焊
ISO　国际标准化组织
IEC　国际电工委员会
IPQC　一般指对半成品的质量检验及管理　制程检验员（担任这类工作的人员）
INITIALIZATION　初始化

L

LCCC（Leadless Ceramic Chip Carrie）无引线陶瓷封装
LSI（Large Scale Integration）大规模集成电路

M

MDA　生产缺陷分析
MCM（Multi Chip Model）多芯片组件
MSI（Medium Scale Integration）中规模集成电路
MPT（Microelectronic Packaging Technology）微组装技术
MRP（Manufacturing Resource Planning）制造资源计划系统
Mark　定位识别标志
mil　密耳（1mil=0.001in，1in=25.4mm）

N

NG　缺陷、次品

P

PCB（Printed Circuit Board）印制电路板
pad　焊盘
PANASONIC　松下（日本公司名称及产品品牌）

PBGA（Plastic BGA）塑料 BGA 封装
PHILIPS　飞利浦（荷兰公司名称及产品品牌）
PLCC（Plastic Leaded Chip Carrie）有引脚塑封芯片载体封装
PQFP（Plastic QFP）塑料 QFP 封装
PDM　产品数据管理
Pentium　计算机 CPU 一个系列的名称，中文译为"奔腾"
PTH　镀覆孔，习惯上也称为金属化孔
Power on　开启主机电源　按下电源键

Q

QFP（Quad Flat Package）四方形扁平封装
QC　质量控制
QFD　质量功能配置

R

re-flow soldering　再流焊
Re-ball　芯片植球、植珠
RoHS　《关于在电子电气设备中禁止使用某些有害物质指令》
RESET　复位

S

SMT　表面组装技术
SMC　表面组装无源元件
SMD　表面组装有源器件
SMA　表面组装组件
SMB　表面组装印制板
SIEMENS　西门子（德国公司名称及产品品牌）
SOIC（Short Outline Integrated Circuit）短引线集成电路
SOJ（Small Outline J）J 形引脚小型封装
SONY　索尼（日本公司名称及产品品牌）
SANYO　三洋（日本公司名称及产品品牌）
SOP（Small Outline Package 或 Short Outline Package）短引线封装，小型封装
SOT（Small Outline Transistor 或 Short Outline Transistor）短引线小型晶体管
SSI（Small Scale Integration）小规模集成电路
SSOP（Shrink SOP）缩小型封装
SSD（Static Sensitive Device）静电敏感器件
self-alignment　自定位效应、自对中效应
SQC　统计质量控制
shore　邵氏（硬度单位）
Solding Pasts　焊锡膏
SMOBC　将阻焊膜覆盖在裸铜电路图形上的一种印制板工艺

· 259 ·

stencils 模板
Step-Down 局部减薄（模板）
Step-Up 局部增厚（模板）
STOP 停止

T

THT 通孔插装技术
TSSOP（Thin Shrink SOP）薄缩小型封装
TQFP（Thin QFP）薄四方形扁平封装
TQC 全面质量控制
TQM 全面质量管理
through via 通孔
test pad 测试焊盘

U

ULSI（Ultra Large Scale Integration）极大规模集成电路
UNIVERSAL 环球（日本公司名称及产品品牌）
VLSI（Very Large Scale Integration）超大规模集成电路
UUT 在测单元

V

VLSI（Very Large Scale Integration）超大规模集成电路
vapor phase re-flow 气相再流焊
via 过孔

W

WEEE 电子垃圾，废弃电气电子设备
wave soldering 波峰焊
warm up 加热（机器等）预热

X

X-Ray 自动 X 射线检测

Y

YAMAHA 雅马哈（日本公司名称及产品品牌）

参 考 文 献

[1] 宜大荣. 表面组装技术 [M]. 北京：电子工业出版社，1994.
[2] 张文典. 实用表面组装技术 [M]. 北京：电子工业出版社，2006.
[3] 韩满林. 表面组装技术 [M]. 北京：人民邮电出版社，2010.
[4] 李朝林. SMT 制程 [M]. 北京：天津大学出版社，2009.
[5] 王卫平，陈粟宋. 电子产品制造工艺 [M]. 北京：高等教育出版社，2005.
[6] 张立鼎. 先进电子制造技术 [M]. 北京：国防工业出版社，2000.
[7] 赵英. 电子组件表面组装技术 [M]. 北京：机械工业出版社，1997.
[8] 龙绪明. 实用电子 SMT 设计技术 [M]. 成都：四川省电子学会 SMT 专委会，1997.
[9] 清华大学 SMT 工艺教研室. SMT 实习 [M]. 北京：清华大学基础工业训练中心，2005.
[10] 张文典. SMT 生产技术 [M]. 南京：南京无线电厂工艺所，1993.
[11] 何丽梅. SMT 表面组装技术 [M]. 北京：机械工业出版社，2006.
[12] 宜大荣. SMT 工程师使用手册 [M]. 苏州：江苏省 SMT 专委会，2000.
[13] 周德俭，吴兆华. 表面组装工艺技术 [M]. 北京：国防工业出版社，2002.
[14] 吴兆华，周德俭. 表面组装技术基础 [M]. 北京：国防工业出版社，2002.
[15] 廖汇芳. 实用表面安装技术与元器件 [M]. 北京：电子工业出版社，1993.

反侵权盗版声明

电子工业出版社依法对本作品享有专有出版权。任何未经权利人书面许可，复制、销售或通过信息网络传播本作品的行为；歪曲、篡改、剽窃本作品的行为，均违反《中华人民共和国著作权法》，其行为人应承担相应的民事责任和行政责任，构成犯罪的，将被依法追究刑事责任。

为了维护市场秩序，保护权利人的合法权益，我社将依法查处和打击侵权盗版的单位和个人。欢迎社会各界人士积极举报侵权盗版行为，本社将奖励举报有功人员，并保证举报人的信息不被泄露。

举报电话：（010）88254396；（010）88258888
传　　真：（010）88254397
E-mail： dbqq@phei.com.cn
通信地址：北京市万寿路173信箱
　　　　　电子工业出版社总编办公室
邮　　编：100036